『당신의 주인은 DNA가 아니다』에 쏟아진 찬사

"브루스 립턴의 책은 신생물학과 이 생물학이 시사하는 바를 한데 모은 결정판이다. 말로 표현할 수 없도록 탁월하고 심오한 이 책은 읽기에도 재미있다. 새로운 정보의 백과사전이라고나 할 수 있는 내용을 종합하여 아름답고도 단순한 그릇 속에 담아놓았다. 이 책은 사고와 지식의 진정한 혁명을 담고 있으며 워낙 급진적 혁명이라 온 세상을 바꿀 것이다."

— 조셉 칠턴 피어스 박사
『마법의 어린이』, 『진화의 끝』의 저자

"읽기에도 흥미 있는 브루스 립턴의 이 책은 오늘날 사회의 구석구석까지 스며든 물질주의에 대해 오래 기다려온 처방이다. DNA가 생명현상의 모든 것을 통제한다는 생각은 유전공학에서 효과적으로 활용되고 있다. 동시에 이 접근 방법의 단점도 분명히 드러나고 있다. 이 책은 2004년 중반에 새롭고 중요한 과학 분야로 「월스트리트 사이언스 저널」이 지적한 바 있는 후성유전학이 사반세기에 걸쳐 일궈낸 업적을 돌아보고 있다. 그리고 이 책은 문체도 읽기에 좋고 재미도 있다."

— 칼 H. 프리브람
스탠퍼드 대학교 명예교수

"브루스 립턴은 천재다. 그의 연구 성과에는 우리가 인생의 주도권을 되찾게 해줄 도구들이 들어 있다. 자기 자신과 지구의 운명에 대해 온전히 책임을 질 각오가 되어 있는 사람이라면 누구에게나 기꺼이 이 책을 추천한다."

— 르바 버튼
배우 겸 감독

"브루스 립턴은 생명체와 주변 환경 사이의 상호관계에 대해 새로운 빛을 던져
줌과 동시에 생각, 인식, 무의식 등이 인체의 자연치유력에 어떤 영향을 미치
는가를 잘 보여주고 있다. 출처가 분명한 설명과 사례가 많이 들어 있는 이 책
은 생물학, 사회학, 의료 분야를 전공하려는 학생들의 필독서이기도 하다. 또
한 서술방법이 간결하고 분명하여 일반 대중에게도 흥미로운 책이다."

– 칼 클리블랜드 3세
클리블랜드 카이로프랙틱 대학 학장

"립턴 박사는 혁명적인 연구 성과를 통해 심리학과 영성 사이의 보이지 않던
연관을 분명히 드러내고 있다. 생명의 가장 심오한 신비를 알고 싶은 사람이라
면 이 책이야말로 필독서 중의 하나다."

– 데니스 퍼먼
〈마스터스 서클〉 공동창립자

"기존의 패러다임을 깨뜨리는 이 책을 통해 브루스 립턴은 기존 생물학에 KO
펀치를 먹이고 있다. 유전의 도그마에 레프트 펀치를, 재래식 대중요법에 라이
트 펀치를 날리면서 립턴은 유물론의 족쇄를 벗어 던지고 마음과 몸이 서로 연
결된 깨달음의 세상으로 독자를 안내한다. 매우 흥미진진한 필독서이다."

– 랠프 에이브러햄
캘리포니아 대학교 수학 교수, 『카오스, 가이아, 에로스』의 저자

"강렬하다! 간결하다! 단순하다! 쉽게 읽히면서도 심오한 내용을 담은 이 책에
서 립턴 박사는 인간이 오랫동안 찾아 헤매던 생명과 의식 사이의 '잃어버린
고리'를 보여주고 있다. 이 과정에서 박사는 생명의 역사에서 가장 오래된 의문
에 대답을 내놓고 가장 심오한 미스터리도 풀어준다. 새천년의 과학에서 이 책
이 주춧돌이 될 것임을 나는 믿어 의심치 않는다."

– 그레그 브래든
베스트셀러 『신의 암호』, 『신의 매트릭스』의 저자

"나는 브루스 립턴과 함께 있을 때와 같은 느낌으로 이 책을 끝까지 읽었다. 그리고 여기 담긴 혁명적 진실에 다시 한번 감명을 받았다. 그는 과학자이자 철학자이다. 문화적 인식을 바꾸는 도구를 제공한다는 점에서는 과학자이고, 현실 인식의 본질에 관한 우리의 믿음에 의문을 제기한다는 점에서 철학자이다. 립턴은 우리가 스스로의 미래를 만들어가는 일을 돕고 있다."

"이 책은 인간 진화의 이정표이다. 브루스 립턴 박사는 탁월한 연구 성과와 선구자적인 이 책을 통해 인간의 성장과 변화에 관한 새로운 과학을 보여주고 있다. 유전적 또는 생물학적 굴레를 벗어 던지고 인간은 이제 '포근하고 사랑에 찬 신의 손'에 이끌려 새로운 믿음의 도움을 받아 자신의 진정한 영적 잠재력을 최대한 발휘할 방법을 눈앞에 보고 있다. 마음과 몸의 연관을 찾는 운동에 종사하거나 치유의 진정한 본질을 찾는 사람들의 필독서이다."

"혼란스러운 세계에서 립턴 박사는 인류에게 분명한 길을 제시한다. 이 책을 읽다 보면 여러 가지 생각이 들 것이고, 여러 가지를 깨달을 것이고, 아마 더 나은 삶의 길에 대한 의문이 들 것이며, 더 올바른 판단을 하게 될 것이다. 내가 가장 흥미롭게 읽은 책들 중 하나였으며, 많은 사람의 가장 흥미로운 책이었다. 필독서다."

"드디어 사람의 감정이 유전자 발현에 어떻게 영향을 미치는가를 설득력 있고 쉽게 설명한 책이 나왔다! 인간은 유전자의 노예가 아니라 평화, 행복, 사랑으로 넘치는 삶을 살아갈 무한한 능력을 갖춘 존재임을 진정으로 깨닫고 싶으면 이 책을 읽어야 한다!"

"과학적인 관점에서 볼 때, 유전자가 아니라 생활방식이 건강을 지배한다는 사실을 알고 싶으면 이 책은 필독서다. 과학적 관점에서 립턴 박사는 약이 아니라 마음이 건강을 회복하는 데 더 강력한 힘을 발휘한다는 사실을 보여주고 있다. 그렇다면 사람은 그저 스스로 유전자의 노예라고 생각하기보다는 자신의 건강에 대해 좀 더 책임을 져야 한다. 이 책을 한번 잡으니 놓을 수가 없었다."

– M. T. 모터 2세
모터 헬스 시스템 창립자, B.E.S.T. 기법 개발자

"이 과감하고 선구자적인 책은 양자역학과 생물학의 결합을 통해 유전적 결정론이 오류라는 분명한 증거를 제시하고 있다. 브루스 립턴 박사는 확고한 과학적 바탕 위에서 독자들에게 우리의 삶의 모든 측면은 우리의 믿음이 만들어낸다는 사실을 일깨워준다. 영감을 일깨우는 필독서!"

– 리 풀로스
브리티시 컬럼비아 대학 명예교수, 『기적과 진실』, 『최면을 넘어서』의 저자

"역사는 이 책을 우리 시대의 가장 위대한 저술 중 하나로 기록할 것이다. 브루스 립턴은 과거의 의학과 미래의 에너지 치유 사이의 간격을 메워주었다. 복잡한 연구 성과를 쉽게 이해할 수 있는 문체로 써 내려간 이 책은 과학자든 비과학자든 흥미를 갖고 읽게 만든다. 건강, 인류라는 종의 행복, 인간의 미래에 관심을 가진 사람이라면 누구나 이 책을 반드시 읽어야 한다. 이 책에 함축된 생각은 우리가 알고 있는 기존의 세계를 완전히 바꿀 수 있는 폭발력을 갖고 있다. 탁월한 연구 성과와 간결한 설명—브루스 립턴은 천재다."

– 제러드 W. 클럼
라이프 카이로프랙틱 대학 학장

당신의 주인은 DNA가 아니다

마음과 환경이 몸과 운명을 바꾼다

THE BIOLOGY OF BELIEF

: Unleashing the Power of Consciousness, Matter & Miracles

by Bruce H. Lipton

당신의 주인은 DNA가 아니다

마음과 환경이 몸과 운명을 바꾼다

브루스 H. 립턴 지음, 이창희 옮김

두레

| 차례 |

책머리에 7

서문: 세포의 마술 · 13
세포의 마술 22 / 세포의 교훈을 몸으로 살아내기 27
기존의 틀을 깨야 빛이 보인다 30

1장 배양접시의 교훈: '똑똑한' 세포와 똑똑한 학생들 · 33
미니어처 인간으로서의 세포 40 / 생명의 기원: 더욱 똑똑해지는 세포 45
피비린내 나지 않는 진화 49 / 세포 이야기 56

2장 중요한 건 환경이지, 멍청아! · 59
단백질: 생명의 물질 66 / 단백질이 생명을 창조하는 방법 70
최고의 지위를 차지한 DNA 74 / 인간 게놈 프로젝트 77
세포생물학의 기초 82 / 후성유전학: 나의 진가를 알려주는 새로운 과학 84
부모가 살면서 겪은 것이 자식의 유전적 성질을 형성한다 89

3장 '세포막'은 마술사 · 93
빵, 버터, 올리브, 피멘토 97 / 막단백질 104
뇌는 어떻게 작동하는가 110 / 생명의 신비 114

4장 새로운 물리학: 허공에 굳건히 두 발 디디기 · 121
내면의 소리에 귀 기울이기 127 / 물질의 환상 129
부작용이 아니라 원래의 작용이다! 132 / 의사와 제약업계 140
물리학과 의학: 시간의 문제와 돈의 문제 141 / 의약품 145
좋은 파동, 나쁜 파동, 에너지의 언어 148

5장 생물학과 믿음 · 159

긍정적 사고가 나쁜 결과를 낳을 때 167 / 몸에 우선하는 마음 168

감정: 세포의 언어 느끼기 173 / 마음은 어떻게 몸을 지배하는가 178

위약(僞藥): 신념의 효과 180 / 노시보: 부정적인 신념의 힘 187

6장 성장과 보호 · 193

국토 방위와 같은 생물학 198 / 공포로 죽을 수도 있다 202

7장 생각 있는 부모 노릇: 유전공학자로서의 부모 · 209

부모의 프로그래밍: 무의식적 정신의 힘 215

인간의 프로그래밍: 좋은 메커니즘이 나빠지는 경우 221

의식: 마음속의 창조자 226 / 무의식: 외쳐 불러도 답이 없어 231

부모의 눈 속에서 반짝이는 빛: 생각 있는 수정과 생각 있는 임신 233

일찍 시작할수록 유리하다 240

생각 있는 엄마 노릇, 생각 있는 아빠 노릇 241

에필로그: 영혼과 과학 · 249

선택의 시간 254 / 인간은 우주의 모습에 따라 창조되었다 259

지구착륙선 265 / 프랙털 진화: 올바른 이론 268

애자생존(愛者生存) 274

덧붙이는 말 278 / 감사의 말 283 / 참고문헌 289 / 옮긴이의 말 304

찾아보기 308 / 지은이 소개 314

"내가 다른 누군가가 될 수 있다면 누가 되면 좋을까?" 나는 여기에 대해 생각하며 많은 시간을 보내곤 했다. 이렇게 다른 사람으로 변하는 환상을 품고 있었던 이유는 누구라도 좋으니 나 아닌 다른 사람이 되고 싶었기 때문이다. 나는 세포생물학자로 그리고 의과대학 교수로 살아가고 있었지만, 그러한 조건이 기껏해야 난장판이라고밖에 말할 수 없는 개인적인 삶을 채워주지는 못했다. 개인 생활에서 행복과 만족을 열심히 찾으면 찾을수록 나는 더욱 불만족스럽고 불행해졌다. 어느 날 깊은 생각에 잠겨 있다가 나는 불행에 항복하기로 결심했다. 팔자가 나쁜 탓으로 돌리고, 그저 받아들이기로 한 것이다. 될 대로 되라지 뭐.

  1985년 가을, 우울증에 빠진 운명론자가 된 나의 삶을 일거에 바꿔 놓은 순간이 찾아왔다. 그때 나는 위스콘신 대학 의과대학의 전임교수직을 사임하고 카리브 해의 어떤 지역에 있는 의대에서 강의하고 있었다. 주류 학계와 워낙 동떨어진 학교였던 탓에 나는 당시 학계를 지배하고 있던 경직된 '믿음'의 틀을 벗어나 생각할 기회를 얻을 수 있었다. 상아탑을 멀리 떠나 짙푸른 에메랄드 빛 섬에서 나는 삶의 본질에 대한 그때까지의 '믿음'을 깨뜨리는 과학적 계시를 얻었다.

삶의 전환점은 세포가 스스로의 생리작용과 행동을 조절하는 메커니즘을 분석한 나의 연구 결과를 검토하는 과정에서 찾아왔다. 갑자기 나는 어떤 세포의 삶은 그 세포의 유전자가 아니라 세포의 물리적 환경 및 에너지 환경에 의해 지배된다는 사실을 깨달았다. 유전자는 단지 세포, 조직, 기관을 형성하는 데 쓰이는 분자 수준의 청사진일 뿐이다. 환경은 이 청사진을 바탕으로 세포를 만들어내는 "건설회사"의 역할을 하며, 궁극적으로 세포가 어떻게 살아가는가는 환경에 의해 좌우된다. 생명의 메커니즘에 시동을 거는 것은 유전자가 아니라 개개 세포의 환경에 대한 "인식"인 것이다.

세포생물학자로서 나는 내가 방금 깨달은 바가 나의 삶뿐만 아니라 모든 사람들의 삶에 엄청난 의미를 가지리라는 사실을 잘 알고 있었다. 그리고 나는 사람이 약 50조 개의 세포로 이루어져 있다는 사실도 잘 알고 있었다. 나는 개개의 세포를 더 잘 이해하는 데 학자로서의 생애를 바쳐왔다. 왜냐하면 개개의 세포에 대해서 더 알면 알수록 인체를 구성하는 세포의 집단을 더 잘 알 수 있다는 사실, 그리고 개개의 세포가 환경에 대한 인식에 의해 지배된다면 수십 조 개의 세포로 구성된 인간도 마찬가지일 것이라는 사실을 나는 그때도 알고 있었고 지금도 알고 있다. 하나의 세포와 마찬가지로 우리 삶의 특징은 유전자에 의해서가 아니라 생명체를 움직이게 하는 환경으로부터의 신호에 대한 반응에 의해 결정된다.

생명의 본질에 대한 이러한 깨달음은 한편으로는 뜻밖이었다. 왜냐하면 거의 20년 동안 나는 생물학의 중심 원리, 즉 생명은 유전자의 지배를 받는다는 '믿음'을 의대생들의 머릿속에 주입하고 있었기 때문이다. 그러나 다른 한편으로는 이러한 깨달음이 완전히 놀라운 일만도 아니었다. 나는 항상 유전적 결정론에 회의를 갖고 있었다. 이러한 회의가 일어나는 이유는 정부가 연구비를 지원하는 줄기세포 클로닝 연구에 18년을 바쳐왔기 때문이기도 하다. 진실을 깨닫는 데는 상아탑을 떠나 한동안 시간을 보내야 했었지만 이미 연구 과정에서 나는 생물학의 가장 소중한 전제인 유전자 결정론이 근본적으로 결함이 있다는 증거를 갖고 있었다.

생명의 본질에 대해 내가 새롭게 이해한 바는 나의 줄기세포 연구 결과와도 일치했을 뿐만 아니라 내가 학생들에게 계속 주입해오던 주류과학의 또 다른 '믿음,' 즉 대중요법만이 의과대학에서 가르칠 만한 가치가 있는 유일한 의학이라는 믿음과 상충한다는 사실도 알려주었다. 에너지에 바탕을 둔 환경에 제자리를 찾아주고 나니 대중요법에 기반을 둔 주류의학, 대체의학, 과거와 현재의 여러 신앙이 보여주는 영신적 지혜 같은 것이 거대한 통일체로 다가왔다. 나 개인의 차원에서 나는 그 깨달음의 순간 내가 무척이나 불행하게 사는 것은 운명 때문이라는 '믿음'에 스스로를 가두고 있었음도 알아냈다. 인간은 잘못된 '믿음'에 열광적이고도 끈질기게 매달리는 특별한 능력이 있다는 것은 의심의 여지가 없으며, 고도로 합리적인 과학자들도 예외는 아니다. 거대한 뇌를 필두로 잘 발달한 인간의 신경계는 인간의 정신이 단일한 세포의 인식보다 훨씬 복잡하다는 사실을 증언하고 있다. 반사작용에 기초해서 주변을 인식하는 단세포와는 달리 인간의 마음은 환경을 여러 가지 다른 방법으로, 즉 선택적으로 인식할 수 있다.

'믿음'을 바꾸면 성격도 바꿀 수 있다는 사실을 깨닫고 나는 뛸 듯이 기뻤다. 그리고 기운이 솟았다. 왜냐하면 운명의 영원한 "희생자"의 위치에서 "공동창조자"로 나의 입지를 바꾸는 데 필요한 과학적 수단이 있음을 깨달았기 때문이다.

카리브 해에서 마술 같은 깨달음을 얻은 지 20년이 지났다. 그동안 수행한 생물학적 연구는 계속해서 그날의 깨달음을 뒷받침해주고 있었다. 오늘날 의학 연구의 가장 중요한 분야를 대상으로 하는 두 가지 새로운 과학이 이 책에 제시된 결론을 뒷받침해준다.

첫째, 신호전달의 과학은 세포가 환경으로부터 받는 자극에 반응하는 생화학적 경로에 초점을 맞추고 있다. 원형질의 작용은 유전자의 발현을 바꾸어 세포의 운명을 지배하고, 세포의 운동에 영향을 주고, 세포의 생존을 지배하고, 심지어 세포에게 사형선고를 내리기도 하는데, 환경으로부터 오는 신호는 이 원형질 과정에 관여한다. 신호전달의 과학은 어떤 유기체의 운명과 행동은 그 유기체가 환경을 어떻게 인식하는가에 직접 연관되어 있음을 인정한다. 간단히 말해 우리 삶의 특징은 우리가 삶을 어떻게 받아들이느냐에 달려 있다는 뜻이다.

둘째, 문자 그대로 "유전자를 위에서 통제한다"라는 뜻의 후성유전학은 유전자의 통제 활동에 대한 이제까지의 생각을 완전히 뒤집었다(이 문장에서 "문자 그대로 위에서"라는 말은 후성유전학의 원어가

'epigenetics'이기 때문이다. 이 단어에서 'epi-'는 '상부의'라는 뜻의 접두사이다-옮긴이). 후성유전학은 환경으로부터 받는 신호가 어떻게 유전자의 활동을 선택하고, 변화시키고, 조절하는가를 연구하는 학문이다. 이는 사람의 유전자가 삶에서의 경험에 대응하여 끊임없이 변화한다는 사실을 알려준다. 그러므로 다시 한번 강조하지만 삶에 대한 우리의 인식이 인체의 생물학적 조건을 결정짓는 것이다.

이 책의 초판이 출판되고 나서 몇 달 뒤에 세계 최고의 과학 저널 중 하나인 「네이처」는 줄기세포에서 환경이 어떻게 유전자의 활동을 조절하는가를 설명하는 후성유전학 관련 최신 기사를 실었다. 이 기사의 주제는 내가 2장에서 제시한 주제나 결론과 일치한다. 또 한 가지 재미있는 사실은 내가 2장의 제목을 "문제는 환경이지, 멍청아"라고 달았는데 「네이처」의 기사 제목은 "문제는 생태계지, 멍청아"였다는 사실이다(2005, Nature, 435:268). 근본적으로 나와 「네이처」 기자는 같은 생각을 하고 있었다!

이 책을 읽은 어떤 과학자들은 이렇게 묻기도 한다. "이 책에 무슨 새로운 이야기라도 있소?" 첨단과학을 연구하는 학자들은 이 책에 나온 개념들에 익숙하고, 그것은 좋은 일이다. 그러나 문제는 "일반인"의 99퍼센트가 아직도 자신이 유전자의 꼭두각시라는 낡아빠지고 맥빠지는 생각에 매달려 있다는 사실이다.

그러니까 연구에 종사하는 학자들은 새롭고도 근본적으로 혁신적인 인식의 전환과 친숙해져 있지만 이러한 깨달음은 아직 일반 대중에게까지 스며들어가지 못했다는 뜻이다. 언론은 언론대로 어떤 유전자가 이러저러한 암이나 질병을 지배한다는 식의 기사를 끝없이 쏟아내어 상황을 악화시키고 대중을 오도하고 있다. 그러므로 이 책의 목적은 이러한 첨단과학의 의미를 일반인들이 이해할 수 있도록 쉽게 풀어놓는 것이다.

내가 진심으로 바라는 바는 우리의 삶을 끌고 가고 있는 '믿음'이 사실은 잘못된 것이어서 우리를 속박하고 있으며, 이 책을 읽고 독자들이 이러한 '믿음'을 바꿀 생각을 갖는 것이다. 과학적인 차원에서 사람의 생각이나 인식에 대해 세포가 어떻게 반응하는지를 알면 자율적 삶을 살 수 있는 길이 더욱더 밝아진다. 새로운 생물학을 통해 얻는 깨달음은 의식, 물질, 기적의 힘을 일깨울 것이다.

이 책은 자기계발서가 아니다. 이 책은 자율적 삶으로 이끄는 길이다. 이 책의 내용은 독자에게 '자신'에 대해 알려줄 것이며, 이러한 지식으로부터 자신의 삶을 통제할 힘이 나온다.

이런 깨달음의 힘은 막강하다. 나는 그 사실을 안다. 이러한 깨달음을 바탕으로 재창조한 나의 삶은 과거의 삶보다 워낙 풍부하고 만족스러워서 나는 더 이상 이런 질문을 스스로에게 던지지 않는다. "다른 누군가가 될 수 있다면 누가 되면 좋을까?" 현재로서는 답은 간단하다. 나는 "나"이고 싶다!

서문

세포의 마술

초등학교 2학년, 그러니까 만으로 일곱 살 때의 일이다. 나는 상자 위에 올라서서 현미경을 들여다볼 기회가 있었다. 그런데 너무 가까이 댄 탓인지 뿌연 빛덩이밖에 보이지 않았다. 결국 흥분을 가라앉히고 노박 선생님의 설명을 듣고 나서야 접안 렌즈에서 눈을 좀 뗄 수 있었다. 그때 눈에 들어온 장면은 너무 놀라웠고, 결국 내 삶의 방향을 결정하는 계기가 되었다. 헤엄치는 짚신벌레가 눈에 들어왔던 것이다. 나는 최면에 걸린 것 같았다. 다른 아이들의 떠들썩한 소리도, 갓 깎은 연필에서 나는 싱싱한 나무 냄새도, 크레용의 왁스 냄새도, 플라스틱으로 된 로이 로저스 필통도 모두 내 감각과 관심 밖으로 밀려났다 (로이 로저스는 1930년대에서 1950년대까지 100여 편의 서부영화, 라디오 및 텔레비전 프로그램에 출연한 가수 겸 배우―옮긴이). 나의 온 몸과 마음은 이 단세포 생물이 사는 낯선 세계에 푹 빠져 있었으며, 내게 이 세계는 오늘날 컴퓨터 그래픽을 한껏 활용한 영화보다도 훨씬 멋진 것이었다.

내 어린 눈에는 이 짚신벌레가 단순한 세포가 아니라 생각도 하고 느낄 줄도 아는 미세한 인간으로 보였다. 아무런 목적 없이 헤엄치고 있는 것이 아니라 내 눈에는 뭔가 임무가 있는 것으로 비쳤다는 뜻이다. 물론 그 임무가 뭔지는 몰랐지만 말이다. 그리고 나는 조용히 짚신벌레의 "어깨"가 분주히 움직이는 모습을 내려다보았다. 짚신벌레를 한참 내려다보고 있노라니 위족 원생동물인 커다란 아메바가 흐느적거리며 시야로 들어왔다.

소인국의 세계에 완전히 빠져 있는데 갑자기 누군가가 나를 상자에서 끌어내리더니 이제 자기 차례라고 했다. 우리 반에서 제일 힘센 글렌이었다. 나는 노박 선생님의 주의를 끌려고 해보았다. 글렌이 파울을 범했으니 1분만 더 내가 프리 스로(free throw) 라인에 해당하는 현미경 앞에 서 있게 해달라는 눈빛으로. 그러나 그때가 점심시간 직전이라 줄 서 있는 다른 아이들도 빨리 보게 해달라고 아우성이었다. 학교가 끝나자마자 집으로 달려온 나는 어머니에게 흥분해서 현미경을 들여다본 이야기를 했다. 2학년짜리가 머리에서 짜낼 수 있는 모든 수단을 동원해서 나는 어머니에게 현미경을 사달라고 졸라댔다. 그러면 몇 시간이고 과학의 도움을 받아 이 황홀하고 낯선 세계에 빠져들 수 있을 테니까 말이다.

나중에 대학원생이 되고 나니 전자 현미경을 다룰 기회가 생겼다. 전자 현미경은 광학 현미경보다 수천 배나 더 강력하다는 장점이 있다. 이 두 현미경의 차이는 관광지에서 사람들이 경치를 감상하느라 25센트를 넣고 보는 망원경과 지구 궤도를 돌며 먼 우주의 사진을 찍어 전송하는 허블 망원경의 차이와도 같다. 전자 현미경이 설치된 공간으로 들

16

어서는 것은 생물학도에게는 통과의례 같은 것이다. 이 공간으로 들어가려면 사진관의 암실을 조명이 된 작업 구역과 구분하는 검은 회전문 같은 것을 지나가야 한다.

처음으로 그 회전문 앞에 서서 문을 밀기 시작하던 때가 떠오른다. 나는 학생으로서의 나의 삶과 미래의 과학자로서의 삶 사이의 어두운 공간에 서 있었다. 문의 회전이 끝나면서 나는 암실에서 쓰는 침침한 빨간 불 몇 개만이 켜져 있는 널찍하고 어두운 방으로 들어섰다. 눈이 어둠에 익숙해지면서 나는 내 앞에 있는 물체에 경탄할 수밖에 없었다. 방 한가운데서 천장까지 솟아오른 30센티미터 두께의 강철 기둥으로 된 거대한 전자기 렌즈의 표면이 빨간 불빛을 으스스하게 반사하고 있었다. 기둥 아래 양쪽으로는 거대한 제어장치가 펼쳐져 있었다. 제어장치는 각종 스위치, 빛을 내는 계기, 여러 가지 색의 램프들로 채워져 마치 보잉 747의 조종석 같은 모습이었다. 거대한 문어발 같은 전선, 물 호스, 진공 튜브 같은 것들이 마치 늙은 참나무 밑동에서 뻗어 나온 뿌리처럼 현미경 바닥 쪽으로부터 뻗어 나와 있었다. 그리고 진공 펌프가 덜컹거리는 소리, 냉각수 순환장치가 웅웅거리는 소리가 공간을 채우고 있었다. 〈스타트렉〉에 나오는 엔터프라이즈호의 사령실에라도 들어선 기분이었다. 커크 선장은 휴가 중인 모양인지 내 지도교수 중 한 사람이 제어장치 앞에 앉아서 강철 기둥 한가운데 자리잡은 진공실 안으로 조직 샘플을 집어넣는 정교한 작업을 하고 있었다.

시간이 흐르면서 세포를 처음 본 초등학교 2학년 때의 내 모습이 떠올랐다. 마침내 녹색 형광을 내는 영상이 화면에 나타났다. 어둡게

착색되고 약 30배로 확대된 세포의 모습이 플레이트를 배경으로 희미하게 떠올랐다. 그러고 나서 한 번에 한 단계씩 배율을 올렸다. 처음에는 100배, 그 다음에는 1,000배, 이어서 10,000배. 드디어 배율이 100,000배에 이르렀다. 정말 스타트렉 같은 기분이었는데, 한 가지 다른 점은 우주를 향해 나가는 것이 아니라 "인적 미답의" 내부 세계를 향해 들어가고 있다는 사실이었다. 조그만 세포가 보이는가 싶더니, 몇 초 후에는 세포를 이루는 분자 구조의 틈 사이를 날고 있었다.

최첨단 과학의 선두에 서서 나는 경탄을 금할 수 없었다. 교수가 나를 부조종석에 앉히자 흥분은 최고조에 달했다. 나는 손을 제어장치에 올려놓고 낯선 세포 내부 구조 속으로 우주선을 몰고 갔다. 교수는 중요한 이정표를 가리키며 나의 가이드 역할을 해주었다. "여기 미토콘드리아가 하나 있군. 저기 있는 게 골기체야. 저게 핵공이고 이건 콜라겐 분자고 저건 리보솜이고."

내가 흥분한 이유는 주로 일찍이 인간의 눈이 가 닿은 적이 없는 미지의 세계를 개척자처럼 답사하고 있는 내 모습 때문이었다. 광학 현미경이 세포도 감각이 있는 존재라는 사실을 알려준 반면, 전자 현미경은 나를 생명의 가장 기본이 되는 분자들과 마주 세웠다. 세포의 원형질 구조 안에는 생명의 미스터리를 풀 수 있는 열쇠가 숨어 있으리라는 사실을 나는 알고 있었다.

한순간 전자 현미경의 화면이 크리스털 공이 되었다. 음산한 녹색으로 빛나는 형광 스크린에서 나는 나의 미래를 본 것이다. 나는 세포 생물학자가 되어 세포 내부 구조의 구석구석을 살펴 세포 생명의 비밀을 풀어낼 터였다. 대학원 초기에 이미 배운 바 있지만, 유기체의 구조와 기능은 긴밀하게 얽혀 있다. 세포의 미세한 구조와 그 행동을 상호 연결하면 자연의 본질을 들여다볼 수 있으리라는 확신이 생겼다. 대학원 재학 중, 박사 학위 후 연구 과정, 의대 교수가 된 이후까지 깨어 있는 시간 동안 나는 세포의 분자 구조를 탐색하는 데 몰두했다. 왜냐하면 세포 구조 안에는 세포의 기능에 관한 비밀이 숨어 있을 터였기 때문이다.

"생명의 비밀"에 대한 탐구 덕분에 결국에 나는 복제된 인간 세포가 조직 배양지에서 성장하는 모습을 연구하는 쪽으로 들어섰다. 전자 현미경을 처음 대하고 10년이 지나자 나는 저명한 위스콘신 의대의 전임교수 대열에 끼었고, 복제된 줄기세포 연구로 세계적으로 명성을 얻었으며, 강의 역량도 높은 평가를 받았다. 그리고 더욱 강력한 전자 현미경을 이용해서 CT 스캔을 연상시키는 삼차원 영상을 통해 생명의 초석이 되는 분자들과 마주 섰다. 현미경은 더 발달했지만, 나의 연구 방법은 달라진 바가 없었다. 나는 내가 들여다보는 세포들의 삶에 목적이 있다는 일곱 살 때부터의 확신을 한 번도 잃어본 적이 없다.

그런데 불행히도 정작 나 자신의 삶에는 목적이 있다는 확신을 갖지 못했다. 나는 신을 믿지 않았고, 신이 있다면 참 비꼬인 유머 감각으로 우주를 다스리는 존재로구나 하는 생각을 가끔 했을 뿐이다. 결국 나는 신의 존재에 대해 의문을 갖는 것이 부질없다는 생물학자의 전통적 입장을 따르고 있었다. 생명은 순전히 우연의 산물이며 동전의 어느 쪽이 나왔느냐의 문제다. 더 정확히 말하면 여러 개의 주사위를 무작위로 던진 결과인 것이다. 찰스 다윈(Charles Darwin, 1809~82) 시대 이래 생물학자의 모토는 이것이었다. "신? 냄새 나는 신 따윈 필요 없어!"

다윈이 신의 존재를 부정했다는 뜻이 아니다. 다윈은 그저 지구의 생명체들이 가진 특징이 신의 개입에 의해 생긴 것이 아니라 우연의 산물임을 암시했을 뿐이다. 1859년에 발간된 『종의 기원』에서 다윈은 형질이 부모로부터 자손에게 유전된다고 말했다. 다윈은 부모로부터 자식에게 전달된 "유전적 요인"이 어떤 개체의 삶의 특징을 지배한다고 추정했다. 이렇게 되자 과학자들은 미친 듯이 생명을 분자 수준까지 분해해가기 시작했다. 왜냐하면 세포의 구조 안에 생명을 다스리는 유전적 메커니즘이 들어 있을 터였기 때문이다.

50년 전에 제임스 왓슨(James Watson, 1928~)과 프랜시스 크릭(Francis Crick, 1916~2004)은 유전자의 기본 구성 물질인 DNA의 이중나선 구조와 기능을 밝혀내 이러한 연구의 대미를 장식했다. 드디어 과학자들은 19세기에 다윈이 말한 "유전적 요인"의 본질을 알아낸 것이다. 언론은 디자이너 베이비, 만병통치약들을 만들어내는 유전공학의 멋진 신세계에 대해 떠들어대기 시작했다. 1953년, 왓슨과 크릭이 연구 결과를 발표한 다음 날 신문의 굵직한 헤드라인을 나는 아직도 기억하고 있다. "생명의 비밀 풀려."

언론처럼 생물학자들도 유전자의 소용돌이로 뛰어들었다. DNA가 생물학적 삶을 통제하는 메커니즘은 분자생물학의 핵심 도그마가 되었고, 과학자들은 이 내용을 공들여 써서 교과서에 집어넣었다. 길게 끌어온 선천 대 후천 논쟁에서 균형추는 분명히 선천 쪽으로 넘어갔다. 처음에 DNA는 사람의 신체적 특징만을 결정한다고 여겨졌는데, 나중에 학자들은 유전자가 사람들의 감정과 행동까지도 통제한다고 믿기 시작했다. 그러니까 행복을 느끼는 유전자에 결함이 있는 상태로 태어난 사람은 불행한 삶을 살 수밖에 없다는 얘기다.

불행히도 나는 행복을 느끼는 유전자가 없거나 돌연변이가 되어버린 희생자 중 하나라고 믿게 되었다. 당시 나의 삶은 엄청난 파괴력의 펀치를 연이어 얻어맞고 있는 것과 똑같은 상태였다. 아버지는 오랜 암 투병 끝에 얼마 전 세상을 떠났다. 내가 아버지를 주로 돌보았기 때문에 나는 지난 4개월 동안 위스콘신에 있는 학교와 뉴욕에 있는 아버지의 집을 사나흘에 한 번씩 왔다 갔다 했다. 아버지의 병상을 지키는 사이사이에 연구를 해야 했고, 강의를 해야 했으며, 국립건강연구원이 지원하는 대규모 연구비 사업 연장 신청서를 써야 했다.

엎친 데 덮친 격으로 정서적으로는 지치고 경제적으로는 파탄으로 향하는 이혼 수속을 밟고 있었다. 소송 비용 때문에 돈이 마구 빠져나갔다. 돈도 떨어진 데다 집까지 빼앗긴 나는 달랑 옷가방 하나만 들고 현관도 없이 문만 열면 내 방인 곳으로 갈 수밖에 없었다. 여기 사는 사람들은 주거 조건을 "업그레이드"시키고 싶어 했는데, 그 업그레이드라는 것이 트레일러 하우스로 이사 가는 것이었다. 나는 특히 옆집 사람들이 무서웠다. 입주한 지 일주일도 안 돼 누가 문을 부수고 들어와서는 새로 산 오디오를 훔쳐갔다. 일주일쯤 지나고 나니 키는 180센티미터쯤 되고 어깨가 떡 벌어진 부바라는 사람이 내 집 문을 노크했다. 한 손에는 1리터짜리 맥주잔을 들고 다른 한 손에는 거대한 못을 들고 이를 쑤시던 부바는 테이프덱을 어떻게 쓰느냐고 물었다.

나의 삶이 밑바닥까지 떨어진 날은 내가 "위스콘신 대학 의과대학, 해부학 조교수, 브루스 H. 립턴 박사"라는 글씨가 씌어진 유리문에 대고 전화기를 던져버린 날이었다. 전화기를 던지면서 나는 "여기서 나가야 해!"라고 계속 외쳐댔다. 설상가상으로 은행원이 전화를 걸어와서 정중하지만 단호한 어조로 대출 신청을 승인할 수 없음을 알려왔다. 내 모습은 〈애정의 조건〉에 나오는 데브라 윙거를 연상시켰다. 영화에서 윙거는 남편이 정년 보장 이야기를 하자 이렇게 대꾸한다. "지금 당장 쓸 돈도 없어. 정년 보장이란 영원히 돈 때문에 쩔쩔 매게 된다는 소리라고!"

세포의 마술

운 좋게도 나는 카리브 해의 의대에서 강의를 하는 짤막한 연구년의 형태로 탈출구를 얻었다. 그리로 간다고 문제가 다 해결되는 것은 아니었지만, 나를 태운 비행기가 시카고를 덮은 회색 구름을 뚫고 올라가자 그런 생각이 들었다. 나는 얼굴에 퍼져나가는 미소가 웃음으로 터져 나오지 않게 하려고 뺨 안쪽을 지그시 물었다. 나는 내 인생의 목표가 된 세포의 마술을 풀어야겠다고 생각하던 일곱 살 소년이 느끼던 기분으로 돌아가 있었다.

6인승 비행기로 갈아타고 몽세라에 내리자 나의 기분은 더욱 밝아졌다. 몽세라는 폭 6킬로미터, 길이 20킬로미터 정도의 섬으로, 마치 카리브 해에 찍혀 있는 작은 점 같았다. 에덴 동산이 있다면 아마 내가 새로 둥지를 튼 이 섬 같은 곳이리라. 짙푸르게 반짝이는 바다에서

숫아오른 큼직한 에메랄드 같은 곳. 내리고 나서 나는 활주로의 아스팔트를 가로질러 불어오는 치자꽃 향기 섞인 훈풍에 취해버렸다.

이곳에서는 해질녘이면 조용히 명상을 하는 것이 관습인 것 같았고, 나도 기꺼이 동참했다. 매일 하루가 끝날 때쯤 나는 하늘에서 펼쳐지는 빛의 쇼를 기다리곤 했다. 바다로부터 15미터 높이의 절벽 꼭대기에 서 있던 나의 집은 정확히 서쪽을 향하고 있었다. 발에는 고사리가 채이고 머리 위는 나뭇가지로 뒤덮인 구불구불한 동굴을 따라가면 물가로 내려갈 수 있었다. 동굴 입구를 막은 재스민 덤불을 헤치고 나가면 아무도 없는 백사장이 있었는데, 그곳의 따뜻하고 투명한 물 속에서 잠시 헤엄을 치고 나면 해질녘 명상의 즐거움이 더욱 커졌다. 해가 지고 나면 백사장으로 올라와서 모래를 모아 비탈을 만든 뒤 거기 기대고 누워 해가 느릿느릿 바닷속으로 떨어지는 모습을 바라보곤 했다.

이 외딴 섬에서 나는 문명세계의 아귀다툼과 도그마의 장막을 걷어내고 자유롭게 세상을 볼 수 있게 되었다. 처음에는 망가진 내 인생을 끊임없이 곱씹으며 비판했다. 그러나 얼마 지나지 않아 내 머릿속의 시스켈과 에버트는 지나간 40년의 이것 저것에 대해 좋다 나쁘다 이야기하는 것을 그만두었다(시스켈과 에버트는 1980년대와 90년대 미국 텔레비전에서 영화평을 하던 비평가들임 ─ 옮긴이). 나는 그 순간에, 그 순간을 위해 살아가는 것이 어떤 것인지를 다시 배워가고 있었다. 아무 걱정 없던 어린 시절에 느꼈던 느낌을 되살리고 있었다는 얘기다. 살아 있다는 사실을 다시 한번 느꼈다고 말해도 좋다.

이 카리브 해의 낙원에서 살면서 나는 좀 더 인간다워졌다. 그리고 더 훌륭한 세포생물학자가 되었다. 이제까지 내가 받은 과학적 훈련은 거의 모두 생명이 없는 교실, 강의실, 실험실에서 받은 것이었다. 그러나 카리브 해의 풍요로운 생태계 속으로 뛰어드니 생물계가 과거처럼 여러 가지 종의 생물이 지구 표면의 한 조각을 공유하는 장으로 보이는 것이 아니라 살아 숨쉬고 통합된 시스템으로 보이기 시작했다.

마치 정원 같은 섬의 정글에 조용히 앉아 있거나 아니면 보석 같은 산호초 사이를 스노클링하면서 나는 이 섬의 식물과 동물 종들이 이뤄내는 아름다운 조화를 볼 수 있었다. 모두들 다른 생명체뿐만 아니라 주변의 물리적 환경과도 미묘하고도 역동적인 균형을 유지하고 있었다. 카리브 해의 에덴 동산에 앉아 있노라니 삶은 투쟁이 아니고 조화라고 세상이 노래하는 듯했다. 그러자 현대 생물학이 다윈의 가르침인 자연의 경쟁적 특성만을 강조한 나머지 생명체들 사이의 협력이 중요하다는 사실에 대해서는 별로 주의를 기울이지 않고 있다는 확신이 들었다.

나의 동료 교수들에게는 미안한 일이지만 나는 생물학의 신성한 기반에 도전하는 외침 소리를 내기 시작했다. 심지어 나는 찰스 다윈과 그의 진화론을 공개적으로 비판하기 시작했다. 대부분의 생물학자들 눈에는 나의 행동이 마치 바티칸으로 뛰어들어가 교황이라는 제도가 사기라고 외치는 사제처럼 비쳤을 것이다.

내가 전임교수직을 사직하고 내 인생의 꿈이었던 로큰롤 밴드를 현실로 만들기 위해 음악 투어를 떠났을 때 나의 동료들은 아마 나의 머리 위에 코코넛이라도 떨어졌다고 생각했을 것이다. 이 과정에서 나는 나중에 유명인사가 된 야니를 만났고 그와 함께 레이저 쇼를 기획하기도 했다. 그러나 얼마 가지 않아 로큰롤 쇼를 기획하는 것보다는 가르치고 연구하는 쪽이 더 내 적성에 맞는다는 사실이 분명해졌다. 뒤에서 더 상세히 이야기하겠지만 나는 음악을 접고 카리브 해로 돌아와 세포생물학 강의를 다시 시작하면서 중년의 위기에 종지부를 찍었다.

재래식 학문 분야에서 나의 종착역은 스탠퍼드 대학 의과대학이었다. 그 당시 나는 이미 "새로운" 생물학을 거리낌없이 전도하고 있었다. 나는 다윈의 약육강식론에 기초한 진화론에 의문을 제기했을 뿐만 아니라 유전자가 생명을 지배한다는 생물학의 중심원리에 대해서도 도전했다. 유전자가 생명을 지배한다는 과학적 전제에는 큰 결함이 하나 있었다. 유전자는 스스로를 껐다 켰다 할 수 없다는 점이 그것이다. 좀 더 과학적으로 말하면 유전자는 스스로 발현되지 않으며 환경 속의 그 무엇인가가 유전자의 활동을 촉발해야 한다는 뜻이다. 물론 이 사실은 첨단 과학에 의해 이미 증명되어 있었지만 유전자의 도그마에 눈이 멀어버린 전통적 과학자들은 이를 그냥 무시해버렸다. 중심원리를 대놓고 비판하자 나는 더욱 심하게 과학적 이단으로 몰렸다. 당시 나는 파문 대상이었을 뿐만 아니라 기둥에 묶어놓고 화형에 처해야 할 존재였다.

스탠퍼드 대학에 교수로 지원할 당시의 시범 강의에서 나는 자리를 함께한 교수진을 비판하고 있었다. 이 중 상당수는 세계적으로 유명한 유전학자들이었지만 내가 보기에는 반대 증거가 분명함에도 중심원리에 매달리는 종교적 광신도보다 나을 것이 없어 보이는 사람들이었다. 신성모독적인 나의 강의가 끝나자 강의실은 분노에 찬 고함 소리로 가득 찼고, 나는 채용되기는 틀렸구나 하는 생각을 했다. 그러나 새로운 생물학의 메커니즘에 대한 나의 견해가 쓸모 있다고 판단해 대학은 나를 고용하기로 결정했다. 스탠퍼드 대학의 저명한 과학자들, 특히 병리학과장인 클라우스 벤시 박사의 지원을 받으며 나는 나의 생각을 바탕으로 복제된 인간세포에 관한 연구를 수행할 수 있게 되었다. 실험 결과는 내가 주장했던 대로 새로운 생물학의 결과가 옳음을 보여주었고, 내 주변 사람들은 경악했다. 이 연구를 바탕으로 두 편의 논문을 낸 나는 이번에는 영원히 학계를 떠났다(Lipton, et al, 1991, 1992).

스탠퍼드 대학이 나에게 지원을 제공했음에도 학교를 떠난 이유는 나의 이론을 아무도 받아들이지 않는다는 느낌 때문이었다. 내가 떠난 뒤 새로운 연구를 통해 중심원리, 그리고 DNA가 생명을 통제한다는 이론에 대한 나의 회의론이 옳다는 사실이 지속적으로 입증되었다. 실제로 환경이 분자 수준에서 유전자의 활동을 지배하는 메커니즘에 대한 연구인 후성유전학은 오늘날 가장 활발하게 연구가 진행되고 있는 분야 중 하나다.

유전자 활동을 통제하는 데 환경이 수행하는 역할은 오늘날 매우 강조되고 있지만 이는 이미 25년 전, 그러니까 후성유전학이라는 분야가 탄생하기도 전에 나의 세포 연구의 핵심 주제였다(Lipton 1977a, 1977b).

지식인의 입장에서 오늘날의 변화는 반가운 일이기는 하다. 그러나 내가 의대에서 계속 가르치고 있었다면 동료들은 아마 여전히 내가 코코넛에 머리를 맞았다고 생각하고 있었을 것이다. 왜냐하면 마지막 10년 동안 나는 기존 학계의 입장에서 보면 더욱 급진적으로 되어갔기 때문이다. 새로운 생물학에 대한 나의 관심은 단순히 학문적 관심에서 그치는 것이 아니었다. 나는 세포들이 우리에게 생명의 메커니즘을 알려줄 뿐만 아니라 어떻게 풍부하고 만족스러운 삶을 살아갈 수 있는가도 알려준다고 생각한다.

이런 생각이 의인화, 엄밀히 말해 세포의 의인화, 즉 "세포처럼 생각하기"로 보일 테니 기존 학계의 입장에서 보면 괴짜 과학자에게 주는 상 수상감이겠지만 내가 보기에 이는 생물학의 기본 바탕이다. 여러분은 스스로가 하나의 개체라고 생각하겠지만 세포생물학자인 내입장에서 볼 때 사람은 사실상 숫자가 50조에 이르는 단세포 시민들로 구성된 상호협력 공동체이다. 인체를 구성하는 세포들은 거의 대부분 아메바 같은 모양으로, 생존을 위해 상호협력 전략을 발전시켜온 독립 개체들이다. 달리 말해 인간은 기본적으로 "집단 아메바적 의식"의 산물일 뿐이다. 어떤 나라가 그 국민의 특성을 드러내듯, 각각의 인간도 자신을 구성하는 세포 공동체의 기본 성질을 드러낼 수밖에 없다.

세포의 교훈을 몸으로 살아내기

이러한 세포 공동체를 역할 모델로 삼아 나는 인간이 유전자의 희생물이 아니라 운명의 주관자로, 평화, 행복, 사랑으로 넘치는 삶을 창출해낼 능력이 있다는 결론에 도달했다. 한 번은 이렇게 깨달음을 얻고 나서도 당신의 삶은 왜 더 행복하지 않느냐는 청중의 질문을 받은 적이 있다. 그러고 나서 나는 나의 가설을 스스로의 생활을 대상으로 실험해보았다. 청중이 옳았다. 나는 이 깨달음을 일상생활에 녹아 들어가게 했어야 했다. 어느 맑은 일요일 아침 뉴올리언스의 커피숍에서 나는 성공했음을 깨달았다. 그때 웨이트리스는 이렇게 물었다. "이제까지 본 사람 중 가장 행복해 보이세요. 왜 그렇게 행복하세요?" 그녀의 질문에 나는 놀랐지만 곧 대답했다. "천국에 있기 때문이죠!" 웨이트리스는 고개를 좌우로 저으며 "이런, 이런……." 하고 중얼거리더니 아침식사 주문을 받아갔다. 그런데 내 말은 사실이었다. 나는 행복했고, 그때까지의 내 삶 중에서 가장 행복했다.

비판적 시각을 가진 독자들 중에는 이 세상이 천국이라는 내 주장에 대해 회의를 갖는 이도 있을 것이다. 그것도 옳다. 정의하자면 천국은 신과 축복받은 사자(死者)의 세계이기 때문이다. 나는 정말로 뉴올리언스(아니면 어떤 대도시)가 진정으로 천국의 일부라고 생각했을까? 누더기를 걸친 집 없는 여성과 아이들이 길거리에서 자는 곳. 공기가 하도 탁해 별이 실제로 존재하는지조차 알 수 없는 곳. 강과 호수가 워낙 오염되어 상상조차 할 수 없는 "으스스한" 생명체만이 그곳에 산다고 생각되는 곳. 이 지구가 천국이라고? 신이 여기 산다고? 신을 안다고?

이 질문에 대한 대답은 '그렇다, 그렇다, 그렇다고 생각한다.'이다. 아주 솔직하게 말하면 나는 모든 신들을 하나 하나 알지는 못한다. 왜냐하면 여러분 모두를 내가 모르기 때문이다. 어쨌든 지구상에는 60

억이 넘는 여러분이 있으니까 말이다. 더 솔직히 말해 나는 식물계와 동물계의 모든 구성원을 알지 못한다. 이들도 신의 일부라고 나는 믿지만 말이다.

〈툴 타임〉(텔레비전 프로그램 − 옮긴이)의 팀 테일러는 이렇게 말한다. "차 뒤로 빼! 지금 인간이 신이라고 말하는 거야?"

글쎄…… 나는 그렇다고 말하고 있다. 물론 이 말을 한 사람이 내가 처음은 아니다. 창세기에도 인간은 하느님의 모습을 따라 창조되었다고 씌어 있다. 그렇다. 공인된 합리주의자인 내가 이제 예수, 부처, 루미(이란의 신비주의자 − 옮긴이)를 인용하고 있다. 이제 나는 환원주의에서 출발해 완전히 한 바퀴를 돌아 영혼에 도달했다. 인간은 하느님의 모습을 따라 창조되었으며, 신체적, 정신적 건강을 개선하려 한다면『성경』을 반드시 그 과정에 포함시켜야 한다.

인간은 무기력한 생화학적 기계가 아니기 때문에 신체적으로나 정신적으로 문제가 있을 때마다 알약을 입에 털어 넣는 것은 정답이 아니다. 남용하지만 않으면 투약과 수술은 강력한 도구가 되지만, 약으로 모든 것을 해결할 수 있다는 생각은 근본적으로 잘못되어 있다. A라는 기능을 개선하기 위해 몸에 약을 집어넣으면, 기능 B, C, D가 어쩔 수 없이 손상된다. 인간의 몸과 마음을 지배하는 것은 유전자가 지배하는 호르몬과 신경전달 물질이 아니다. 인간의 믿음이 몸과 마음, 따라서 생활을 지배하는 것이다……. 너희 믿음이 약한 자들이여!

기존의 틀을 깨야 빛이 보인다

이 책에서 나는 모래 위에 선을 긋겠다. 이 선의 한쪽 편에는 생명을 서로 싸우는 생화학적 로봇 사이의 끝없는 전쟁으로 이해하는 신다윈주의의 세계가 있다. 반대편에는 생명을 기쁨에 넘치는 생활로 만들어낼 능력이 있는 강력한 개체들 사이의 협동 과정으로 그려내는 신생물학이 있다. 이 선을 넘어 새로운 생물학을 진정으로 이해하고 나면 선천-후천 논쟁 따위는 불필요해진다. 왜냐하면 올바른 인식에 가득 찬 정신은 선천과 후천을 모두 아우른다는 사실을 깨달을 것이기 때문이다. 그리고 이를 통해 세계가 평평하다고 믿던 사람들이 지구는 둥글다는 현실에 직면했을 때와 비슷한 정도로 심오한 패러다임의 변화가 일어난다고 나는 확신한다.

이 책이 이해할 수 없는 과학 강의를 하고 있다는 두려움을 가진 사람이 있다면 걱정을 떨쳐버려라. 전임교수였을 때 나는 불편한 스리피스 정장을 입고, 목을 조이는 넥타이를 매고, 정장 구두를 신고 끝없는 회의에 참석했지만 가르치는 것을 즐겼다. 학교를 떠난 뒤에도 나는 가르칠 기회가 많았다. 새로운 생물학의 원리를 전세계의 수만 명이 넘는 사람들에게 전파했던 것이다. 이 강의를 통해 나는 과학을 다채로운 도표를 곁들인 쉬운 영어로 설명하는 기술을 연마했다. 이 도표 중 상당수는 이 책에도 수록되어 있다.

1장에서 나는 "똑똑한" 세포들에 대해 설명하고, 이들이 왜, 그리고 어떻게 우리 자신의 몸과 마음에 대해 그토록 많은 것을 가르쳐줄 수 있는지를 이야기한다. 2장에서는 유전자가 생명을 지배하는 것이 아니라는 과학적 증거를 제시한다. 여기서는 또한 후성유전학의 놀라운 발견을 소개할 텐데, 후성유전학은 환경(즉 자연)이 어떻게 유전자 코드를 변화시키지 않고도 세포의 행동에 영향을 미치는가를 파헤치는 새로운 생물학 분야다. 이 분야는 또한 암과 정신분열증을 비롯한 질병의 본질 속에 숨어 있는 새롭고 복잡한 측면을 찾아내는 분야이기도 하다.

3장에서는 세포의 "피부"에 해당하는 세포막을 다룬다. 여러분은 아마 세포막보다는 DNA가 들어 있는 세포의 핵에 대해 훨씬 많이 들어보았을 것이다. 그러나 내가 20여 년 전에 내린 결론, 즉 세포막이야말로 세포 활동의 진정한 뇌에 해당한다는 사실을 첨단과학은 계속해서 보여주고 있다. 4장에서는 양자물리학의 경이로운 발견을 다룬다. 이러한 발견은 질병을 이해하고 치료하는 데 큰 의미가 있다. 그러나 기존의 의학계는 양자물리학을 연구나 의학 교육에 아직 포함시키지 않고 있으며, 그 결과는 참담하다.

5장에서는 이 책의 제목을 왜 '당신의 주인은 DNA가 아니다'(이 책의 원제는 『믿음의 생물학(The Biology of Belief)』이다ー옮긴이)라고 달았는가를 설명한다. 긍정적인 생각은 사람의 행동과 유전자에 깊은 영향을 미치지만, 이는 이러한 사고가 무의식적 프로그램과 조화를 이룰 때에만 가능하다. 부정적 사고도 물론 똑같이 강력한 영향을 미친다. 긍정적인 믿음과 부정적인 믿음이 우리의 생물학적 과정을 어떻게 지배하는가를 알면, 이러한 지식을 이용하여 건강과 행복에 넘치는 삶을 창조할 수 있다. 6장에서는 세포와 인간이 왜 성장해야 하며, 두려움이 이러한 성장을 어떻게 차단하는가를 다룬다.

7장은 "깨어 있는" 자녀 양육을 다룬다. 부모로서 우리는 자식들의 생각을 입력하는 데 있어 우리의 역할을 인식해야 하며, 이러한 믿음이 자식들의 삶에 어떠한 영향을 끼치는지도 알아야 한다. 부모든 아니든 모든 독자에게 7장은 중요하다. 왜냐하면 지금 부모가 아닌 사람도 자신의 부모의 자식이므로 이러한 프로그래밍과 그 영향력을 이해하면 스스로에 대해 많은 것을 깨달을 수 있다.

에필로그에서는 새로운 생물학에 대해 깨달은 후 내가 어떻게 영혼과 과학이라는 두 가지 영역을 통합하는 것이 중요한가를 깨달았는지를 돌아보려 한다. 이 둘의 통합이야말로 내가 회의론적 과학자의 너울을 벗어버린 시점이다.

유전공학자들의 도움 없이, 약에 의존하는 일 없이 마음이 깨어 있는 상태에서 건강, 행복, 사랑에 넘치는 삶을 창조할 마음의 준비가 되어 있는가? 인체를 생화학적 기계로 보는 의학적 모델을 대체할 진실을 받아들일 자세가 되어 있는가? 이렇게 하기 위해 뭔가를 해야 하는 것도 아니고 증서를 발급받아야 하는 것도 아니다. 그저 기존의 과학과 의학계가 여러분에게 주입한 낡은 믿음을 잠시 밀쳐두고 첨단과학이 펼쳐 보이는 새로운 깨달음의 세계를 향해 팔을 벌리기만 하면 된다.

1장

배양접시의 교훈:
'똑똑한' 세포와 똑똑한 학생들

카리브 해에 도착한 지 이틀째 되는 날 나는 긴장한 빛이 역력한 의대생 100여 명 앞에 섰다. 그때 갑자기 여기 사는 사람들이라고 해서 모두 다 이곳을 느긋한 휴식처로 생각하지는 않는다는 사실을 깨달았다. 신경이 곤두선 이 학생들에게 몽세라는 평화로운 안식처가 아니라 의사가 되는 꿈을 이룰 마지막 거점이었다.

우리 반의 학생 분포는 지리적으로는 균일했다. 무슨 뜻이냐 하면, 대부분 미국 동부 대서양 연안 출신이었다는 뜻이다. 그러나 인종과 연령별로는 매우 다양해, 심지어 인생에서 더 많은 것을 이뤄보고 싶어 안달인 67살의 은퇴자도 있었다. 배경도 마찬가지로 다양했다. 전직 초등학교 교사, 회계사, 음악가, 수녀, 심지어 마약 밀매상까지 있었다.

이러한 차이에도 학생들은 두 가지 뚜렷한 공통점을 가지고 있었다. 첫째, 모두들 모집 인원이 한정되어 경쟁이 치열할 수밖에 없는 미국 의과대학 입시에 실패한 사람들이라는 점이다. 둘째, 의사가 되는 일에 전념하는 "노력가"들이라는 점이다. 이들은 자신의 능력을 증명해 보이기 위해 주어진 기회를 절대로 놓치지 않을 사람들이었다. 그리고 대부분은 평생 모은 돈을 쓰거나 아니면 일을 하면서 미국 밖에서 생활하는 데 드는 비용과 등록금을 충당하고 있었다. 그리고 대부분 태어나 처음으로 가족, 친구, 사랑하는 사람들을 뒤에 두고 떠나 완전히 홀로 생활하고 있었다. 그리고 이곳 캠퍼스의 더할 수 없이 열악한 생활환경을 견뎌내고 있었다. 그러나 이 모든 단점과 역경에도 이들은 의사 자격을 얻기 위한 노력을 멈추지 않았다.

어쨌든 내가 첫 시간에 학생들로부터 느낀 분위기는 그런 것이었다. 내가 오기 전까지 학생들은 세 명의 조직학/세포생물학 교수를 겪었다. 첫 번째 강사는 학기가 시작된 지 3주 만에 개인 사정으로 학생들을 버리고 섬을 떠나버렸다. 학교 측은 다급하게 적당한 새 강사를 물색해서 상황을 수습하려 했다. 불행히도 이 사람도 3주 만에 병이 들어 강의를 그만두었다. 결국 내가 도착하기 2주 전까지 다른 분야를 전공하는 교수 한 사람이 학생들과 함께 조직학 및 세포생물학 교과서 강독을 진행했다. 이렇게 되자 학생들은 지루해서 죽을 지경이었지만 학교 측으로서는 규정에 따라 해당 수업의 지정 강의수를 채워야만 했다. 이 학교의 졸업생들이 미국에서 의사로 활동하려면 규정에 정해진 과목을 모두 이수해야 했다.

나는 근심에 찬 학생들이 맞이한 네 번째 교수였다. 첫 시간에 나는 간단히 내 소개를 하고 나서 학생들에게 기대하는 바를 이야기했다. 이 자리에서 나는 이곳이 아무리 외국이라 하더라도 위스콘신에서 내가 가르치던 학생들보다 이곳 학생들의 수준이 더 낮아도 된다고 생각하지는 않는다는 점을 분명히 했다. 학생들도 나에 대해 같은 생각을 갖고 있었을 것이다. 왜냐하면 어디서 의대를 다녔든 미국에서 의사가 되려면 똑같은 의사고시를 통과해야 했기 때문이다. 그리고 가방에서 시험문제지를 꺼내 학생들에게 자체 평가 시험을 실시하겠다고 했다. 학기의 절반이 막 지난 시점이었기 때문에 나는 학생들이 그 학기에 이수해야 할 내용의 절반쯤은 이해하고 있으리라 생각했다. 내가 학생들에게 나눠준 문제는 위스콘신 대학 조직학 중간고사 문제에서 직접 뽑은 20개의 문항이었다.

시험이 시작되고 나서 첫 10분간은 물을 끼얹은 듯 조용했다. 그러더니 하나둘씩 안절부절못하는 모습이더니 이런 분위기가, 치명적인 에볼라 바이러스보다도 더 빨리 온 교실 안에 퍼졌다. 예정한 20분이 지나 시험이 끝나자 눈을 크게 뜬 학생들의 얼굴에는 당혹감이 역력했다. 내가 "그만"이라고 하자 참고 있던 불안감이 한꺼번에 터져나오면서 100여 명의 학생들이 일제히 흥분해서 자기들끼리 떠들어대기 시작했다. 나는 학생들을 조용히 시킨 후 정답을 읽어주기 시작했다. 처음 대여섯 문제의 정답을 읽어줄 때까지는 그저 얕은 한숨 소리만 여기저기서 들렸다. 10번째가 넘어가자, 한 문제가 끝날 때마다 고통의 신음소리들이 터져 나오기 시작했다. 가장 잘한 학생이 10문제를 맞혔고, 7문제를 맞힌 학생이 몇 명 있었다. 대부분은 그저 찍은 듯 한두 문제밖에는 맞히지 못했다.

학생들을 둘러보니 충격에 얼어붙은 얼굴들이 눈에 들어왔다. 이 "노력가"들은 궁지에 빠졌다. 학기의 절반이 지나가버린 지금 학생들은 이 수업을 처음부터 다시 시작해야 한다는 사실을 깨달은 것이다.

힘겨운 다른 과목에서도 제자리걸음을 하고 있는데 이 과목까지 이 지경이라니 하는 우울함이 학생들을 덮쳤다. 몇 초도 되지 않아 이들의 우울함은 소리 없는 절망으로 바뀌었다. 정적 속에서 나는 학생들을, 학생들은 나를 서로 바라보았다. 마음이 아파왔다. 학생들은 마치 그린피스의 사진에 나오는 새끼 물개 같은 모습이었다. 잔인한 모피 밀렵꾼들의 몽둥이에 맞아 죽기 직전, 겁에 질려 눈을 크게 뜬 새끼 물개들 말이다.

가슴 속에서 뭔가가 솟아나왔다. 아마 짠 바닷바람에 실려온 향기 때문에 내가 너그러워졌나 보다. 어쨌든 나도 모르게 학생들에게 한 가지 약속을 했다. 노력하기만 하면 학생 하나하나가 학기말 시험에 완벽히 대비하도록 해주겠다는 개인적인 약속을 한 것이다. 내가 진정으로 그들의 성공을 바라고 있다는 사실을 깨닫자 두려움에 차 있던 학생들의 눈에 희망의 빛이 반짝이기 시작했다.

본선 진출을 앞두고 선수들을 조련하느라 고심하는 코치 같은 기분으로 나는 학생들이 미국에서 내가 가르쳤던 학생들과 비교할 때 어느 모로 보나 똑같이 현명하다고 말해주었다. 그리고 미국 학생들은 단지 암기력, 그러니까 의대 입시에서 더 좋은 성적을 올리는 데 필요한 능력이 앞섰던 것뿐이라고도 말해주었다. 동시에 조직학과 세포생물학은 대단히 어려운 과목이 아님을 알려주려고 무진 애를 썼다. 그리고 이 아름다운 자연이 작동하는 방식은 사실상 단순하다는 사실도 알려주었다. 그리고 사실과 숫자를 주입하기보다는 이들에게 세포를 제대로 이해시켜주겠다고 약속했다. 왜냐하면 나는 단순한 원칙을 이용해 설명할 터였기 때문이다. 그리고 야간 보충수업도 제안했다.

이렇게 되면 학생들은 하루 종일 강의를 듣고 실험에 시달리고 나서도 또 공부를 해야 한다. 10분 정도 격려 연설을 하고 나니 학생들의 표정이 밝아졌다. 수업이 끝나자 학생들은 미국의 제도에 지지 않겠다는 결의에 차서 씩씩대며 강의실을 뛰쳐나갔다.

학생들이 다 나가고 나서야 내가 얼마나 엄청난 약속을 했는지 실감이 났다. 해낼 수 있을까 하는 생각도 들었다. 나는 학생들 중 상당수는 정말로 의대에 다닐 능력이 없음을 알고 있었다. 하지만 많은 학생들은 능력을 갖추고 있었으며, 그저 이제까지 살아온 길이 달라 의대 입시에 성공하지 못했을 뿐이다. 목가적인 섬 생활 대신 시간에 쫓겨 허둥대며 학생들과 난리를 치다가 결국 학생들은 학생들대로, 그리고 나도 선생으로서 실패하는 게 아닌가 하는 생각도 들었다. 그런데 위스콘신 시절을 떠올려 보니 갑자기 쉬울 거라는 생각이 들기 시작했다. 위스콘신에서는 조직 및 세포생물학을 커버하는 50여 개의 강의 중 나는 8개만 담당하면 그만이었다. 해부학과의 교수 5명이 나와 강의의 짐을 나누어 졌기 때문이다. 나는 이 각 교수가 담당한 수업에 연결된 실험도 담당하고 있었기 때문에 관련 교재 준비도 내 몫이었다. 그리고 수업과 관련한 학생들의 모든 질문에 대답하는 것도 내 일이었다. 그러나 교재에 대해 아는 것과 그 교재를 바탕으로 강의를 하는 것은 다른 일 아닌가!

나는 자초한 상황을 곰곰이 생각하느라 주말의 3일을 보냈다. 이런 위기를 위스콘신에서 겪었으면 A형 성격인 나는 마음을 졸였을 것이다. 그런데 풀가에 앉아 카리브 해 속으로 태양이 빨려 들어가는 모습을 바라보니 당초의 두려움이 모험에 대한 기대로 바뀌었다. 교단에

선 뒤 처음으로 나는 팀티칭에 으레 따라오는 강의 내용에 대한 이런 저런 제약에 구애되지 않고 순전히 내 책임하에 이 중요한 수업을 진행할 수 있다는 사실 때문에 뛸 듯이 기뻤다.

미니어처 인간으로서의 세포

돌이켜보니 그 조직학 강의를 하던 동안은 교직 생활 중 지적으로 가장 심오하고 풍요로운 기간이었다. 가르치고 싶은 대로 가르칠 자유를 얻은 나는 새로운 방법으로 교재를 다루기 시작했는데, 사실 그 방법은 그때까지 수년간 내 머릿속에 굴러다니던 것이었다. 그리고 세포를 "미니어처 인간"이라고 생각하면 세포의 생리적 과정과 행동을 더 이해하기 쉽다는 사실에 나 스스로 경탄했다. 새로운 강의 계획을 짜며 나는 신이 났다. 세포생물학과 인체생물학을 중첩시켜야겠다는 생각을 하니 어린 시절 느꼈던 과학에 대한 흥미가 되살아나는 듯했다. 실험실에 있을 때는 어린 시절 느꼈던 열정이 생생히 되살아났지만 전임교수로서 처리해야 할 행정 업무에 덜미를 잡혀 있을 때는 그렇지 못했고, 특히 고문이나 다름없었던 교수진 회식은 더욱 그랬다.
　나는 세포가 인간과 비슷하다고 생각하는 경향이 있었다. 왜냐하면 몇 년씩 현미경을 들여다보다 보니 배양접시에서 흐느적거리는 단순한 생명체로 보이던 세포의 복잡성과 힘 앞에서 겸손해질 수밖에 없었기 때문이다. 독자 여러분은 학교에서 세포의 기본 구조에 대해 배웠을 것이다. 유전물질이 들어 있는 핵, 에너지를 생산하는 미토콘드리아, 세포의 외부를 둘러싸는 보호벽인 세포막, 그리고 그 사이를 채우는 원형질 등. 그러나 이렇게 구조상 단순해 보이는 세포는 복잡한 세계를 이루고 있다. 이 똑똑한 세포는 똑똑한 과학자들이 아직 밝혀내지 못한 기술을 구사하고 있는 것이다.

내가 몇 년간 곱씹고 있던 '세포는 미니어처 인간'이라는 생각은 대부분의 생물학자들에게 이단으로 비춰진다. 무엇이든 인간이 아닌 대상의 본질을 인간의 행동과 연관 지어 설명하려는 행동을 의인화라고 한다. 이른바 "진정한" 과학자들은 의인화를 치명적 죄악으로 생각하며, 연구에서 공개적으로 이를 활용하는 과학자들을 따돌린다. 그러나 나는 내가 주류 생물학으로부터 벗어난 데는 충분한 이유가 있다고 생각한다. 생물학자들은 자연을 관찰한 후 사물들이 어떻게 돌아가는지에 대해 가설을 세우는 방법으로 과학적 연구를 수행하려고 한다. 가설을 세우고 나면 이를 검증할 실험 계획을 수립한다. 가설을 세우고 실험 계획을 수립하려면 과학자는 불가피하게 세포 또는 살아 있는 기관이 어떻게 스스로의 삶을 영위하는지를 "생각"해보아야만 한다. 이렇게 "인간적인" 해결책을 적용하는 것, 달리 말해 생명의 신비를 푸는 데 인간적 시각을 동원하는 것은 해당 생물학자를 자동으로 "의인화의 주인"으로 만든다. 그러니까 아무리 그렇게 하지 않으려 해도 생물학은 연구 대상에 대한 어느 정도의 의인화에 바탕을 두고 있다. 사실 나는 의인화를 금지하는 불문율은 중세 암흑시대의 유물이라고 생각한다. 당시 교회 당국은 인간과 인간 이외의 피조물 사이의 직접적인 관계는 무엇이든 다 부정했으니까. 생각해보라. 전구, 라디오, 주머니칼 등을 의인화하면 이런저런 설명을 하는 데 도움이 된다. 그렇다면 의인화가 생명체에 적용됐을 때만 이를 비판하는 것은 옳지 않다. 인간은 다세포생물이며, 본질적으로 우리의 행동은 우리 세포의 행동과 유사할 수밖에 없다.

그러나 이러한 유사성을 인정하려면 인식의 전환이 필요하다. 역사적으로 유대교-그리스도교적 전통으로 인해 인간은 자신이 다른 동식물과는 별도의 과정을 통해 창조된 지적 피조물이라는 생각에 사로잡혀 있다. 이에 따라 인간은 진화의 사다리에서 우리보다 아래쪽에 있는 지능 없는 생명체를 깔보게 되었으며, 특히 사다리 맨 아래쪽에 있는 생명들에 대해서는 더욱 그렇다.

이보다 진실에서 더 멀리 떨어진 생각은 없다. 다른 사람, 또는 거울에 비친 우리 자신을 하나의 개체로 보는 것은 어떤 의미에서는 올바른 시각이다. 적어도 지금 수준의 몸 크기에서는 그렇다. 그러나 사람의 몸이 세포 하나의 크기로 줄어들고, 이러한 크기의 시각에서 우리의 몸을 내려다본다면 틀림없이 완전히 새로운 세계가 열릴 것이다. 그러니까 그 시각에서 온몸을 바라본다면 사람은 스스로를 단일한 개체로 생각하지 않게 된다는 뜻이다. 즉 50조 개가 넘는 독립된 세포가 모인 시끌벅적한 공동체로 인식할 것이라는 얘기다.

조직학 강의를 준비하면서 이런 생각들을 머릿속에서 굴리고 있는 동안 어린 시절에 본 백과사전에 수록된 그림이 계속해서 떠올랐다. 인간이라는 항목을 보면 일곱 장의 투명지로 된 부분이 나타났다. 각 장에는 여러 차원에서 인체의 윤곽선이 그려져 있었고, 일곱 장의 윤곽선은 모두 일치했다. 첫 번째 장은 벌거벗은 남자의 윤곽을 보여주고 있었다. 첫 번째 장을 넘기면 마치 이 사람의 피부가 벗겨진 것처

42

럼 두 번째 장에 그려져 있는 근육계가 나타났다. 두 번째 장을 넘기면
세 번째 장에는 생생한 인체 해부도가 모습을 드러냈다. 계속 넘겨가
면서 나는 골격, 뇌, 신경, 혈관, 기관계 등과 마주쳤다.

학생들을 위해 나는 인체 대신 세포의 구조가 단계적으로 나타나는
그림을 머릿속에 그려보았다. 세포 속의 구조물은 대부분 소기관이라
고 불리는데, 이들은 젤리 같은 원형질 속에 떠 있는 "미니어처 기관"
들이다. 기능적인 측면에서 볼 때 소기관들은 인체의 조직과 기관에
해당한다. 소기관 중 가장 큰 핵, 미토콘드리아, 골기체, 액포 등이 이
에 해당한다. 이 과목을 맡은 교수들은 통상 이들 세포 소기관을 먼저
설명한 뒤 인체의 조직과 기관으로 올라간다. 그러나 나는 이 두 분야
를 통합하여 인체와 세포 사이의 본질적 공통점을 강의 내용에 반영
하기로 했다.

나는 학생들에게 세포 소기관 시스템이 사용하는 생화학적 메커니
즘은 인간의 기관계가 사용하는 시스템과 근본적으로 같다고 설명했
다. 인체는 수십 조 개의 세포로 이루어져 있지만 나는 하나하나의 세
포 속에서 이미 발현되지 않은 "새로운" 기능은 인체에 존재하지 않음
을 강조했다. 각각의 진핵세포(핵이 있는 세포)는 인체의 신경계, 소화
계, 호흡계, 배설계, 내분비계, 근육계 및 골격계, 순환계, 피부, 생식계
에 상응하는 기능을 갖추고 있다. 이뿐만 아니라 항체와 비슷한 일련
의 "유비퀴틴(ubiquitin)" 단백질을 이용하는 면역계도 갖추고 있다.

또한 나는 학생들에게 각각의 세포는 스스로 생존할 수 있는 지혜
로운 존재임을 강조하고, 세포를 하나씩 분리하여 배양기 안에서 키
울 수 있는 것으로 이 사실을 알 수 있다고 덧붙였다. 어린 시절 직관

적으로 깨달았던 것처럼 이 영리한 세포들은 의도와 목적을 부여 받았다. 세포들은 적극적으로 생존에 도움이 되는 환경을 찾아 나섬과 동시에 독성이 있거나 적대적인 환경은 피한다. 인간처럼 세포도 주변 환경으로부터 들어오는 수천 개의 자극을 분석한다. 이러한 데이터 분석을 통해 세포는 생존을 확보하는 데 적합한 반응을 보인다.

각각의 세포는 또한 환경으로부터의 경험을 통해 학습할 능력이 있으며 기억을 창출할 능력도 갖추고 있다. 그리고 이러한 기억은 자손에게 전달된다. 예를 들어 어린이가 홍역 바이러스에 감염되면 미성숙한 면역 세포가 동원되어 바이러스에 대항하는 항체 단백질을 생성한다. 이 과정에서 세포는 새로운 유전자를 만들어내야 하는데, 이 유전자는 홍역 항체 단백질을 합성하는 청사진으로 쓰인다.

특정한 홍역 항체 유전자를 만들어내는 첫 번째 단계는 미성숙한 면역 세포의 핵에서 이루어진다. 이들의 유전자 중에는 독특한 형태의 단백질을 암호화하는 다수의 DNA 조각이 있다. 이 DNA 조각을 무작위로 조립하고 재조합하여 면역 세포는 매우 다양한 유전자를 만들어내는데, 각각의 유전자는 저마다 독특한 형태의 항체 단백질을 합성한다. 미성숙한 면역 세포가 침입자 홍역 바이러스에 가까운 보체인 항체 단백질을 형성하면, 이 면역 세포는 활성화된다.

활성화된 세포는 "친화성 성숙"이라는 놀라운 메커니즘을 가동한다. 이 메커니즘을 통해 세포는 항체 단백질의 최종 형태에 완벽히 "적응"하고, 그 결과 침입한 홍역 바이러스의 완벽한 보체가 된다(Li, et al, 2003; Adams, et al, 2003). "체세포 과변이"라는 과정을 이용하여, 활성화된 면역 세포는 원래의 항체 유전자를 수백 개씩 복제해낸다. 그러나 새롭게 만들어진 각각의 유전자에는 약간의 변이가 일어나 있어서, 이들은 저마다 형태가 조금씩 다른 항체 단백질 생성을 지령한다. 이렇게 해서 세포는 가장 잘 들어맞는 항체를 만들어내는 유전자를 선택한다. 이렇게 선택된 유전자도 여러 번에 걸쳐 체세포 과변이를 겪어 결국 홍역 바이러스의 "완벽한" 보체가 되는 형태의 항체를 "조각" 해낸다(Wu, et al, 2003; Blanden and Steele 1998; Diaz and Casali 2002; Gearhart 2002).

이렇게 조각된 항체는 바이러스와 결합하여 침입자를 무력화시킨 뒤 파괴하라는 표지를 붙인다. 이렇게 해서 어린이를 홍역의 무시무시한 힘으로부터 보호하는 것이다. 세포는 이 항체의 유전적 "기억"을 보존하여, 앞으로 그 사람이 홍역에 감염될 경우 즉시 이 사람을 보호하는 면역반응을 개시한다. 새로운 항체 유전자는 새로 분열할 때마다 그 세포의 후손에게 전달된다. 이 과정에서 세포는 홍역 바이러스에 대해 "학습"했을 뿐만 아니라 "기억"을 창출하여 이를 딸세포(세포 분열로 생긴 두 개의 세포─옮긴이)에게 전달하고 전파한다. 이렇게 경이로운 세포의 유전공학적 능력은 매우 중요하다. 왜냐하면 세포가 진화하는 "지능형" 메커니즘을 이러한 능력이 보여주고 있기 때문이다.

생명의 기원: 더욱 똑똑해지는 세포

세포가 그렇게 똑똑하다는 사실은 놀랄 일이 아니다. 세상에 처음으로 출현한 생명체는 단세포 생물이었다. 화석을 관찰해보면 단세포 생물은 지구가 형성되고 나서 약 6억 년 뒤에 처음 나타났다. 그로부터 27억 5천만 년 동안 지구에는 박테리아, 조류, 아메바처럼 생긴 프로토조아(원생동물) 등 단세포 생물만이 살고 있었다.

약 7억 5천만 년쯤 전에 이 똑똑한 세포들은 더욱 똑똑해져서 최초의 다세포 생물(식물과 동물)이 생겨났다. 당초에 다세포 생명체들은 단일 세포의 느슨한 공동체나 "집단"의 형태를 띠고 있었다. 그 당시의 공동체에는 수만 개 정도의 세포가 들어 있었다. 그러나 공동체를 이루고 사는 것이 진화상의 이익이 됨에 따라 집단의 크기는 점점 커져서 수백만, 수십 억, 심지어 수조 개의 단일 세포들이 사회적으로 상호작용하며 살아가는 집단이 생겨났다. 각각의 세포는 현미경으로 들여다봐야 할 정도로 작지만, 이들이 모여 있는 모습을 다세포 공동체들, 겨우 눈에 보이는 것에서부터 거대한 덩치에 이르기까지 다양하다. 생물학자들은 사람의 눈에 보이는 구조에 따라 이렇게 조직된 공동체를 분류했다. 육안으로 보면 단일체로 보이는 세포 공동체, 이를테면 쥐, 개, 사람 등은 사실상 수백만, 수조 개의 세포가 고도로 조직화되어 있는 공동체이다.

공동체의 규모가 계속 커지는 쪽으로 진화의 힘이 작용하는 것은 단순히 생존해야 한다는 생물학적 필연성 때문일 뿐이다. 유기체는 주변 환경에 대해 잘 알면 알수록 생존 확률이 높아진다. 세포들은 한 자리에 모이면 환경에 대한 인식이 폭발적으로 강화된다. 어떤 세포 하나가 갖고 있는 임의의 환경인지도 값을 X라고 한다면, 어떤 규모의 세포 집단이 가질 수 있는 값은 적어도 X 곱하기 세포수가 된다.

이렇게 고밀도의 상황에서 생존하기 위해 세포들은 구조화된 환경을 만들어낸다. 이렇게 고도화된 공동체는 항상 변하는 대기업의 조직도보다 더욱 정밀하고 효율적으로 업무를 각 구성원에게 배분한다. 공동체 안의 각 세포에게 특별한 임무를 부여하면 공동체 전체가 더욱 효율적이 된다는 사실은 증명된 바 있다. 발달 과정에서 동식물 개체의 세포는 이미 태아 시절부터 이렇게 특화된 기능을 습득하기 시작한다. 세포 분화라는 과정을 통해 세포는 인체를 이루는 특정한 조직과 기관을 형성한다. 시간이 지남에 따라 업무의 분장이라고 할 수 있는 이 "분화"의 패턴이 공동체 안에 존재하는 모든 세포의 유전자에 아로새겨지고, 그 결과 해당 개체의 효율성과 생존능력이 크게 개선되었다.

예를 들어 큰 개체의 경우 전체 세포의 몇 퍼센트만이 환경으로부터 들어오는 자극을 수용하고 이에 반응하는 일을 담당한다. 이는 신경계 속의 조직과 기관을 구성하는 세포들에게 맡겨진 역할이다. 신경계의 기능은 환경을 인식하고 이에 따라 방대한 세포 공동체에 속해 있는 다른 모든 세포들의 행동을 조정하는 것이다.

공동체에 속한 세포들 사이의 분업을 통해 생존 가능성은 더욱 커진다. 효율성이 높아진 결과 더 많은 세포들이 더 적게 소비하고도 살아남을 수 있기 때문이다. 오래된 속담을 생각해보라. "둘이 살면 혼자 사는 것보다 돈이 덜 든다." 생존을 위해 각각의 세포는 일정량의 에너지를 소비해야 한다. 공동체에 속한 각각의 세포가 절약한 에너지는 개체 전체의 생존에 도움을 주거나 삶의 질을 높여준다.

헨리 포드는 작업을 분화하면 전술적 이익이 생긴다는 사실을 간파

하고 이를 자동차 조립 라인을 만드는 데 적용했다. 포드가 등장하기 전에는 여러 가지 기술을 가진 사람들이 팀을 이루어 1~2주 정도 시간을 들여 차 한 대를 조립해냈다. 포드는 어떤 근로자가 특화된 작업 한 가지만을 수행할 수 있도록 공장의 설비를 배치했다. 포드는 저마다 전문성이 다른 노동자들을 한 줄로 늘어 세우고는(이를 조립 라인이라고 한다) 제작 중인 차가 한 사람의 노동자 앞에서 다음 노동자 앞으로 옮겨가도록 조치했다. 이렇게 되자 효율성이 급증하여 포드 사에서는 과거에 몇 주씩 걸리던 차 한 대의 조립 시간을 90분으로 단축할 수 있었다.

불행히도 우리는 찰스 다윈이 생명의 탄생에 관해 과거와는 완전히 다른 이론을 제시하자 편리하게도 진화에는 협력이 필요하다는 사실을 "망각"했다. 150년 전에 다윈은 생명체들이 영원한 "생존 경쟁"에 내몰려 있다고 결론지었다. 다윈에게 투쟁과 폭력은 동물(인간 포함) 본성의 일부가 아니라 진화를 추진하는 주된 "동력"이었다. 『자연 선택 또는 생존 경쟁에서 유리한 종의 보존에 의한 종의 기원』(이하 『종의 기원』 — 옮긴이)이라는 저서의 마지막 장에서 다윈은 불가피한 "생존 경쟁"에 대해 언급했고, 진화는 "기근과 죽음이라는 자연의 전쟁"에 의해 추진된다고 썼다. 이러한 주장을 진화는 무작위적이라는 다윈의 견해와 결합하면 다음과 같은 세상이 그려진다. 테니슨이 시적으로 잘 표현한 것처럼 "이빨과 발톱이 빨간," 즉 개체들이 생존을 위해 무의미한 피투성이의 싸움을 끝없이 계속하는 세상 말이다.

피비린내 나지 않는 진화

진화론에 관하여 다윈이 훨씬 더 유명하기는 하지만 진화를 하나의 과학적 사실로 확립한 최초의 과학자는 유명한 프랑스의 생물학자인 장-바티스트 드 라마르크(Jean-Baptiste de Lamark, 1774~1829)였다 (Lamark 1809, 1914, 1963). 20세기의 분자유전학을 접목하여 다윈의 이론을 현대화시킨 "신다윈주의"의 핵심 인물 중 하나인 에른스트 마이어(Ernst Mayr, 1904~2005)조차도 라마르크가 진화론의 창시자임을 인정한다. 1970년에 출간된 『진화와 생명의 다양성』에서 마이어는 이렇게 썼다. "실제로 몇몇 프랑스 역사가들이 지적한 바와 마찬가지로 나도 라마르크가 '진화론의 창시자'라는 이름에 훨씬 더 적합하다고 생각한다.…… 라마르크는 전체가 유기체의 진화 이론으로 채워져 있는 책을 최초로 출간한 사람이다. 또한 동물계 전체를 진화의 산물로 그려낸 최초의 과학자이기도 하다"(Mayr 1976, p.227).

라마르크는 다윈보다 50년 앞서 자신의 이론을 내놓았을 뿐만 아니라 그의 이론은 진화의 메커니즘에 대해 훨씬 덜 투쟁적이었다. 라마르크의 이론에 따르면 진화는 유기체와 주변 환경 사이의 협력적 상호작용에 바탕을 두고 있으며, 이러한 상호작용을 통해 생명체는 역동적 세계 안에서 살아남고 진화할 수 있다는 것이다. 그러니까 유기체는 변화하는 환경 속에서 생존에 필요한 적응을 하고 이를 후손에게 전달한다는 것이다. 진화의 메커니즘에 대한 라마르크의 가설은 (앞에서 본 것처럼) 면역계가 어떻게 환경에 적응하는가에 대한 현대 세포생물학의 연구 성과와도 잘 일치한다.

라마르크의 초기 진화론은 교회의 공격 대상이었다. 인간이 하등 생물로부터 진화했다는 생각은 이단으로 배척당했다. 라마르크는 또한 창조론자였던 당시의 동료 과학자들로부터도 조롱당했다. 독일의 발달 생물학자인 아우구스트 바이스만(August Weismann, 1834~1914)은 생명체들이 환경과의 상호작용을 통해 획득한 생존 관련 특성을 후손에게 물려준다는 라마르크의 이론을 실험을 통해 반박하여 라마르크를 잊혀진 인물로 만들어버렸다. 실험에서 바이스만은 숫쥐 한 마리와 암쥐 한 마리의 꼬리를 자른 후 이들을 교미시켰다. 라마르크의 이론이 옳다면 부모들은 꼬리가 없는 상태를 후손에게 물려주어야 마땅하다고 바이스만은 주장했다. 첫 세대의 쥐들은 꼬리를 갖고 태어났다. 바이스만은 이 실험을 21세대에 걸쳐 계속했지만 꼬리가 없는 쥐는 단 한 마리도 나타나지 않았고, 이를 바탕으로 바이스만은 라마르크의 이론이 틀렸다고 결론지었다.

그러나 바이스만의 실험은 라마르크의 이론에 대한 올바른 실험이 아니었다. 전기 작가인 L. J. 조다노바에 의하면 라마르크는 이러한 "변화"는 "엄청난 기간"에 걸쳐 발생한다고 보았다. 1984년에 조다노바는 라마르크의 이론이 "생명체들을 지배하는 법칙은 엄청난 시간에 걸쳐 점점 더 복잡한 형태의 생명체를 만들어낸다"는 가설을 포함하여 몇몇 가설에 '바탕을 두고 있었다'라고 썼다(Jordanova 1984, p.71). 5년이라는 바이스만의 실험기간은 분명 라마르크의 이론을 시험하는 데 충분한 기간이 아니었다. 그의 실험에서 또 한 가지 근본적인 결함은 어떤 개체에 발생하는 모든 변화가 자신의 이론대로 된다고 라마르크가 주장한 적이 한 번도 없다는 사실이다. 라마르크가 한 이야기는 개

체들이 생존에 필요할 경우 어떤 특성(예를 들어 꼬리)을 유지한다고
했을 뿐이다. 바이스만은 쥐들이 꼬리가 필요 없다고 생각했지만 어
느 누구도 쥐들에게 꼬리가 살아남는 데 필요하냐고 물어본 적은 없
지 않은가!

이렇게 명백한 결함에도 꼬리 없는 쥐에 대한 바이스만의 실험 결
과는 라마르크의 명성을 손상시키는 역할을 했다. 사실 당시의 학계
는 대부분 라마르크를 무시하거나 아니면 악인으로 낙인 찍었다. 코
넬 대학의 진화 생물학자인 C. H. 왜딩턴은 자신의 저서 『진화론자
의 진화』(Waddington 1975, p.38)에서 이렇게 썼다. "모든 측면에서
그 이름이 모욕의 대상이 된 사람은 생물학의 역사에서 라마르크 한
사람뿐이다. 대부분의 경우 과학자의 업적은 어차피 후배 과학자의
업적에 가려질 운명에 처해 있기는 하지만 200년이 지나기까지 사람
들이 분노하며 그의 저술을 거부하는 대상은 매우 희귀하다. 워낙 거
부의 정도가 심해서 회의론자라면 이 저자에게 어떤 양심의 문제가
있는 게 아닌가 하는 의심이 일어날 지경이다. 내가 보기에 사실 라마
르크는 부당한 비판을 당하고 있다."

왜딩턴은 벌써 30년 전에 이렇게 앞날을 내다보는 듯한 이야기를
했다. 오늘날 라마르크의 이론은 자주 비난의 대상이 되어온 라마르
크가 완전히 틀린 것은 아니고, 자주 찬양의 대상이 되는 다윈이 완전
히 옳은 것도 아님을 보여주는 새로운 과학적 증거에 힘입어 재평가
되고 있다. 2000년에 권위 있는 과학 저널인 「사이언스」에 실린 논문
의 제목은 해빙 무드의 신호탄이라고 볼 만하다. "라마르크가 조금쯤
옳지 않았을까?"(Batler, 2000)

과학자들이 라마르크를 새롭게 조명하는 이유 중 하나는 생물계에서 삶을 유지하는 데 협력이 얼마나 중요한가를 진화론자들이 계속 일깨워주고 있기 때문이다. 『다윈의 맹점』(Ryan, 2002, p.16)이라는 저서에서 영국의 프랭크 라이언이라는 의사는 이러한 관계의 사례 몇 가지를 제시하고 있다. 노랭이새우는 망둥어의 보호를 받으며 먹이를 찾는다. 허밋크랩이라는 게는 분홍말미잘을 갑각 위에 올려놓고 다닌다. "물고기와 문어는 허밋크랩을 즐겨 먹지만 이들이 다가오면 말미잘이 밝은 색 촉수를 뻗어 미세한 독침으로 물고기나 문어를 공격해서 '딴 데 가서 알아보도록' 한다." 말미잘은 그 대가로 허밋크랩이 먹다 남은 것을 얻어먹는다.

그러나 오늘날의 과학은 앞에서 본 것처럼 눈에 띄는 관계보다 훨씬 더 깊은 수준의 협력이 존재한다는 사실을 알고 있다. 최근에 「사이언스」에 게재된 "사람은 작은 친구들로부터 작은 도움을 받으며 산다"(Ruby, et al, 2004)라는 기사에 따르면 "생물학자들은 동물들이 정상적인 건강과 발달에 필요한 미생물의 공동체를 만들어내면서 계속 공존하고 공진화해왔다는 사실을 깨달아가고 있다." 이러한 관계에 대한 연구는 오늘날 점점 더 활발해지고 있으며, "시스템 생물학"이라고 불린다.

한 가지 아이러니는 최근 수십 년간 인간이 손 소독제로부터 항생제에 이르기까지 모든 수단을 동원하여 미생물과 전쟁을 벌이도록 길들여져왔다는 사실이다. 그러나 이렇게 단순한 태도는 많은 종류의 박테리아가 인간의 건강에 필수적이라는 사실을 무시하고 있다. 이와 관련하여 옛날부터 알려진 좋은 예는 인간의 생존에 필수적인 소화관 속의 박테리아다. 위와 장 속의 박테리아는 음식물의 소화를 도와줄 뿐만 아니라 생존 유지에 필요한 비타민을 흡수할 수 있도록 해준다. 이러한 미생물과 인간 사이의 협력 관계를 생각하면 왜 항생제의 남용이 인간의 생존에 해로운가를 알 수 있다. 항생제는 박테리아를 무차별로 살해한다. 그러니까 해로운 박테리아뿐만 아니라 우리의 생존에 필요한 박테리아도 똑같이 효율적으로 죽여버린다는 뜻이다.

최근 유전체학이 발달함에 따라 여러 종의 생물들 사이에 진행되는 협력의 메커니즘이 더욱 많이 밝혀졌다. 연구 결과, 살아 있는 유기체는 유전자의 공유를 통해 세포 공동체를 통합한다는 사실이 알려졌다. 그전까지 과학자들은 유전자가 번식을 통해 특정한 개체의 후손에게만 전달된다고 믿어왔다. 이제 과학자들은 어떤 종의 개체 사이에서뿐만 아니라 서로 다른 종의 개체 사이에도 유전자 공유가 일어난다는 사실을 깨닫고 있다. 유전자 전이를 통하여 유전 정보를 교환하면 개체들이 다른 개체가 "학습한" 경험을 습득할 수 있기 때문에 진화의 속도가 빨라진다(Nitz, et al, 2004; Pennisi 2004; Boucher, et al, 2003; Dutta and Pan 2002; Gogarten 2003). 이렇게 유전자를 공유하는 개체들은 더 이상 서로 떨어진 존재로 볼 수 없다. 생물종 사이의 벽이 존재하지 않는다는 얘기다. 미국 연방 에너지부의 미생물 유전체 연구 책임자인 다니엘 드렐은 2001년 「사이언스」와의 인터뷰에서 이렇게 말했다. "더 이상 무엇이 하나의 종인지 분명하게 말하기가 어려워졌다"(Pennisi 2001).

유전 정보를 공유하게 된 것은 우연이 아니다. 이런 방식으로 자연은 생물계 자체의 생존 가능성을 높인다. 앞서도 이야기한 바와 마찬가지로 유전자는 어떤 개체가 학습한 경험의 물리적 기억이다. 개체들이 서로 유전자를 교환하면 이러한 기억이 확산되며, 따라서 공동체를 구성하는 모든 개체의 생존에 영향을 끼친다. 이렇게 같은 종 내에서, 그리고 종과 종 사이에서 유전자가 교환되는 메커니즘이 알려진 이상 유전공학의 위험은 분명해진다. 예를 들어 토마토의 유전자를 조작하는 일은 토마토에서 끝나지 않고 생물계 전체를 바꿀 수도 있는데, 그것이 어떤 방향일지는 예측할 수 없다. 사람이 유전자 변형 식품을 먹으면 인공적으로 만들어진 유전자가 장 속에 살고 있는 유익한 박테리아 안으로 들어와 그 성질을 바꿔버린다는 연구 결과가 이미 나와 있다(Herigate 2004; Netherwood, et al, 2004). 마찬가지로 유전자 변형 농산물과 주변의 자연 식물종 사이의 유전자 교환이 일어나 강력한 내성을 가진 슈퍼잡초라는 종이 탄생했다(Milius 2003; Haygood, et al, 2003; Desplanque, et al, 2002; Spencer and Snow 2001). 그러니까 유전공학자들은 이러한 유전자 교환이라는 현실을 고려에 넣지 않은 채 유전자 변형 농산물을 환경에 노출시킨 것이다. 이들이 중요한 점을 간과하는 바람에 변형된 유전자가 환경 속으로 퍼져 유기체들을 바꾸고 있으며, 이제 우리는 그 끔찍한 결과를 목격하기 시작하고 있다(Watrud, et al, 2004).

모든 생물체들이 유전자를 공유한다는 교훈, 그러니까 모든 생물종 상호 간의 협력이 중요하다는 가르침을 무시하면 인류의 존재 자체가 위협받을 것이라고 진화유전학자들은 경고한다. "개체"를 강조하는 다윈의 이론을 뛰어넘어 '공동체'를 강조하는 방향으로 나아가야 한다는 뜻이다. 영국의 과학자 티모시 렌턴(Timothy Lenton)은 진화가 같은 종 내의 개체끼리의 상호작용보다는 종 사이의 상호작용에 더 의존한다는 증거를 제시하고 있다. 달리 말해 진화는 가장 적합한 개체의 생존이라기보다는 가장 적합한 '집단'의 생존 문제가 되어가고 있다. 1998년에 「네이처」에 기고한 글에서 렌턴은 개체 및 진화에서 개체가 수행하는 역할에 초점을 맞추기보다는 "유기체와 이들을 둘러싼 물질적 환경을 총체적으로 연구해야, 어떤 형질이 살아남아 결국 지배적인 형질이 되는가를 완전히 이해할 수 있다."고 썼다 (Lenton 1998).

렌턴은 지구와 그 속의 모든 생물 종들이 살아서 상호작용하는 하나의 거대한 유기체를 형성한다는 제임스 러블록(James Lovelock)의 가이아 가설을 따른다. 열대 우림의 벌채든, 오존층 파괴든, 유전공학을 이용한 유기체의 변형이든, 가이아라는 초거대 유기체의 균형을 깨뜨리는 행위는 가이아의 생존, 그리고 궁극적으로 인류의 생존을 위협하리라고 주장한다.

영국의 자연환경연구위원회가 자금을 제공한 최근 연구는 이러한 우려를 뒷받침하는 증거를 제시한다(Thomas, et al, 2004; Stevens, et al, 2004). 지구 역사 전체에 걸쳐 다섯 번의 대량 멸종이 있었는데, 이들은 모두 지구 외적인 원인, 그러니까 혜성 충돌 등이 원인이었던 것으로 여겨진다. 그러나 최근의 어떤 연구는 다음과 같이 결론짓고 있다. "자연계는 여섯 번째의 대량 멸종을 겪고 있다"(Lovell 2004). 그러나 이번에는 멸종의 이유가 지구 밖으로부터 온 것이 아니다. 연구 참여자 중 한 명이었던 제레미 토머스는 이렇게 말한다. "우리가 판단하는 한, 이번 멸종은 어떤 동물종이 원인이 되고 있다. 바로 인간이다."

세포 이야기

의대에서 몇 년을 가르치다 보니 의대생들이 변호사들보다 더 경쟁심이 강하고 험담도 잘하는 사람들이라는 사실을 깨닫게 되었다. 이들은 "적자"가 되기 위한 다원적 투쟁의 삶을 살고 있다. 4년에 걸친 지옥훈련이 끝나 "적자"로 판단을 받으면 의대의 문을 나서는 것이다. 주변의 학생들은 아랑곳하지도 않은 채 우수한 성적에 혈안이 되어 있는 모습은 말할 필요도 없이 다원적 모델을 그대로 따르고 있지만, 이런 사람들이 동시에 환자에 대한 동정심으로 가득 찬 치유자의 삶을 지향한다는 사실은 내게는 항상 아이러니였다.

그러나 내 머릿속에 들어 있던 이런 의대생의 전형적인 모습은 섬생활에서 무너져버렸다. 앞에서 말한 수업 이후 낙오자의 무리였던 나의 학생들은 전형적인 의대생의 모습을 떨쳐냈다. 적자생존이라는 사고방식을 내버리고 한 덩어리로 뭉친 학생들은 이번 학기를 다 같이 살아내기 위해 서로를 돕는 팀으로 탈바꿈했다. 잘하는 학생들은 뒤처지는 학생들을 도와주었고, 그 결과 모두 공부를 더 잘하게 되었다. 이들이 이루어내는 조화는 놀랍기도 하고 아름다워 보이기까지 했다.

결국 이들은 보너스를 받았다. 할리우드식의 해피엔딩이 이루어진 것이다. 나는 이 학생들에게 위스콘신 시절과 똑같은 기말고사 문제를 냈다. 결과를 보니 이들 "낙오자"들과 본토의 "엘리트" 사이에는 아무런 차이가 없었다. 집에 가서 본토 명문 의대를 다니는 친구들과 만나보니 세포와 유기체의 삶을 지배하는 법칙에 대해서는 자신들이 더 잘 알고 있어서 으쓱했다고 나중에 학생들이 나에게 알려왔다. 물론 나의 학생들이 이런 기적을 일구어냈다는 것은 나도 무척 기뻤다. 그러나 학생들이 "어떻게" 이 기적을 일구어낼 수 있었는지는 몇 년 후에나 알 수 있었다.

당시에는 그저 강의 계획을 어떻게 짜는가가 핵심이라고만 생각했고, 지금도 나는 인간의 몸과 세포생물학을 겹쳐서 수업자료를 만드는 쪽이 더 낫다고 믿는다. 그러나 앞에서도 이야기했듯이 괴짜 과학자 상을 받을 만한 내 접근방법을 돌아보면 이 학생들이 성공을 거둔데는 이들이 미국 본토 의대생의 행동을 따르지 않은 것도 상당한 역할을 했다고 생각한다. 똑똑한 본토 의대생들의 행동을 본받는 대신 이들은 똑똑한 세포의 행동을 본받아 한데 뭉쳐 더욱 똑똑해졌다. 당시까지만 해도 나는 여전히 재래식의 과학 교육에 기울어져 있었기 때문에 나의 학생들에게 세포를 본뜬 삶을 살라고 말하지는 않았다. 그러나 세포에게는 한데 모여 협력해서 더 복잡하고 더 잘 살아남는 유기체를 만드는 능력이 있다는 이야기를 나에게서 듣고 나자 학생들이 직관적으로 그 방향을 향해 나아가기 시작했다고 믿고 싶다.

당시에는 몰랐지만 지금 생각하니 학생들이 성공을 거둔 또 하나의 이유는 내가 세포를 끊임없이 칭찬했기 때문이다. 나는 학생들도 칭찬했다. 가장 뛰어난 학생들이라는 이야기를 해주어야 자기들이 최고의 성적을 낼 수 있다고 믿을 것 아닌가? 앞으로 자세히 다루겠지만 많은 사람들이 삶을 한껏 누리지 못하는 이유는 그래야만 하기 때문이 아니라 그래야만 한다고 우리가 "생각하기" 때문이다. 지금 이 단계에서는 그저 넉 달을 낙원에서 지내면서 강의를 하다보니 세포, 그리고 세포가 인간에게 주는 교훈에 대한 생각이 또렷이 정리되었다는 사실만을 말해두고자 한다. 그 결과 나는 새로운 생물학을 더욱 깊이 이해하게 되었으며, 새로운 생물학이야말로 유전적 패배주의와 다윈적 적자생존 이론을 반박할 과학임을 깨달았다.

2장
중요한 건 환경이지, 멍청아!

1967년의 어느 날, 그러니까 대학원에서 내가 줄기세포 클로닝을 배운 첫날의 교훈을 나는 결코 잊지 못할 것이다. 겉보기에는 단순한 지식이 내 일과 내 삶에 얼마나 깊은 영향을 미칠까를 깨닫는 데는 그로부터 수십 년이 걸렸다. 나의 지도교수이자 멘토, 탁월한 과학자였던 어브 코닉스버그(Irv Konigsberg)는 줄기세포 클로닝(cloning, 미수정란의 핵을 체세포의 핵으로 바꿔놓아 유전적으로 똑같은 생물을 얻는 기술－옮긴이) 기술을 마스터한 최초의 세포생물학자 중 한 사람이었다. 코닉스버그 교수는 연구 대상인 배양 세포가 병이 들면, 원인을 찾기 위해 세포 자체를 들여다볼 것이 아니라 세포의 환경을 먼저 들여다보라고 가르쳤다.

코닉스버그 교수는 빌 클린턴의 선거운동 책임자였던 세임스 카빌처럼 직선적인 사람은 아니었다. 1992년 대통령 선거 당시 카빌은 "중요한 건 경제지, 멍청아!"를 주문처럼 외우고 다니라고 민주당원들에게 지시했다. 그러나 클린턴 선거운동본부에 "중요한 건 경제지,

멍청아."라는 간판이 걸려 있었던 것처럼 세포생물학자들도 "중요한 건 환경이지, 멍청아!"라는 간판을 책상 앞에 걸어놓았으면 좋았으리라는 생각도 든다. 당시에는 분명하지 않았지만 나는 결국 앞에서 이야기한 것이 생명의 본질을 이해하는 데 핵심적이라는 사실을 깨달았다. 그래서 나는 지도교수의 조언을 항상 되씹어보곤 했다. 세포에게 건강한 환경을 제공하면 세포는 번성한다. 환경이 부적합해지면 세포도 비틀거린다. 환경을 바로잡아주면 "병든" 세포들이 생기를 되찾는다.

그러나 세포생물학자들은 대부분 조직 배양 기술에서 얻는 이러한 교훈에 대해 아는 바가 전혀 없었다. 왓슨과 크릭이 DNA에 담긴 유전정보를 밝혀내자 과학자들은 환경의 영향에 대한 연구로부터 재빨리 돌아섰다. 심지어 다윈 자신도 말년에 자신의 진화론이 환경의 역할을 과소평가했음을 시인했다. 1876년에 모리츠 바그너(Moritz Wagner, 1813~87)에게 쓴 편지에서 다윈은 이렇게 말했다. "제가 보기에 스스로 저지른 가장 큰 실수는 환경, 그러니까 먹거리라거나 기후 같은 요소가 직접 끼치는 영향을 충분히 고려하지 않은 것입니다.……『종의 기원』을 쓸 때만 해도, 그리고 그로부터 몇 년 후까지 환경이 직접 작용하는 증거를 별로 찾아볼 수 없었습니다. 그런데 이제 증거가 풍성합니다"(Darwin F1888).

다윈을 추종하는 과학자들은 아직도 같은 실수를 저지르고 있다. 이렇게 환경을 등한시하는 자세의 문제점은 이 때문에 유전적 결정론, 즉 유전자가 생명을 "지배"한다는 믿음이라는 형태로 "선천적인 측면"이 지나치게 강조되는 것이다. 이런 믿음 때문에 연구비의 배정이 잘못되었을 뿐만 아니라(여기에 대해서는 나중에 다루겠다) 이러한 입장 때문에 우리의 삶에 대해 우리 스스로가 생각하는 바가 달라졌다는 사실이 더욱 문제다. 유전자가 나의 삶을 지배한다는 믿음이 있고, 태어날 때 부모로부터 물려받은 유전자를 나는 어찌할 도리가 없다고 생각한다면 '나는 유전의 희생물'이라는 좋은 핑계가 생긴다. "내가 자꾸 마감 시간을 연기해달라는 걸 갖고 날 비난하지 말라고…… 유전이니까!"

유전학의 시대가 열린 뒤부터 우리는 인간이 유전자의 힘에 종속되어 있다는 사실을 받아들일 것을 세뇌당해왔다. 세상은 어떤 갠 날 유전자가 갑자기 자신을 파괴하기 시작하리라는 공포에 끊임없이 시달리는 사람들로 넘쳐난다. 자신의 몸속에서 시한폭탄이 재깍거리고 있다고 생각하는 무수한 사람들을 생각해보라. 이들은 자신의 어머니, 형, 누나, 고모, 삼촌이 살아가는 과정에서 발생한 암이 자신의 삶에서도 폭발할 때를 기다리는 사람들이다. 자신의 건강이 나쁜 이유를 정신적, 신체적, 감정적, 영신적 이유가 결합된 결과라고 생각하지 않고, 그저 자기 몸의 생화학적 메커니즘이 잘못되어 있다고 믿는 사람들도 부지기수다. 애들이 말을 듣지 않는가? 이럴 경우 아이들의 육체, 정신, 영혼이 어떤 상태인가를 완전히 파악하기보다는 그저 이들의 "화학적 불균형"을 약으로 해결해주려는 사람들도 점점 늘어나고 있다.

물론 헌팅턴병이나 지중해빈혈, 낭포성섬유증 등은 전적으로 어떤 유전자 하나의 결함으로 생긴다는 사실은 의심의 여지가 없다. 그러나 특정한 하나의 유전자 때문에 고통을 겪는 사람들은 총인구의 2퍼센트 이하다. 압도적 다수의 사람들은 행복하고 건강한 삶을 누릴 수 있도록 해주는 유전자를 가지고 세상에 나온다. 오늘날의 재앙인 당뇨, 심장질환, 암 등은 행복하고 건강한 삶을 갑자기 망쳐버린다. 그러나 이들 질병은 특정한 유전자 하나 때문이 아니라 여러 개의 유전자와 환경적 요인이 복잡하게 상호작용한 결과 발생한다.

우울증에서부터 정신분열증에 이르기까지 이런저런 질병을 지배하는 한 가지 유전자를 발견했다고 언론이 걸핏하면 떠들어대는 것은 어떤가. 기사를 꼼꼼히 읽다보면 숨가쁘게 떠들어대는 내용 뒤에 분명한 진실이 숨어 있음을 알 수 있다. 과학자들은 많은 유전자를 여러 가지 질병의 특정 원인으로 꼽고 있지만, 특정한 하나의 유전자가 하나의 신체적 특성 또는 신체적 질병을 일으킨다는 사실을 과학자들이 발견한 사례는 희귀하다.

이런 혼란이 일어나는 이유는 언론이 "상호관계"와 "인과관계"라는 두 개의 단어가 갖는 의미를 끊임없이 왜곡하기 때문이다. 무엇인가가 어떤 병과 연관이 되어 있다는 것은 그 병을 일으킨다는 것과는 다르다. 후자의 경우는 뭔가 방향을 설정하고 통제하는 활동이 수반되기 때문이다. 내가 여러분에게 열쇠뭉치를 보여주면서 이들 중 하나가 내 차를 "통제한다"라고 말하면, 일단 여러분은 내 이야기가 말이 된다고 생각할 것이다. 왜냐하면 시동을 걸려면 열쇠를 돌려야 하기 때문이다. 그러나 실제로 이 열쇠가 차를 "통제"하는가? 그렇다면 열쇠를 차에 두고 내리면 안 된다. 열쇠가 내 차를 빌려서 신나게 한바탕 달릴지도 모르는 일이니까 말이다. 사실상 열쇠는 차를 통제하는 활동과 "연관"되어 있다. 그러니까 열쇠를 돌리는 사람이 실제로

이 차를 통제한다. 특정한 유전자들은 어떤 유기체의 행동과 형질에 연관되어 있다. 그러나 이러한 유전자들은 뭔가가 시동을 걸어주기 전에는 활성화되지 않는다.

무엇이 유전자를 활성화하는가? 1990년에 H. F. 니주트(H. F. Nijhout)는 「비유, 유전자의 역할, 발달」이라는 제목의 논문에서 여기에 대해 명쾌한 답을 내놓았다(Nijhout 1990). 니주트는 유전자가 생명을 지배한다는 주장은 하도 오랫동안 자주 반복되어서 과학자들은 이 주장이 진실이 아니라 가설일 뿐이라는 사실을 잊어버렸다는 증거를 제시하고 있다. 실제로 유전자가 생명체를 지배한다는 생각은 증명된 적이 결코 없는 추정일 뿐이며 사실상 최근의 과학적 연구에 의해 지속적으로 입지가 흔들리고 있는 실정이다. 유전자의 지배라는 생각은 오늘날의 사회에서 일종의 비유가 되었다고 니주트는 주장한다. 유전공학자들은 의학의 마술사들이며, 이들은 질병을 치료함과 동시에 더 많은 아인슈타인과 모차르트를 탄생시킬 것이라고 사람들은 믿고 싶어 한다. 그러나 비유가 과학적 진실과 같을 수는 없다. 니주트는 진실을 이렇게 요약한다. "유전자가 무엇인가를 만들어내려면 유전자 자체의 특성으로부터가 아니라 환경으로부터 오는 신호가 그 유전자의 발현을 활성화시켜야 한다." 달리 말해 유전자에 의한 지배에 관한 한 "중요한 건 환경이지, 멍청아!"가 된다는 얘기다.

단백질: 생명의 물질

과학자들이 점점 더 열광적으로 DNA의 메커니즘을 파고드는 과정에서 유전자의 활동이 어떻게 비유로 변했는가를 이해하는 것은 쉽다. 유기화학자들은 세포가 다당류, 지질, 핵산(DNA/RNA), 단백질 등 네 가지의 매우 큰 분자로 이루어져 있음을 발견했다. 세포는 이 네 가지 분자를 다 필요로 하지만, 살아 있는 유기체에게 가장 중요한 요소는 단백질이다. 인간의 세포는 주로 단백질을 구성하는 기본 단위로 조립되어 있다. 그러니까 수십 조 개의 세포가 모여서 된 인간의 몸을 단백질 기계라고 볼 수도 있겠다. 물론 여러분도 알다시피 나는 인간이 기계 이상의 것이라고 생각하지만 말이다. 간단하게 들리지만 그렇지 않다. 우선 인체를 제대로 돌아가게 하려면 10만 가지 이상의 단백질이 필요하다.

그림 2-1

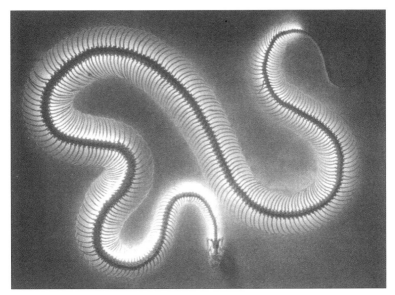

그림 2-2

 이 10만여 가지의 단백질이 어떻게 조립되는가를 자세히 들여다보자. 각각의 단백질은 아미노산이 한 줄로 이어진 줄 같은 모습으로, 〈그림 2-1〉의 목걸이에 비유할 수 있다.

 각각의 구슬은 세포가 사용하는 20개의 아미노산 분자에 해당한다. 그런데 이 구슬 목걸이를 사람들이 잘 알기 때문에 이 비유를 쓰기는 하지만, 각각의 아미노산은 모양이 저마다 조금씩 다르기 때문에 이 비유가 정확한 것은 아니다. 완전히 정확해지려면 공장에서 나올 때 조금씩 뭉개진 구슬 목걸이를 생각해야 한다.

 더욱 정확해지려면 세포 단백질의 "뼈대"를 이루는 아미노산 목걸이는 너무 많이 구부리면 흩어져버리는 진짜 구슬 목걸이보다 훨씬

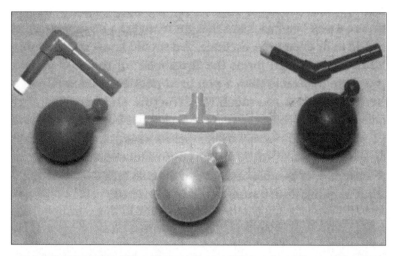

그림 2-3 | 모양이 균일한 목걸이 속의 구슬과는 달리 단백질 뼈대를 이루는 스무 개의 아미노산은 각자 독특한 형태를 갖고 있다. 같은 모양의 구슬이 이어진 "뼈대"와 서로 다른 배관 이음새 모양의 단위가 연결된 "뼈대"의 차이가 이 그림에 나와 있다.

더 유연하다는 사실을 알아야 한다. 단백질 뼈대 안에서 서로 연결된 아미노산의 구조와 행동은 〈그림 2-2〉에 나온 뱀의 척추와 더 비슷하다(ⓒWarren Jacobi/Corbis). 여러 개의 단위가 서로 연결된 뱀의 등뼈, 즉 척추 덕분에 뱀은 딱딱한 작대기 모양에서부터 공 모양에 이르기까지 다양한 자세를 취할 수 있다.

단백질 뼈대 속의 아미노산 사이에는 유연한 연결부분(펩티드 결합)이 있어서 각각의 단백질이 다양한 형태를 띨 수 있다. 이렇게 아미노산 "척추"가 돌기도 하고 구부러지기도 하면서 단백질 분자들은 마치 미세한 뱀처럼 몸부림을 칠 수도 있고 몸을 비틀 수도 있다. 단백질 뼈대의 윤곽, 그러니까 그 모양을 결정하는 두 가지 주요 요소가 있다. 하나는 구슬 목걸이의 뼈대를 이루는 다양한 형태의 아미노산

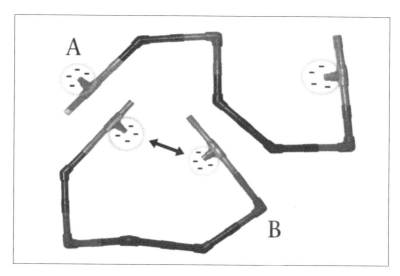

그림 2-4 | A와 B에서 볼 수 있는 단백질 뼈대는 완전히 똑같은 아미노산 단위(배관 이음새)로 되어 있지만 형태는 전혀 다르다. 이렇게 뼈대의 형태가 달라지는 이유는 이웃한 이음새 사이의 연결 부분에서 회전 방향이 달라지기 때문이다. 배관 이음새처럼 서로 다른 모습의 아미노산은 연결 부분(펩티드 결합)을 중심으로 회전할 수 있고, 따라서 뼈대가 뱀처럼 모양을 바꿀 수 있다. 단백질은 두 가지 또는 세 가지의 특정한 형태를 선호하기는 하지만 그래도 모양을 바꾼다.

그러면 위의 형태 A와 B 중 단백질이 더 선호하는 형태는 어느 것일까? 답은 양쪽 끝의 아미노산(배관 이음새)이 음전하를 띠고 있다는 데서 찾으면 된다. 같은 전하끼리는 밀어내므로 서로 떨어져 있으면 이 형태는 안정적이다. 이 그림에서는 A의 경우가 B의 경우보다 음전하끼리 멀리 떨어져 있으므로 단백질이 더 선호하는 형태가 된다.

이 늘어선 방법에 따라 결정되는 물리적 패턴이다.

두 번째 요소는 서로 연결된 아미노산 사이에 작용하는 전자기력이다. 대부분의 아미노산은 양전하 또는 음전하를 띠고 있어서 마치 자석처럼 작용한다. 그러므로 "같은" 전하를 가진 입자들은 서로 밀치고, 다른 전하를 띤 입자들은 서로 당긴다. 〈그림 2-3〉처럼 단백질의 유연한 뼈대는 그 속에 들어 있는 아미노산 단위들이 양전하와 음전하가 만들어내는 힘의 균형을 맞추기 위해 회전하고 구부러지는 데 따라 적절한 모양으로 접힌다.

어떤 단백질 분자의 뼈대는 너무 길어서 샤프론이라고 불리는 "도우미" 단백질의 도움을 받아야만 접힐 수가 있다. 잘못 접힌 단백질은 마치 척추에 결함이 있는 사람처럼 제대로 기능을 수행하지 못한다. 세포는 이렇게 잘못된 단백질을 파괴 대상으로 표시한다. 그리하여 이런 단백질의 뼈대는 분해되고, 구성요소인 아미노산은 재활용되어 새로운 단백질을 합성하는 데 쓰인다.

단백질이 생명을 창조하는 방법

살아 있는 유기체는 무생물과는 달리 움직인다. 즉 이들은 "활동"한다. 생명체는 에너지를 이용하여 생명체를 특징짓는 "일", 그러니까 호흡, 소화, 근육 수축 등을 수행한다. 생명의 본질을 이해하려면 우선 단백질 "기계"가 어떻게 힘을 얻어 움직이는가를 이해하여야 한다.

어떤 단백질 분자의 최종 형태는 그 속에 들어 있는 전자기력 상호간의 균형의 결과물이다. 그러나 단백질의 양전하와 음전하가 바뀌면 뼈대는 이에 따라 몸을 비틀어 새로운 전하 부호, 즉 양전하인가 음전하인가에 스스로 적응한다. 단백질 안의 전자기력 분포는 다른 분자 또는 호르몬 같은 화학적 집단이 와서 결합하는 등 여러 가지 과정으로 인해 선택적으로 달라진다. 이뿐 아니라 효소가 전하를 띤 이온을 단백질 분자로부터 빼앗아가거나 더할 경우, 아니면 휴대전화 같은 데서 나오는 전자기장의 간섭을 받을 때도 단백질의 형태가 달

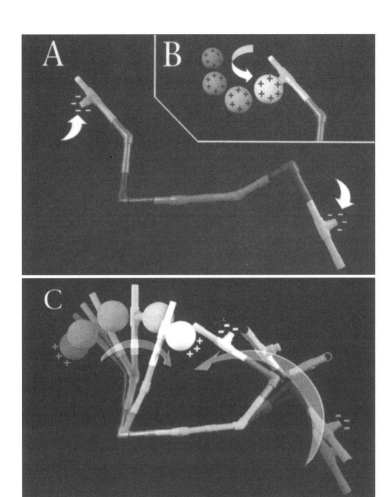

그림 2-5 | 그림 A는 가상의 단백질 뼈대가 선호하는 형태를 보여준다. 음전하를 띤 양쪽 끝의 아미노산(화살표) 사이에는 서로 밀치는 힘이 작용하므로 뼈대가 밖으로 벌어져 음전 기를 띤 아미노산들이 최대한 서로 멀어진다. 그림 B는 끝부분의 아미노산을 확대해 보여 준다. 어떤 신호, 그러니까 이 경우에는 강한 양전하를 띤 분자(흰 공)가 음전하를 띤 아미 노산 쪽으로 끌려와서 결합한다. 이 그림 속의 가상 환경에서 신호의 양전하는 아미노산의 음전하보다 강하다. 신호가 단백질과 결합하고 나면 이제는 신호가 결합한 뼈대의 끝 부분 에 여분의 양전하가 발생한다. 양전하와 음전하는 서로 끌어당기므로, 뼈대의 아미노산들 은 결합 부분을 축으로 회전하여 양전하와 음전하를 띤 부분이 서로 가까워지도록 한다. 그림 C는 단백질이 형태 A로부터 형태 B로 바뀌는 모습을 보여주고 있다. 형태의 변화로 부터 운동이 생기고, 운동으로부터 일이 발생하여, 이 일이 소화, 호흡, 근육의 수축 같은 기능을 수행한다. 신호가 떨어져 나가면 단백질 뼈대는 당초의 펼쳐진 모습으로 돌아간다. 이렇게 해서 신호에 의해 발생한 단백질의 움직임이 생명 현상을 추진한다.

라진다(Tsong 1989).

이렇게 모습을 바꾸는 단백질은 형태가 정밀하고 삼차원이기 때문에 다른 단백질과 결합하는 놀라운 재주도 보여준다. 단백질이 물리적이고 에너지적인 측면에서 상호보완성을 가진 분자를 만나면 둘은 마치 서로 맞물린 톱니바퀴로 움직이는 기계처럼 결합한다. 거품기나 구식 시계를 상상하면 쉽게 이해할 수 있다.

다음 두 개의 그림(〈그림 2-6〉, 〈그림 2-7〉)을 살펴보자. 〈그림 2-6〉은 저마다 독특한 형태의 단백질 5개를 보여주고 있는데, 이들은 세포에서 볼 수 있는 분자 "톱니바퀴"의 예다. 이 유기 "톱니바퀴"들은 인간의 공장에서 만든 톱니바퀴보다 톱니가 더 부드럽기는 하지만

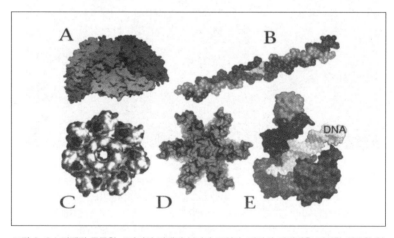

그림 2-6 | 단백질 동물원. 5가지의 단백질 분자가 보인다. 각각의 단백질은 정밀한 삼차원 형태를 띠며, 이 형태는 해당 단백질이 어떤 세포에 있든 같다. A는 수소 원자를 소화하는 효소이다. B는 콜라겐 단백질의 치밀하게 짜인 미세섬유, C는 가운데에 구멍이 있고 세포막에 붙어 있는 단백질인 채널, D는 바이러스를 둘러싸고 있는 "캡슐" 형태의 단백질 소단위, E는 나선 모양의 DNA 분자가 부착된 DNA 합성효소이다.

정밀한 삼차원 형태로 인해 상호보완적인 다른 단백질들과 안정적으로 결합한다는 사실을 볼 수 있다.

<그림 2-7>에서는 세포의 활동을 설명하기 위해 태엽을 감는 시계를 이용하기로 한다. 맨 위 그림은 톱니바퀴, 스프링, 보석, 시계의 케이스 같은 금속 기계의 모습을 보여준다. 톱니바퀴 A가 돌아감에 따라 톱니바퀴 B가 돌아가고, B가 움직이면 C가 돌아가는 식으로 되어 있다. 그 아래 그림은 인간이 만든 톱니바퀴 기계를 부드러운 톱니가 달린 유기 단백질과 중첩시킨 것이다. 물론 단백질은 시계와의 비례를 맞추기 위해 수백만 배로 확대되어 있다. 이렇게 하면 단백질이 시계의 메커니즘과 비슷하다는 사실을 시각적으로 이해할 수 있다. 금속과 단백질이 결합한 이 "기계"를 보면 단백질 A가 돌면서 단백

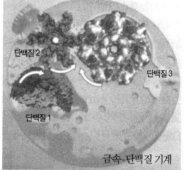

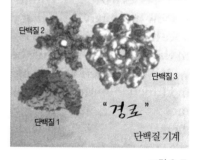

그림 2-7

질 B를 돌리고, 이어서 단백질 C가 움직이는 모습을 상상할 수 있다. 이런 일이 가능하다고 본다면, 인간이 만든 부분을 제외한 세 번째 그림을 쉽게 이해할 수 있다. 바로 이거다! "단백질 기계"만 남은 것이다! 그리고 서로 비슷한 이런 종류의 단백질 수천 가지가 함께 모여 세포를 이룬다.

특정한 생리적 기능 수행에 참여하는 원형질 내 단백질은 "경로"로 알려진 특정한 집단들을 이루고 있다. 이들 집단은 호흡 경로, 소화 경로, 근수축 경로 등 수행하는 기능에 따라 분류되며, 특히 악명 높은 크렙스 회로가 있다. 에너지 생산에 관여하는 이 회로는 의학도들에게는 엄청난 골칫거리이다. 왜냐하면 그 안에 들어 있는 단백질 하나하나와 복잡한 화학반응을 모두 암기해야 하기 때문이다.

단백질 기계가 어떻게 작동하는지를 알아냈을 때 세포생물학자들이 얼마나 기뻤을지 상상할 수 있는가? 세포는 이런 단백질의 모임으로 된 기계의 운동을 이용하여 특정한 대사 또는 행동 기능에 에너지를 공급한다. 1초에도 수천 번씩 일어나는 단백질의 끊임없는 형태 변화와 움직임이야말로 생명을 추진하는 운동이다.

최고의 지위를 차지한 DNA

지금까지 DNA에 대해 전혀 언급하지 않았음을 여러분은 눈치 챘을 것이다. 그 이유는 단백질 행동의 원천이 되는 움직임은 단백질의 전하가 변하기 때문에 생기는 것이지 DNA 때문이 아니라는 이유에서다. 그런데 어떻게 해서 유전자가 생명을 "지배"한다는 생각이 널리 퍼지고 또 자주 인용되게 되었을까? 『종의 기원』에서 다윈은 "유전적인" 인자들이 한 세대에서 다음 세대로 전달되면서 후손의 형질을 지배한다고 추정했다. 다윈의 영향력은 워낙 강력해서 과학자들은 생명을 지배한다고 스스로 믿은 유전 물질을 찾아내는 데 근시안적으로 매달렸다.

1910년에 광범위한 현미경 연구를 수행한 결과 과학자들은 세대에 걸쳐 전달되는 유전 정보가 염색체에 들어 있다는 사실을 발견했다. 염색체는 실같이 생긴 구조로, 세포가 두 개의 "딸" 세포로 분열하기 직전에 보이는 구조다. 염색체는 딸세포의 가장 큰 소기관인 핵으로 들어간다. 핵을 따로 떼어내서 염색체를 분해해본 과학자들은 유전과 관련된 물질이 기본적으로 오직 두 가지 분자, 즉 단백질과 DNA로 구성되어 있음을 알아냈다. 그러니까 생명 현상을 추진하는 단백질 기계는 이 염색체 분자의 구조와 기능 속에 뒤엉켜 있다는 얘기다.

1944년에 과학자들은 실제로 유전 정보가 들어 있는 쪽은 DNA라는 사실을 밝혀내어 염색체의 기능에 대한 연구를 더욱 진전시켰다 (Avery, et al, 1944; Lederberg 1994). 과학자들은 DNA만을 깔끔하게 분리해내는 데 성공했다. 이 과학자들은 어떤 종의 박테리아에서 순수한 DNA를 분리한 다음(이를 종 A라고 하자) 이 DNA를 종 B의 박테리아만 들어 있는 배양지에 집어넣었다. 얼마 지나지 않아 종 B의 박테리아는 종 A의 박테리아에서만 볼 수 있었던 유전형질을 보이기 시작했다. 이렇게 DNA만 있으면 형질을 전달할 수 있다는 사실이 알려지자 DNA 분자는 과학계의 슈퍼스타로 떠올랐다.

이 슈퍼스타 분자의 구조와 기능을 풀어내는 일은 왓슨과 크릭의 몫이 되었다. DNA 분자는 길고 실 같은 모양이다. 이들은 질소가 들어 있는 네 가지의 염기라는 화학물질로 되어 있다(이 네 가지의 염기는 아데닌, 티민, 시토신, 구아닌으로 각각 A, T, C, G로 표기한다). 왓슨과 크릭이 DNA의 구조를 밝혀내자 DNA 속의 염기들인 A, T, C, G의 서열이 어떤 단백질 뼈대에 들어 있는 아미노산의 서열을 결정한다는 사실도 발견되었다(Watson and Crick 1953). 이 긴 DNA 분자의 끝은 하나하나의 유전자로 쪼갤 수 있는데, 이 유전자가 특정한 단백질의 청사진을 제공한다. 세포의 단백질 기계를 복제해내는 암호가 풀린 것이다!

왓슨과 크릭은 또한 왜 DNA가 완벽한 유전 물질인가도 설명했다. 각각의 DNA 끈은 또 하나의 DNA 끈과 맞물려 "이중나선"이라는 구조를 형성하고 있다. 이 이중나선 구조의 특징은 하나의 끈을 이루는 DNA 염기 서열이 반대쪽 끝의 염기 서열과 거울에 비친 것처럼 똑같다는 데 있다. 두 개의 DNA 가닥이 서로 갈라지면 각각의 가닥에는 자기 스스로를 똑같이 복제해낼 수 있는 정보가 담겨 있다는 뜻이다. 그리하여 이중나선의 두 가닥을 서로 분리하는 과정을 통해 DNA 분자는 스스로를 복제해낸다. 이러한 관찰 결과로 인해 과학자들은 DNA가 "자기복제를 스스로 통제"한다는 가정에 이르렀다. 그러니까 DNA가 스스로의 "주인"이라는 뜻이다.

DNA가 자신의 복제를 통제함과 "동시에" 인체 단백질 합성의 청사진을 제공한다는 "추정"을 바탕으로 프랜시스 크릭은 생물학의 중심 원리, 즉 DNA가 유전을 지배한다는 도그마를 창조하는 데 이르렀다. 이 도그마는 현대 생물학에 워낙 튼튼하게 뿌리를 내린 나머지 마치 오래 새겨진 과학의 십계명 같은 위치를 얻었다. "DNA의 우위성"이라고도 불리는 이 도그마는 모든 과학 교과서에 모습을 드러내고 있다.

이 도그마가 생명현상이 어떻게 펼쳐지는가를 설명하는 과정에서 DNA는 제일 윗자리를 차지하고 있고, RNA가 바로 그 아랫자리를 차지하고 있다. 그러므로 RNA는 단백질의 뼈대를 이루는 아미노산을 암호화하는 물리적 틀이 된다. DNA가 유전의 모든 것을 지배한다는 생각은 유전적 결정론의 시대를 여는 논리적 근거를 제공했다. 살아 있는 유기체의 특징은 단백질의 성질에 의해 결정되며, 단백질은 DNA에 의해 암호화된다면, 논리적으로 볼 때 DNA가 제1원인 또는 어떤 유기체의 형질을 결정하는 중요 인자가 되는 것은 당연하다.

인간 게놈 프로젝트

DNA가 슈퍼스타의 자리를 차지하고 나자 남은 과제는 인간의 몸 속에 들어 있는 스타 유전자의 목록을 완성하는 작업이었다. 1980년대 후반에 전세계 차원에서 추진된 과학 사업인 인간 게놈 프로젝트는 인체 내의 모든 유전자를 찾아내어 목록을 만드는 것을 목표로 하고 있었다.

처음부터 인간 게놈 프로젝트는 엄청나게 야심적인 사업이었다. 그 전까지만 해도 과학자들은 인체를 구성하는 100,000여 가지의 단백질을 합성하는 과정에서 단백질 하나마다 하나의 유전자가 필요하다고 생각해왔다. 거기다가 단백질을 암호화하는 유전자의 활동을 조절하는 유전자가 적어도 20,000개가 있다는 사실도 고려해야 한다. 그렇다면 23쌍으로 된 인간의 염색체 속의 게놈에는 적어도 120,000개의 유전자가 들어 있다는 뜻이 된다.

그러나 사실은 이와 달랐다. 과학자들이 우주의 비밀을 밝혀냈다고 확신할 때 가끔 일어나는 일이지만 이번에도 이들을 조롱하는 듯한 사건이 벌어진 것이다. 1543년에 니콜라우스 코페르니쿠스는 당시의 과학자 겸 신학자들이 믿어온 것처럼 지구가 우주의 중심이 아니라는 사실을 발표했는데, 이때의 충격을 생각해보라. 사실은 지구가 태양의 주변을 돌고 있고, 태양조차도 우주의 중심이 아니라는 사실은 교회의 가르침을 뒤흔들었다. 기존의 패러다임을 깨뜨리는 코페르니쿠스의 발견으로 인해 그때까지 사람들이 믿어오던 교회의 "무류성(절대 확실, 잘못이 없음)"에 도전하는 현대 과학의 혁명이 시작되었다. 결국 과학은 서양 문명에서 우주의 신비를 읽어내는 지혜의 원천으로서 교회를 밀어내고 그 자리를 차지했다.

당초 120,000개가 넘으리라던 예상과 판이하게, 인간 게놈에는 약 25,000개의 유전자밖에 들어 있지 않다는 사실을 발견한 유전학자들도 비슷한 충격을 겪었다(Pennisi 2003a, 2003b; Pearson 2003; Goodman 2003). 있으리라 예상한, "있어야 할" DNA의 80퍼센트 이상이 존재하지 않는 것이다! 사라진 유전자는 닉슨 테이프에서 사라진 18분보다 더 골치 아픈 문제임이 드러나고 있다(1972년에 베트남전에 반대하는 민주당 인사들에 대한 닉슨 행정부의 도청 사실이 드러났고, 이 워터게이트 사건으로 인해 결국 닉슨 대통령은 미국 역사상 최초이자 유일하게 임기 중 사퇴한 대통령이 되었다. 여기서 18분이란 이 사건의 주요 증거가 된 녹음 테이프에서 18분 30초가 없어진 것을 말한다─옮긴이). 유전자 하

그림 2-8 │ 센트럴 도그마. DNA의 우위성이라고도 불리는 이 도그마는 생명체 속에서 정보가 어떻게 흘러가는가를 보여준다. 화살표가 나타내는 것처럼 흐름은 일방 통행이며, DNA에서 RNA로, 이어서 단백질(protein)에 이른다. 세포의 장기 기억이 담겨 있는 DNA는 한 세대에서 다음 세대로 전달된다. DNA 분자의 불안정한 복사본인 RNA는 활성 메모리로, 세포는 단백질을 합성할 때 이를 물리적 틀로 이용한다. 단백질은 세포의 구조와 행동을 결정하는 분자 차원의 벽돌이다. DNA는 세포 내 단백질의 성질을 결정하는 "원천"이라고 여겨지고 있으며, 이로부터 DNA의 우위성이라는 개념이 나오는데 이는 문자 그대로 "제1 원인"이라는 뜻이다.

나가 한 가지의 단백질을 합성한다는 개념은 유전적 결정론의 기본 원칙이었다. 이제 인간 게놈 프로젝트가 1유전자–1단백질 개념을 뒤집은 이상, 생명이 어떻게 작동하는가에 대한 오늘날의 이론은 폐기되어야 한다. 유전공학자들이 인간의 모든 생물학적 딜레마를 손쉽게 해결하리라고는 더 이상 생각할 수 없게 되었다. 인간의 생명 또는 인간 질병의 복잡성을 밝혀내기에 유전자의 수가 충분하지 않다는 뜻이다.

이렇게 이야기하는 내 모습이 마치 유전학의 하늘이 무너진다고 외치는 치킨 리틀처럼 보일 것이다(치킨 리틀은 디즈니 애니메이션에 등장하는 캐릭터로, 머리에 도토리를 맞고는 하늘이 무너진다고 호들갑을 떨어 놀림감이 된다—옮긴이). 내 말은 안 믿어도 그만이지만, 저명한 유전학자도 같은 이야기를 하고 있다. 인간 게놈 프로젝트의 놀라운 결과에 대해 언급하면서, 세계에서 가장 뛰어난 유전학자 중 하나이자 노벨상 수상자인 데이비드 볼티모어(David Baltimore)는 인간의 복잡성이라는 문제에 대해 이렇게 말했다(Baltimore 2001).

"인간 게놈 안에 컴퓨터가 풀어내지 못한 유전자가 많이 들어 있는 것이 아니라면, 곤충이나 식물보다 엄청나게 복잡한 인간의 성질이 유전자 수가 많다는 데 기인하는 것이 아님은 분명하다. 인간의 복잡성, 이를테면 놀랍도록 다양한 행동, 의식적 활동을 할 수 있는 능력, 절묘하게 몸의 균형을 잡는 능력, 외부 환경이 달라짐에 따라 자신을 변화시켜 적응해가는 탁월한 능력, 학습 능력, 기억력, 뭐 더 나열할 필요도 없이 이러한 복잡성이 어디서 나오는가를 이해하는 것이 앞으로 남은 과제이다."

볼티모어의 이야기처럼 인간 게놈 프로젝트의 결과로 인해 과학자들은 생명이 어떻게 통제되는가에 대해 이제까지와는 다른 가설을 검토할 수밖에 없게 되었다. "인간의 복잡성이 어디서 오는가를 이해하는 것……이야말로 앞으로 남은 과제이다." 하늘이 무너지고 있다.

게다가 인간 게놈 프로젝트의 결과 인간은 생물계의 다른 유기체들과 인간 사이의 유전학적 관계를 재고할 수밖에 없게 되었다. 이제 인간이 진화의 사다리에서 맨 꼭대기를 차지하는 이유가 유전자 때문이라고 말할 수 없게 된 것이다. 연구 결과 인간의 유전자 수와 원시적 생명체의 유전자 수 사이에는 큰 차이가 없음이 드러났다. 유전자 연구에서 가장 흔히 이용되는 동물 세 가지를 들여다보자. 이들은 현미경으로 볼 수 있는 회충의 일종인 꼬마선충, 초파리, 실험용 쥐이다.

원시적 생명체인 꼬마선충은 발달과 행동에서 유전자가 수행하는 역할을 연구하는 데는 안성맞춤이다. 이 벌레는 성장 속도와 번식 속도가 매우 빠르며, 몸은 정확히 969개의 세포로 되어 있고, 뇌는 302개의 세포로 된 단순한 구조이다. 하지만 행동 패턴이 독특한 데다가, 가장 중요한 것은 유전학 실험에 안성맞춤이라는 점이다. 꼬마선충의 게놈에는 24,000개 정도의 유전자가 있다(Blaxter 2003). 50조 개의 세포로 된 인체는 이렇게 원시적이고, 척추도 없으며, 세포라고 해야 1,000개 정도이고, 현미경을 써야 보이는 벌레보다 고작 1,500개 정도의 유전자를 더 갖고 있을 뿐이다.

유전학 실험에 애용되는 또 하나의 종인 초파리는 15,000여 개의 유전자를 갖고 있다(Blaxter 2003; Celniker, et al, 2002). 꼬마선충에 비하면 훨씬 더 복잡한 생물인 초파리는 꼬마선충보다 유전자 수가 9,000개가 적다. 그리고 인간과 쥐의 관계를 보면, 우리는 쥐의 지위를 좀 더 격상시키거나 우리 스스로를 좀 끌어내려야 한다. 인간과 쥐의 게놈을 비교해본 결과 인간과 설치류의 유전자 수는 대략 비슷한 것으로 나타났다!

세포생물학의 기초

돌이켜보니 과학자들은 유전자가 인간의 삶을 "지배"하지 않는다는 사실을 진작 알았어야 했다. 원칙적으로 어떤 유기체의 생리현상과 행동을 통제하고 조절하는 기관은 뇌이다. 하지만 핵이 정말로 세포의 뇌인가? 핵과 핵 속의 DNA 물질이 세포의 "뇌"라는 가정이 옳다면 세포의 핵을 제거할 경우 세포가 즉시 죽어야 할 것이다.

자, 이제 엄청난 실험이 시작된다…… 기대하시라.

과학자는 싫다는 세포를 수술장으로 끌고가 묶어놓는다. 현미경 수준의 미세한 조작 장치를 이용하여 과학자는 바늘처럼 생긴 피펫(일정한 부피의 액체를 정확히 옮기는 데 사용하는 유리관―옮긴이)을 세포 바로 위로 가져간다. 조작 장치를 밀어내려 과학자는 피펫을 원형질을 지나 세포의 내부 깊숙이 집어넣는다. 이때 약간의 흡입력을 가하면 핵이 피펫으로 빨려들고, 과학자는 피펫을 세포로부터 빼낸다. 핵이 들어 있는 피펫 아래에는 제물이 된 세포가 누워 있다. "뇌"가 제거된 채 말이다.

잠깐! 그런데 세포가 여전히 움직인다! 세상에…… 세포가 아직 "살아 있다"!

피펫에 찔린 상처는 아물고, 마치 수술 받은 환자가 회복되는 것처럼 세포는 비틀거리며 조금씩 움직이기 시작한다. 얼마 안 있어 세포는 벌떡 일어서고(발이 달렸다면) 의사 따위는 다시 만나지 않겠다는 듯 현미경의 시야를 벗어난다.

핵을 제거해도 많은 세포는 유전자가 없는 상태에서 두 달 혹은 그 이상까지 살아남는다. 핵을 제거해도 세포는 뇌사 상태에서 생명 유지 장치에 의지하며 누워 있는 사람과는 다르다는 뜻이다. 이 세포들은 활발하게 먹이를 소화하고 대사하며, 여러 가지 생리적 시스템을 균형 있게 유지하고(호흡, 소화, 배설, 운동 등), 다른 세포들과 의사소통할 능력을 유지하며, 환경으로부터 들어오는 자극에 대해 성장 반응이나 보호 반응 등 적절한 반응을 일으키는 능력도 여전히 갖고 있다.

놀랄 일도 아니지만, 핵을 제거하면 부작용이 따른다. 유전자가 없으므로 세포는 분열할 수 없고, 원형질의 정상적인 마모로 인해 손상되는 단백질을 재생할 수도 없다. 결함 있는 원형질 단백질을 대체할 능력을 상실함에 따라 기능을 발휘하지 못하는 부분이 생기고 결국 세포는 죽어 없어지고 만다.

위의 실험은 핵이 세포의 "뇌"라는 생각을 시험해보기 위해 고안한 것이다. 핵이 제거됨과 동시에 세포가 죽었다면 실험 결과는 적어도 이러한 생각을 뒷받침해주었을 것이다. 그러나 결과는 분명하다. 핵을 제거해도 세포는 여전히 복잡하고 균형 잡힌 모습으로 생명을 유지하는 모습을 보였는데, 그렇다면 세포의 "뇌"는 여전히 멀쩡하며 기능을 발휘하고 있다는 뜻이 된다.

핵이 제거되어 유전자를 잃은 세포가 생물학적 기능을 계속 유지한다는 사실은 전혀 새롭게 발견된 일이 아니다. 이미 100여 년 전 당시의 발생학자들은 분열 중인 난세포에서 핵을 제거하여 이렇게 핵이 제거된 단 하나의 난세포가 포배기(세포 수가 40개 이상이 되는 단계)까지 갈 수 있음을 여러 번 보여주었다. 오늘날 핵이 제거된 세포는 바이러스 백신 제조 과정에서 세포 배양지의 "살아 있는 먹이" 층으로 쓰이다.

  핵과 그 속의 유전자가 세포의 뇌가 아니라면, 세포의 삶에서 DNA
가 하는 일은 정확히 무엇인가? 핵이 없는 세포가 죽는 이유는 뇌를
잃어서가 아니라 생식 능력을 잃었기 때문이다. 자신의 몸을 구성하
는 부분을 만들어낼 능력이 없는 이 세포들은 망가진 단백질을 교체
할 수도 없고 스스로를 복제할 수도 없다. 그렇다면 핵은 세포의 뇌가
아니라 생식기관인 것이다! 과학은 과거에도 항상 그래왔고 지금도
여전히 가부장적 활동이라는 사실을 생각하면 생식기와 뇌를 혼동하
는 실수는 이해해줄 만하다. 수컷들은 생각을 생식기로 한다는 비난
을 자주 듣는데, 그렇다면 과학이 본의 아니게 핵을 세포의 뇌로 오인
한 것도 그렇게 놀랍지만은 않다.

후성유전학: 나의 진가를 알려주는 새로운 과학

유전자가 운명이라고 주장하는 이론가들은 핵을 제거한 세포에 대해
과학이 이미 100년 전에 발견한 사실을 무시하고 있지만, 유전적 결
정론에 대한 믿음의 기반을 허무는 새로운 연구 성과까지 무시하지
는 못한다. 인간 게놈 프로젝트가 신문의 헤드라인을 장식하는 한편
에서 몇몇 과학자들이 '후성유전학(epigenetics)'이라고 불리는 생물
학의 혁명적 분야를 열기 시작했다. 문자 그대로 "위에서 유전자를
지배한다"는 뜻을 가진 후성유전학은 생명 현상이 어떻게 조절되는
가에 대한 생각을 완전히 바꾸어놓았다(Pray 2004; Silverman 2004).

지난 10년간의 후성유전학 연구 결과 과학자들은 유전자를 통해 전달되는 DNA 청사진이 태어날 때 고정되어버리는 것이 아니라는 사실을 발견했다. 유전자는 운명이 아니다! 영양 공급, 스트레스, 감정 등 환경적 영향이 기본적인 청사진을 바꾸지 않고도 유전자를 변화시킬 수 있다는 뜻이다. 그리고 후성유전학자들은 이러한 변화가 이중나선에 의해 DNA 청사진이 전달되는 것만큼이나 분명히 후손들에게 전달된다는 사실도 발견했다(Reik and Walter 2001; Surani 2001).

후성유전학의 연구 성과가 유전학적 발견보다 시간적으로 나중에 나왔음은 의심할 여지가 없다. 1940년대 후반부터 생물학자들은 유전의 메커니즘을 연구하기 위해 세포의 핵으로부터 DNA를 분리해왔다. 이 과정에서 학자들은 세포에서 핵을 꺼내 핵을 둘러싸고 있는 막을 터뜨린 뒤 절반은 DNA로 되어 있고 절반은 조절 단백질로 되어 있는 염색체를 분리했다. DNA 연구에만 정신이 팔려 있던 대부분의 과학자들은 단백질을 버렸고, 이제야 알게 된 일이지만 이런 행위는 목욕물과 함께 아기를 버리는 것과도 같은 짓이다. 후성유전학자들은 염색체 속의 단백질을 연구하여 아기를 도로 데려오는 활동을 하고 있으며, 이 단백질은 유전된 DNA만큼이나 중요한 역할을 한다는 사실이 속속 밝혀지고 있다.

염색체 속에서 단백질은 그 속에 들어 있는 DNA를 소매처럼 덮고 있다. 이런 식으로 덮여 있는 유전자의 정보는 "읽을" 수가 없다. 소매 밖으로 드러난 팔이 파란 눈을 암호화하는 DNA라고 생각해보자. 핵 속에서 여기 해당하는 DNA의 부분은 조절 단백질로 덮여 있으며, 이는 파란 눈의 유전자가 셔츠 소매 속에 감추어져 있는 것과도 같다.

그림 2-9 | 환경의 우위성. 후성유전학을 연구한 결과 생명 현상을 조절하는 정보는 환경 신호로부터 시작하며, 이 환경 신호는 조절 단백질이 DNA에 어떻게 결합하는가를 조절한다는 사실이 밝혀졌다. 조절 단백질은 유전자의 활동을 지시한다. DNA, RNA, 단백질의 기능은 앞서 DNA의 우위성 표에서 설명한 바와 같다. 한 가지 주의할 점은 여기서는 정보가 일방통행이 아니라는 사실이다. 1960년대에 하워드 테민(Howard Temin)은 RNA가 예측된 정보의 흐름을 거슬러 DNA를 수정할 수 있음을 보여주는 실험을 실시하여 중심원리에 도전했다. 처음에는 "이단"이라는 비웃음을 사던 테민은 RNA가 유전 암호를 수정하는 분자 수준의 메커니즘인 역전사효소를 설명하여 노벨상을 받았다. 에이즈 바이러스의 RNA가 감염된 세포의 DNA를 조작할 때 이 역전사효소를 쓰는 바람에 역전사효소는 오늘날 악명이 높다. 또한 메틸기 같은 화학물질을 추가하거나 제거하여 DNA에 변화가 일어나면 이로 인해 조절 단백질의 결합이 영향을 받는다는 사실도 알려져 있다. 면역세포의 단백질 항체는 이 단백질을 합성하는 세포 안의 DNA를 변화시키는 데 관여하므로 단백질은 예측된 정보의 흐름을 강화하는 쪽으로 작용할 것이다. 정보의 흐름을 표시하는 화살표 크기는 똑같지 않다. 그리고 세포의 게놈에 급격한 변화가 일어나는 것을 방지하기 위해 정보가 역방향으로 흐르는 것은 엄격히 통제된다.

따라서 읽을 수가 없다.

어떻게 이 소매를 벗겨내는가? "소매" 단백질이 모습을 바꾸려면, 달리 말해 DNA의 이중나선에서 떨어져 나와 유전자를 읽을 수 있는 상태로 만들려면 환경 신호가 필요하다. DNA의 덮개가 풀리면 세포는 이렇게 해서 드러난 유전자의 사본을 만든다. 그러므로 유전자의 활동은 "소매" 단백질의 존재 여부에 의해 "조절"되며, 이 단백질의 활동은 또한 환경 신호에 의해 조절된다.

후성유전학적인 조절이 존재한다는 이야기는 환경 신호가 유전자의 활동을 어떻게 조절하는가에 대한 이야기다. 앞선 그림에서 설명한 것처럼 DNA가 모든 것을 지배한다는 사고는 낡은 생각이라는 사실이 이제 분명해졌다. 새로운 정보의 흐름을 보여주는 그림은 "환경의 우위성 표"라고 불려야 한다. 새롭고 더욱 정교한 정보의 흐름은 환경 신호로부터 시작하며, 이어서 조절 단백질을 거친 후에야 DNA, RNA로 전달되어 최종생성물인 단백질 합성에 이른다.

후성유전학은 또한 생명체들이 유전 정보를 전달하는 두 개의 메커니즘을 분명히 밝혔다. 이 두 개의 메커니즘을 이용하여 과학자들은 선천적 요소(유전자)와 후천적 요소(후성유전학적 메커니즘)가 인간의 행동에서 어떤 역할을 하는가를 연구한다. 과학자들이 지난 수십 년간 그래왔던 것처럼 청사진에만 초점을 맞추면 환경의 영향은 측정할 수가 없게 된다(Dennis 2003; Chakravarti and Little 2003).

비유를 들어보자. 아마 이 비유를 들으면 후성유전학적 메커니즘과 유전학적 메커니즘 사이의 관계가 좀 더 분명해질 것이다. 독자 여러분은 밤 12시가 지나면 텔레비전 프로그램이 모두 끝나는 시절

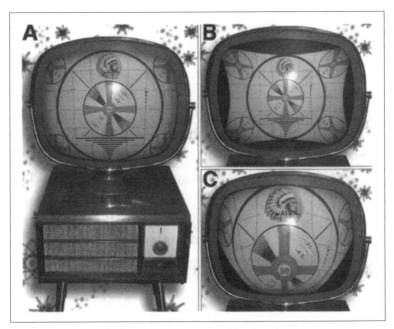

그림 2-10 | 후성유전학은 이 그림처럼 비유할 수 있다. 화면 조정 패턴은 유전자가 암호화하는 단백질 뼈대에 해당한다. 텔레비전의 다이얼과 스위치를 돌리면 화면 조정 패턴의 모습은 달라지지만(B와 C), 그렇다고 해서 방송 자체(즉, 유전자)의 패턴이 달라지지는 않는다. 그러므로 후성유전학적 조절 기능은 DNA 코드를 변화시키지 않고도 유전자의 발현방식을 바꿀 수 있다.

을 기억할 만한 세대인가? 모든 프로그램이 종료되고 나면 브라운관에는 "화면 조정"을 위한 패턴이 나타난다. 대부분의 패턴은 한가운데 맞으면 가장 높은 점수가 나오는 다트 게임의 과녁처럼 생겼으며, 〈그림 2-10〉과 비슷하다.

화면 조정 패턴이 어떤 특정한 유전자, 이를테면 갈색 눈을 만드는 유전자가 암호화하는 패턴이라고 치자. 화면 조정에 쓰이는 다이얼과 스위치를 적절히 조작하면 화면의 여러 가지 특성, 이를테면 색,

컨트라스트, 밝기, 수직 동기 및 수평 동기를 조정할 수 있다. 그러니까 다이얼을 조작하면 실제로 방송되는 패턴을 바꾸지 않고도 조정 화면의 모습을 바꿀 수 있다. 바로 이것이 조절 단백질이 수행하는 역할이다. 단백질 환경에 대해 연구한 결과 학자들은 후성유전학적 "다이얼"이 같은 유전자 청사진으로부터 2,000개 이상의 단백질 변이를 만들어낼 수 있음을 발견했다(Bray 2003; Schmuker, et al, 2000).

부모가 살면서 겪은 것이 자식의 유전적 성질을 형성한다

이제 우리는 앞에서 이야기한 것처럼 환경의 영향이 한 세대에서 다음 세대로 전달될 수 있음을 알았다. 듀크 대학 연구팀은 2003년 8월 1일자 「분자세포생물학」지에 이정표가 될 만한 연구 성과를 발표했다. 이들의 연구는 환경을 풍요롭게 해주면 쥐의 경우 유전적 돌연변이도 극복할 수 있음을 보여준다(Waterland and Jirtle 2003). 이 연구에서 과학자들은 비정상적인 "아구티" 유전자를 가진 임신한 쥐의 먹이에 첨가물을 집어넣고 그 결과를 관찰했다. 아구티 유전자가 있는 쥐는 털이 노란색이며 극도로 비만하다. 그 결과 이들은 심혈관 질환, 당뇨, 암 등의 질병에 취약해진다.

이 실험에서 털이 노랗고 비만하며 아구티 유전자가 있는 어미들의 집단에게 엽산, 비타민 B12, 베타인, 콜린 등 메틸기가 많이 들어 있는 식품을 먹이에 첨가했다. 메틸기가 풍부한 식품을 선택한 이유는 여러 가지 연구 결과로 판단할 때 메틸기가 후성유전학적 변화를 일으키는 데 관여한다고 판단되었기 때문이다. 메틸기가 유전자의 DNA에 붙으면 염색체 조절 단백질의 결합 특성에 변화를 일으킨다. 이 단백질이 유전자와 너무 강하게 결합하면 단백질의 소매를 제거할 수가 없고, 따라서 유전자를 읽을 수가 없게 된다. 즉 DNA를 메틸기와 결합시키면 유전자의 활동을 차단하거나 변화시킬 수 있다.

"먹이가 유전자 이겨"라는 헤드라인은 따라서 이번에는 옳다. 메틸기가 풍부한 보조식품을 받아먹은 어미 쥐들은 어미와 똑같이 아구티 유전자를 갖고 있었지만 날씬하고 털이 밤색인 새끼들을 낳았다. 이러한 식품을 받아먹지 않은 아구티 어미들은 털 색이 노란 새끼들을 낳았으며, 이들은 밤색 새끼 쥐들보다 훨씬 많이 먹었다. 결국 노란 새끼 쥐들은 "가짜 아구티"라고 할 만한 밤색 쥐들보다 체중이 거의 두 배에 이르렀다.

〈그림 2-11〉의 쥐 사진은 충격적이다. 두 마리의 쥐는 유전적으로 똑같은데도 모습은 하늘과 땅 차이다. 한 마리는 털이 갈색에 날씬하고, 한 마리는 노란색에 비만이다. 사진으로 알 수 없는 것 한 가지는 뚱뚱한 쥐는 당뇨가 있는 반면 유전적으로 똑같은 나머지 쥐는 건강하다는 사실이다.

암, 심혈관질환, 당뇨 등 많은 질병에서 후성유전학적 메커니즘이 중요한 인자가 된다는 사실을 보여주는 연구 결과들도 있다. 사실 암 및 심혈관계 환자들 중 유전적 요인으로 발병했다고 볼 수 있는 사람은 전체의 5퍼센트에 불과하다(Willett 2002). 유방암과 관련된 BRCA1 유전자와 BRCA2 유전자가 발견되자 미디어가 법석을 떨었지만, 미디어는 95퍼센트의 유방암 환자들이 유전자 외의 다른 원인

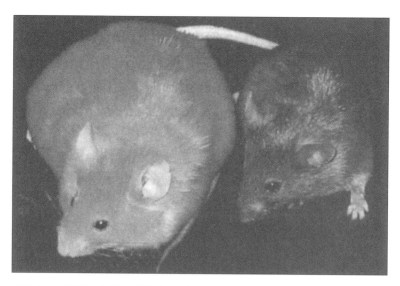

그림 2-11 | 아구티 자매쥐. 이들은 유전자적으로 동일하면서 아구티 유전자를 가진 한 살짜리 암컷들이다. 어미 쥐에게 메틸기를 공급하는 첨가물을 먹이에 섞어준 결과 자식의 털 색이 노랑에서 밤색으로 바뀌면서 비만, 당뇨, 암 등의 발병률이 줄어들었다(사진 출처: ⓒJirtle and Waterland).

으로 발병한다는 사실은 강조하지 않았다. 상당수의 암 환자의 경우 종양은 결함 있는 유전자 때문이 아니라 후성유전학적 변화를 일으키는 환경 때문에 발생한다(Kling 2003; Jones 2001; Seppa 2001; Baylin 1997).

후성유전학적 증거가 워낙 뚜렷해졌기 때문에 몇몇 용감한 과학자들은 오랫동안 멸시당해온 진화학자인 장-바티스트 드 라마르크를 다시 거론하기 시작했다. 라마르크는 환경적 영향 때문에 획득한 성질이 후손에게 전달된다고 믿은 사람이다. 철학자 에바 자블롱카(Eva Jablonka)와 생물학자 마리온 램(Marion Lamb)은 1995년에 간행

된 그들의 저서 『후성유전학적 형질 전달과 진화: 라마르크적 차원』에 이렇게 썼다. "최근 수 년간 분자생물학자들은 게놈이 과거에 생각해온 것보다 훨씬 더 환경에 대해 탄력적으로 반응한다는 사실을 보여주었다. 이들은 또한 유전정보가 DNA의 염기서열이 아닌 다른 여러 가지 방식으로도 후세에게 전해질 수 있음을 보여주었다"(Jablonka and Lamb 1995).

이제 이번 장의 첫머리에서 이야기한 환경으로 돌아가보자. 실험실에서 나는 환경이 변하면 내가 연구하고 있는 세포가 영향을 받는 모습을 무수히 보아왔다. 그러나 스탠퍼드에서의 교수 생활이 끝날 때쯤 돼서야 이게 무슨 뜻인지 제대로 알 수 있었다. 내가 연구하던 혈관내벽세포는 환경에 따라 구조와 기능이 달라졌다. 예를 들어 염증을 일으키는 물질을 조직 배양지에 떨어뜨리면 세포들은 면역계의 청소부인 대식세포 같은 것으로 재빨리 바뀌었다. 감마선으로 이들의 DNA를 파괴해도 변화는 여전히 일어난다는 사실은 더욱 놀라웠다. "기능적으로 핵이 제거된" 상태에서도 이 세포들은 핵이 파괴되기 전과 똑같이 염증물질의 등장에 따라 행동을 변화시켰다. 그러니까 유전자가 없는 상태에서도 분명히 "지능이 있는" 조절능력을 보여주었다는 뜻이다(Lipton 1991).

세포에 이상이 생기면 먼저 환경을 살펴보라는 스승 코닉스버그의 20년 전 가르침이 무슨 뜻인지 나는 마침내 깨달았다. DNA가 생명현상을 지배하는 것이 아니며 핵 자체는 세포의 뇌가 아니다. 여러분과 나처럼 세포도 어디 사는가에 따라 많은 것이 달라진다. "문제는 환경이지, 멍청아!"라는 얘기다.

3장
'세포막'은 마술사

이제 단백질의 모임으로 된 세포의 구조도 들여다보았고, 핵이 세포 활동의 뇌에 해당한다는 주장도 반박했고, 환경이 세포의 활동에서 핵심적 역할을 한다는 사실도 알았으니, 이제 한 가지 좋은 것, 그러니까 삶에 의미를 부여하고 삶을 변화시킬 길을 찾는 데 도움을 줄 것에 대해 들여다볼 때가 되었다.

이 장에서는 내가 세포의 삶을 지배하는 진정한 뇌에 해당한다고 생각하는 세포막을 다룬다. 여러분도 일단 세포막의 물리화학적 구조가 어떻게 작동하는지를 이해하고 나면 나처럼 세포막을 마술사라고 부를 것이다. 아니면 세포막이라는 단어가 뇌와 발음이 일치한다는 점에 착안해서[세포막은 영어로 멤브레인(membrane), 뇌는 브레인(brain)이다―옮긴이] 나는 강의시간에 세포막을 "마술사 세포막" 이라고 부른다. 세포막에 관한 지식과 다음 장에서 이야기하는 경이로운 양자역학의 세계에 대한 지식을 결합하면, 1953년의 언론 보도가 얼마나 틀렸는지 알 수 있다(앞서도 나왔지만 1953년은 왓슨과 크릭이 DNA

의 이중나선 구조를 발표한 해이다 ― 옮긴이). 생명의 진정한 비밀은 유명한 이중나선 속에 숨어 있는 것이 아니다. 생명의 진정한 비밀은 마술사 세포막의 놀랍도록 단순한 생물학적 메커니즘, 그러니까 인체가 환경으로부터의 신호에 반응하여 어떤 행동을 만들어내는 메커니즘 속에 숨어 있다.

내가 세포생물학을 공부하기 시작한 1960년대에 세포막이 세포의 두뇌라는 이야기를 꺼냈으면 아마 웃음거리가 되었을 것이다. 당시의 세포막은 불쌍해 보이는 멘사 가입 희망자였을 뿐임을 인정해야겠다[멘사(Mensa)는 지능지수가 최상위 2퍼센트 이내인 사람들로 구성된 세계적 모임 ― 옮긴이]. 세포막은 그저 원형질을 담는 주머니로, 단순히 세 겹의 반투막으로 된 존재로만 여겨졌다. 식품을 포장하는 랩에 미세한 구멍이 숭숭 뚫려 있다고 생각하면 된다.

과학자들이 세포막을 이렇게 잘못 이해한 이유 중 하나는 세포막이 너무 얇기 때문이다. 세포막의 두께는 1백만 분의 7밀리미터에 불과하다. 사실 워낙 얇아서 전자현미경으로만 볼 수 있는데, 전자현미경은 2차 세계대전 이후에야 개발되었다. 그렇기 때문에 생물학자들이 세포막의 존재를 확인한 것도 1950년대에 들어선 다음이다. 그때까지 많은 생물학자들은 세포 속의 원형질이 젤처럼 끈적끈적하기 때문에 형태를 유지한다고만 생각했다. 나중에 전자현미경을 이용하여 생물학자들은 살아 있는 세포는 모두 세포막이 있으며, 모든 세포막은 똑같이 기본적인 3층 구조로 되어 있다는 사실을 알았다. 그러나 이 단순한 구조 속에 대단히 복잡한 기능이 숨어 있다.

세포생물학자들은 지구상에서 가장 원시적인 생명체인 무핵세포를 연구하여 세포막의 놀라운 능력에 눈뜨기 시작했다. 박테리아를 비롯한 여러 미생물이 속해 있는 무핵세포는 끈적끈적한 원형질 한 방울과 이를 둘러싼 세포막으로만 이루어져 있다. 무핵세포는 가장 원시적인 형태의 생명이기는 하지만 나름의 목적을 갖고 있다. 박테리아는 핀볼 기계 속의 공처럼 그저 아무렇게나 돌아다니는 것이 아니다. 좀 더 복잡한 구조로 된 세포들과 마찬가지로 박테리아도 기본적인 생리적 과정을 수행한다. 박테리아도 먹고, 소화시키고, 숨쉬고, 노폐물을 배출하며, 심지어 "신경학적" 반응도 보인다. 박테리아는 먹이가 어디 있는지를 감지하여 스스로 그쪽으로 움직여 가기도 한다. 마찬가지로 독성물질과 포식자도 인식하고 도피 전략을 구사하여 목숨을 건지기도 한다. 달리 말해 무핵세포도 지능을 보여준다!

그렇다면 무핵세포의 어떤 부분에서 이러한 "지능"이 나올까? 무핵세포의 원형질에는 핵이나 미토콘드리아 등 좀 더 진화된 진핵세포에서 볼 수 있는 소기관이라 할 만한 것들이 없다. 무핵세포의 뇌라고 부를 만한 조직적인 세포 구조라고는 세포막 하나뿐이다.

빵, 버터, 올리브, 피멘토

세포막이 모든 지능이 있는 생명체의 특징을 갖추고 있음을 알았으니, 이제 세포막의 구조와 기능을 알아보는 데 초점을 맞춰보자. 세포막의 기본구조 이해에 도움이 되도록 먹음직스러운 샌드위치를 생각해보기로 한다. 비유가 좀 더 생생해지도록 올리브를 추가한다. 이

교육용 샌드위치에는 두 가지 올리브가 들어가는데, 하나는 속에 피멘토를 채운 것이고 다른 하나는 피멘토가 없는 것이다. 미식가들이 불평하지 않았으면 한다. 한 번은 강의 중에 이 샌드위치 이야기를 빼먹었더니 두 번 이상 내 강의를 들은 사람들이 샌드위치는 어디 갔느냐고 물었다.

간단한 실험을 통해 "샌드위치" 세포막이 어떻게 작동하는지를 알 수 있다. 우선 버터 바른 빵으로 샌드위치를 만든다(지금 단계에서는 올리브를 넣지 않는다). 이 샌드위치는 세포막의 일부에 해당한다.

이제 티스푼 하나에 가득 찬 식용색소를 샌드위치 맨 위에 붓는다.

그림 3-1

아래의 〈그림 3-2〉처럼 식용색소는 빵 속으로 스며들지만 버터를 만나면 멈춘다. 왜냐하면 샌드위치 한가운데를 가려주는 버터의 지방 성분이 방벽 역할을 하기 때문이다.

그림 3-2

이제 속에 피멘토가 든 올리브와 속에 피멘토가 없는 올리브가 박혀 있는 버터 샌드위치를 만들어보자.

그림 3-3

　마찬가지로 색소를 붓고 샌드위치를 썰어보면 결과가 다르다는 사실을 알 수 있다. 색소가 피멘토로 채운 올리브를 만나면 버터를 만난 것처럼 멈춘다. 그러나 씨를 빼고 피멘토를 넣지 않은 올리브를 만나면, 씨를 뺀 자리가 통로 역할을 해 색소가 샌드위치의 중간층을 자유로이 통과하여 반대편 빵을 지나 접시에까지 도달한다.

그림 3-4

이 비교에서 접시는 세포의 원형질에 해당한다. 피멘토가 들어 있지 않은 올리브를 통과하여 색소는 버터층을 지나 "샌드위치" 세포막의 반대편에 도달한다. 그래서 색소는 난공불락의 지방 세포막 장벽을 통과한 것이다!

세포의 입장에서 여러 가지 분자들이 장벽을 통과할 수 있다는 사실은 중요하다. 왜냐하면 이 샌드위치의 비유에서 염료는 생명을 유지시켜주는 먹이에 해당하기 때문이다. 세포막이 그저 중간층이 버터로 된 샌드위치의 모습이었다면 세포막은 세포를 둘러싼 환경 속의 무수한 분자들과 에너지가 보내는 요란한 신호를 마치 견고한 요새처럼 모두 차단해버릴 것이다. 세포막이 이러한 요새라면 영양소를 공급받을 수 없기 때문에 세포는 죽을 수밖에 없다. 그러나 피멘토가 빠진 올리브가 존재해서 먹이와 에너지를 세포 속으로 들여보낼 수 있으면, 세포막은 방금 말한 비유에서 색소가 접시에까지 흘러내려가는 것처럼 여러 가지 영양소를 세포 안으로 들여보내는 재주꾼이 된다.

현실에서 빵과 버터에 해당하는 부분은 세포막의 인지질로, 인지질은 세포막을 구성하는 두 가지 주요 화학성분 중 하나다(나머지 요소는 "올리브"에 해당하는 단백질로, 나중에 설명한다). 나는 인지질이 "정신분열증적"이라고 하는데, 왜냐하면 극성 분자와 비극성 분자를 모두 갖고 있기 때문이다.

인지질 속에 극성 분자와 비극성 분자가 다 들어 있다는 사실이 어째서 정신분열증의 이유가 되는지 의아해하는 독자도 있겠지만 이는 분명한 사실이다. 우주 내의 모든 분자는 그 분자 속의 원자를 묶어놓는 화학결합의 형태에 따라 극성 및 비극성 분자로 구분할 수 있다. 극성 분자 간의 결합은 양전하 또는 음전하를 띠고 있고, 이에 따라 극성이 생긴다. 이들 각각의 분자가 띠고 있는 양전하 또는 음전하는 마치 자석처럼 작용하여 서로 다른 전하를 띤 입자는 끌어당기고 같은 전하를 띤 입자는 밀어낸다.

물이나 물에 녹는 물질들은 극성 분자에 속한다. 기름이나 기름에 녹는 입자들은 비극성 분자에 속한다. 이런 비극성 분자 속의 원자는 양전하 또는 음전하를 띠고 있지 않다. "물과 기름은 섞이지 않는다"는 격언을 기억하는가? 비극성 분자와 극성 분자도 마찬가지다. 비극성 분자와 극성 분자가 서로 섞이지 않는 것을 이해하려면, 이탈리안

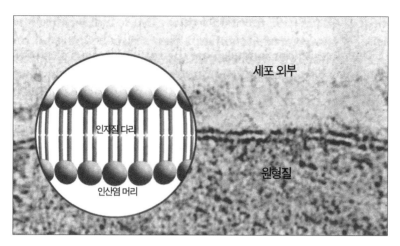

그림 3-5 | 사람 세포의 표면을 이루는 세포막을 보여주는 전자현미경 사진. 세포막이 어두운 색-밝은 색-어두운 색의 3층으로 되어 있는 이유는 세포막의 인지질 분자(원 안)의 배열 순서 때문이다. 가운데의 밝은 부분은 샌드위치의 버터에 해당하는 부분으로, 인지질의 다리로 이루어진 소수성(물을 싫어하는) 부분이다. 밝은 층의 위아래에 있는 어두운 층은 빵에 해당하며, 친수성(물을 좋아하는)인 인산염 머리에 해당한다.

드레싱을 상상해보면 된다. 식초와 올리브유를 같은 병에 넣고 힘껏 흔들어도 일단 병을 내려놓기만 하면 둘은 분리된다. 그 이유는 분자도 사람처럼 안정적인 환경을 선호하기 때문이다. 안정성을 얻기 위해 극성(식초) 분자는 물처럼 극성인 환경을 추구하고 비극성(올리브유) 분자들은 비극성 환경을 추구한다. 인지질 분자는 극성인 부분과 비극성인 부분을 모두 갖고 있어서 안정성을 확보하기가 어렵다. 인지질 분자의 인산염 부분은 물을 찾는 반면, 지질 부분은 물이라면 질색이어서 기름에 녹아야 안정성을 얻는다.

샌드위치로 돌아가보자. 세포막의 인지질은 막대가 두 개 있는 막대사탕 같은 모습을 하고 있다(〈그림 3-5〉 참조). 막대사탕의 둥근 부분 속에 들어 있는 원자들은 양전하를 띠고 있다. 이들은 샌드위치의 빵에 해당한다. 막대 두 개는 비극성이다. 이들은 샌드위치의 버터에 해당한다. "버터" 부분이 비극성이기 때문에, 이 중간 부분은 양전하 또는 음전하를 띤 원자나 분자를 통과시키지 않는다. 사실, 지질로 된 이 중앙부는 전기의 절연체 역할을 해서 주변 환경의 분자들이 마구잡이로 세포를 향해 쏟아져 들어오는 것을 막는 장벽 역할을 매우 잘 수행하고 있다.

그러나 세포막이 단순히 빵과 버터로 된 샌드위치 모양이라면 세포는 살 수가 없다. 세포가 필요로 하는 영양소는 대부분 전하를 띤 분자여서 막강한 지질 장벽을 통과할 능력이 없다. 마찬가지로 세포는 자신이 분비한 극성 폐기물을 밖으로 배출할 수도 없다.

막단백질

샌드위치 속에 박힌 올리브는 진정으로 세포막의 재주꾼이다. 영양소, 폐기물뿐만 아니라 여러 가지 형태의 "정보"가 이 단백질층을 통해 세포로 출입한다. 단백질로 된 "올리브"는 아무 분자나 세포 안으로 들여보내는 것이 아니라 원형질의 원만한 기능 수행에 필요한 분자만을 통과시킨다. 샌드위치에서 올리브는 막단백질(IMP)에 해당한다. 이 단백질 분자들은 그림 속의 샌드위치 한가운데의 올리브처럼 세포막의 "버터"층에 박혀 있다. 막단백질은 어떻게 버터 속으로 파고들까? 앞선 장에서 단백질이 서로 연결된 아미노산에 의해 조립된

그림 3-6

선형 뼈대의 모습을 하고 있다는 설명을 기억할 것이다. 20가지의 아미노산 중 일부는 물을 좋아하는 극성 분자이고 나머지는 소수성의 분자이다. 단백질 뼈대의 한 부분은 물을 싫어하는 아미노산으로 되어 있으며, 이 부분은 세포막의 가운데 부분처럼 기름을 좋아하는 환경을 찾아가 거기서 안정을 얻으려고 한다(〈그림 3-6〉의 화살표 참조). 이런 식으로 단백질의 소수성 부분은 세포막의 가운데 부분에 자리잡는다. 그런데 단백질 뼈대의 어떤 부분은 극성인 아미노산으로 되어 있고 어떤 부분은 그렇지 않기 때문에 단백질끈은 〈그림 3-6〉에서처럼 빵과 버터로 된 샌드위치 사이를 이리저리 누빈다.

막단백질도 많고 이들에게 붙어 있는 이름도 많지만, 막단백질은 기본적으로 기능에 따라 두 가지로 구분된다. "수용기 단백질"과 "효과기 단백질"이다. 수용기 단백질은 세포의 감각기관으로, 우리 몸의 눈, 귀, 코, 미뢰(맛봉오리) 등에 해당한다. 수용기는 마치 특정한 신호에 주파수가 맞춰져 있는 나노 안테나처럼 작용한다. 어떤 수용기는 세포막 표면에서 안으로 뻗어나가 세포 내부를 살핀다. 어떤 수용기 단백질은 세포막에서 밖으로 뻗어나가 외부 신호를 포착한다.

앞서 이야기한 여러 가지 단백질처럼 수용기도 활동적인 모양과 비활동적인 모양을 갖고 있으며, 전하가 바뀜에 따라 이 두 가지 형태 사이를 왔다 갔다 한다. 수용기 단백질이 환경으로부터 들어오는 신호와 결합하면 그 결과 단백질 전하에 변화가 생기고, 이에 따라 뼈대가 형태를 바꾸어 단백질이 "활동적"인 형태를 띤다. 환경적 자극 한 가지마다 이에 "상응"하는 수용기 단백질이 존재한다.

어떤 수용기 단백질은 물리적 자극에 반응한다. 예를 들어 에스트로겐 수용기는 에스트로겐 분자의 형태와 전하 분포에 딱 들어맞도록 설계되어 있고, 에스트로겐이 이 수용기 근처로 다가가면 수용기는 마치 자석이 쇳조각을 집어 올리듯 에스트로겐 분자와 결합한다. 일단 수용기와 에스트로겐 분자가 완벽히 "열쇠와 자물쇠" 모양으로 결합하면 수용기의 전하가 변해서 활동적인 상태로 돌아간다. 마찬가지로 히스타민 수용기는 히스타민 분자와, 인슐린 수용기는 인슐린 분자와 열쇠와 자물쇠처럼 딱 들어맞는 모습을 하고 있다.

수용기 "안테나"는 빛, 소리, 전파 같은 진동에너지도 감지한다. 이러한 "에너지" 수용기의 안테나는 마치 소리굽쇠처럼 진동한다. 환경으로부터 들어오는 소리 에너지가 안테나와 공명하면 단백질의 전하가 바뀌어 수용기의 형태가 변한다(Tsong 1989). 여기에 대해서는 다음 장에서 좀 더 상세히 다룰 것이므로 여기서는 그저 한 가지 사실만을 지적해두려 한다. 즉 수용기는 에너지장(場)을 감지할 수 있으므로 물리적으로 어떤 분자가 들어가야만 세포의 생리적 과정에 영향을 미칠 수 있다는 생각은 낡은 것이다. 생명체의 행동은 페니실린 같은 물리적 분자에 의해 통제할 수 있을 뿐만 아니라 생각 같은 보이지 않는 힘에 의해서도 통제할 수 있다. 이러한 사실은 의약품을 쓰지 않는 에너지 의학에 근거를 제공한다.

수용기 단백질은 놀라운 존재이기는 하지만 혼자 힘만으로는 세포의 행동에 영향을 미칠 수 없다. 수용기가 주변 환경에 대해 알려주는 것들을 바탕으로 세포는 생명유지를 위해 적절한 반응을 보여야 하는데, 이 작업을 수행하는 것이 효과기 단백질이다. 이 수용기-효과기 단백질은 의사들이 진찰할 때 흔히 쓰는 반사 반응에 비교할 만한 자극-반응 메커니즘이다. 의사가 무릎을 망치로 가볍게 치면 감각신경이 이 신호를 포착한다. 이 감각신경은 수집한 정보를 즉시 운동신경으로 보내 발이 앞으로 쭉 뻗어지게 만든다. 여기서 세포막의 수용기는 감각신경에, 효과기 단백질은 운동신경에 해당한다. 이렇게 수용기-효과기 쌍은 스위치로 작용하여 주변으로부터 들어오는 환경신호에 따라 세포가 행동하도록 만든다.

과학자들은 불과 몇 년 전에야 막단백질의 중요성을 인식하기 시작했다. 사실 막단백질은 워낙 중요해서 이들이 작동하는 방식을 연구하는 것은 "신호전달"이라는 독립된 분야가 되었다. 이를 연구하는 과학자들은 세포막이 주변으로부터 들어오는 신호를 포착하는 활동과 세포의 행동단백질을 가동하는 과정을 연결하는 수백 가지의 복잡한 정보전달 경로를 분류하는 데 분주하다. 신호전달 연구와 함께 세포막은 갑자기 각광을 받기 시작했는데, 이는 후성유전학이 염색체의 단백질이 수행하는 역할에 스포트라이트를 비추는 것과도 비슷하다.

세포의 행동을 조절하는 수용기 단백질에는 여러 가지가 있다. 왜냐하면 세포가 제대로 기능을 발휘하기 위해 해야 할 일이 아주 많기 때문이다. 예를 들어 수송단백질은 분자와 정보를 세포막의 한쪽으로부터 다른 쪽으로 옮겨주는 통로단백질로 이루어져 있다. 그렇다면 아까 이야기한 빵, 버터, 올리브로 된 샌드위치 속의 피멘토로 돌아가보자. 통로단백질은 대부분 탄탄하게 감긴 공 모양으로 되어 있어서, 피멘토로 속을 채운 올리브와 비슷한 모습을 하고 있다(〈그림 3-4〉참조). 단백질의 전하가 바뀌면 모양도 바뀌고, 이러한 변화로 인해 단백질의 한가운데를 달리는 통로가 열린다. 통로단백질은 사실상 두 개의 올리브가 하나로 합쳐진 것으로, 이는 단백질이 가진 전하에 달려 있다. 활성 모드에서는 구조가 피멘토가 들어 있지 않은 올리브가 없는, 즉 열린 문 같은 모습을 하고 있다. 비활성 모드에서는 단백질의 형상이 피멘토가 채워져 세포를 바깥세상으로부터 차단하는 것 같은 모습을 보인다.

나트륨-칼륨 ATP 가수분해효소라는 특정한 형태의 통로가 있는데, 이 통로의 활동은 눈여겨볼 만하다. 각 세포의 세포막에는 이 통로가 수천 개씩 존재한다. 전체적으로 이들의 활동은 인간이 매일 소비하는 에너지의 절반을 소비한다. 이 통로는 워낙 자주 열리고 닫혀서 마치 세일하는 날 백화점의 회전문이 돌아가는 모습 같다. 회전문이 한 번 돌 때마다 양전하를 띤 나트륨 원자 세 개가 원형질 밖으로 배출되고 동시에 양전하를 띤 두 개의 칼륨 원자가 외부환경으로부터 원형질로 들어온다.

나트륨-칼륨 ATP 가수분해효소는 에너지를 많이 소비할 뿐만 아니라 마치 게임기에 들어가는 건전지처럼 에너지를 만들어낸다. 실제로 나트륨-칼륨 ATP 가수분해효소의 에너지 생산능력은 게임기를 작동하며 아이들이 소모시키는 건전지의 에너지 생산능력보다 훨씬 낫다. 왜냐하면 이 생체전지로 인해 세포는 지속적으로 재충전되는 생물학적 배터리가 되기 때문이다.

나트륨-칼륨 ATP 가수분해효소가 이 일을 수행하는 방법은 다음과 같다. 회전문이 한 번 돌 때마다 이 가수분해효소는 더 많은 수의 양전하를 띤 입자를 세포 밖으로 내보내고 그보다 적은 수의 양전하 입자를 세포 안으로 들여보낸다. 그리고 이러한 일을 하는 효소는 세포마다 수천 개씩 있다. 이 효소가 1초에 수백 번씩 회전문을 열고 닫으며, 세포의 내부는 음전하를, 외부는 양전하를 띠게 된다. 세포막 내부의 음전하를 "막전위"라고 부른다. 지질, 그러니까 버터에 해당하는 부분은 전하를 띤 부분을 통과시키지 않으므로 세포 내부는 음전하를 유지한다. 외부의 양전하와 내부의 음전하로 인해 세포는 근본적으로 자체충전이 되는 배터리 역할을 하며, 이 배터리에서 나오는 에너지가 여러 가지 생물학적 과정을 추진하는 힘으로 작용한다.

효과기 단백질의 또 다른 형태인 세포골격단백질은 세포의 형태와 운동성을 조절한다. 또 한 가지 단백질인 효소는 분자를 분해하거나 합성한다. 이 때문에 건강식품점에서 효소를 소화보조제로 판매하는 것이다. 모든 형태의 효과기 단백질, 그러니까 통로단백질, 세포골격 단백질, 효소, 그리고 이들의 부산물은 활성화되면 유전자를 활성화시키는 신호로도 작용한다. 이들 막단백질과 그 부산물은 DNA를 둘러싼 "소매"를 이루는 염색체의 조절단백질이 결합하는 것을 통제하는 신호를 내보낸다. 상식과는 반대로 유전자는 스스로의 행동을 직접 지배하지 않는다. 오히려 유전자를 지배하는 것은 세포막의 수용기가 포착한 환경 신호에 대응하여 작동하는 효과기 단백질이다. 이렇게 해서 유전자를 "읽는" 과정이 조절되어 낡은 단백질이 대체되거나 새로운 단백질이 만들어진다.

뇌는 어떻게 작동하는가

일단 막단백질의 작용을 이해하고 나니 다음과 같은 결론에 도달할 수 있었다. "세포의 활동은 유전 정보가 아니라 주변 환경과의 상호작용을 통해 주로 결정된다." 의심할 여지 없이 DNA 청사진 속에 들어 있는 분자들은 놀라운 존재들이다. 30억 년에 걸친 진화의 과정 전체에 걸쳐 축적되어 왔으니 말이다. 그러나 이들은 놀랍기는 하지만 세포의 활동을 "조절"하지는 않는다. 논리적으로 유전자는 세포 혹은 기관의 삶의 프로그램을 미리 짤 수 없다. 왜냐하면 세포의 생존은 끊임없이 변하는 환경에 역동적으로 적응시키는 능력에 달려 있기 때문이다.

세포막은 "지능을 갖고," 환경과 상호작용하여 행동할 능력이 있기 때문에 세포막을 세포의 진정한 뇌라고 하는 것이다. 앞서 세포를 가지고 "뇌" 실험을 한 것을 기억할 것이다. 같은 실험을 세포막에 대해

110

해보기로 한다. 세포막을 파괴하면 세포는 마치 뇌를 제거당한 동물처럼 죽는다. 세포막은 그대로 두고 소화효소를 이용해서 수용기 단백질을 파괴하면(이는 실험실에서 쉽게 할 수 있다) 세포는 뇌사상태에 빠진다. 이것이 혼수상태인 이유는 세포가 작동하는 데 필요한 환경 자극을 더 이상 받아들이지 못하기 때문이다. 수용기 단백질은 그대로 두고 효과기 단백질을 마비시켜도 똑같이 혼수상태에 빠진다.

"지능이 있는" 세포는 제대로 기능을 발휘하는 세포막, 그리고 수용기(인식)와 효과기(행동) 단백질을 모두 갖추고 있어야 한다. 이러한 단백질의 모임은 세포가 갖는 지능의 기본 단위를 형성한다. 기술적으로 볼 때 이들을 "인지"의 단위라고 말할 수도 있겠다. 여기서 인지란 "물리적 감각을 통해 환경의 요소를 인식하는 것"이라고 정의할 수 있다. 이 정의의 뒷부분은 수용기 단백질의 기능을 설명한다. 이 정의의 앞부분, 즉 "물리적 감각"을 만들어내는 기능은 효과기 단백질의 기능을 압축해서 설명한다.

이러한 인지의 단위를 들여다보는 과정을 통해, 여러분은 이제 궁극적인 환원주의, 그러니까 세포를 가장 기본이 되는 볼트와 너트로 분해하기에 이르렀다. 이와 관련하여, 어떤 순간에든 세포막에는 수십만 개의 이러한 스위치가 존재한다는 사실을 기억해야 한다. 따라서 세포의 행동은 특정한 스위치 하나를 연구해서 알아낼 수 있는 것이 아니다. 세포의 행동은 특정한 순간에 이 모든 스위치가 어떻게 행동하는가를 알아야 이해할 수 있다. 이는 환원주의가 아니라 총체적인 접근방식이며, 여기에 대해서는 다음 장에서 상세히 설명하겠다.

세포 수준에서 진화란 주로 "지능"의 기본단위 수를 최대한 늘려가는 과정을 의미한다. 여기서 지능에 해당하는 단위란 물론 세포막의 수용기 및 효과기 단백질을 뜻한다. 세포는 세포막 외벽을 좀 더 효과적으로 활용하는 것으로, 동시에 막의 표면적을 늘려 더 많은 막단백질을 장착하는 것을 통해 "똑똑해"져 왔다. 원시적인 무핵세포의 경우 막단백질이 소화, 호흡, 배설 등을 비롯한 모든 기본적인 생리적 기능을 담당한다. 진화가 진행되면서 생리적 기능을 수행하는 세포막의 일부가 안으로 들어가 막소기관을 형성하는데, 이는 진핵세포 원형질의 특징이다. 이렇게 되면 세포막의 표면적이 넓어져 더 많은 인지 막단백질이 자리잡을 수 있다. 또한 진핵세포는 무핵세포보다 크기가 수천 배 커졌고, 이에 따라 세포막 표면적이 폭발적으로 늘어났는데, 이는 막단백질을 위한 자리가 훨씬 더 커졌음을 의미한다. 그 결과 세포의 인식능력은 비약적으로 개선되었고, 이에 따라 생존 가능성도 높아졌다.

진화의 과정을 통해 세포막의 표면적은 팽창했지만 이러한 팽창에는 물리적 한계가 있었다. 그러니까 얇아질 대로 얇아진 세포막이 더 이상 원형질을 담을 정도로 튼튼할 수 없는 지점에 이른 것이다. 풍선을 물로 채울 때를 상상해보자. 물을 너무 많이 채우지만 않으면 풍선은 터지지 않고 버티며, 이 사람 손에서 저 사람 손으로 옮겨갈 수 있다. 그러나 물을 너무 많이 밀어 넣으면 풍선은 쉽게 터져서 물을 쏟아버린다. 마찬가지로 원형질이 너무 많이 들어 있는 세포막은 결국 파열될 수밖에 없다. 세포막이 이러한 임계 크기에 도달하면 각 세포의 진화는 한계에 다다른다. 바로 이 때문에 진화가 시작된 지 30억 년이 지나기까지 지구상에는 그저 단세포생물밖에 존재하지 않았다.

이러한 상태는 세포가 인식 능력을 확장하는 새로운 방법을 개발하고 나서야 바뀌기 시작했다. 더 똑똑해지기 위해 여러 세포는 다른 세포와 함께 모여 다세포 공동체를 만들기 시작했고, 이를 통해 인식능력을 확장했다. 여기에 대해서는 1장에서 설명한 바 있다.

간단히 말해 단세포가 생명을 이어가기 위해 필요로 하는 기능은 다세포 공동체가 같은 목적으로 필요로 하는 기능과 같다. 그러나 다세포 공동체를 만들면서 세포들은 전문화를 시작했다. 그러니까 다세포 조직에서는 분업이 이루어진다는 뜻이다. 인체에서 특정한 기능을 수행하는 기관이나 조직을 보면 이러한 분업은 더욱 분명해진다. 예를 들어 단세포에서 호흡을 담당하는 것은 미토콘드리아이다. 그러나 다세포 생물에서 미토콘드리아에 해당하는 것은 수십 억 개의 특수한 세포가 모여 만들어진 허파이다. 또 한 가지 예를 들어보자. 단세포에서 운동을 담당하는 것은 액틴과 미오신이라고 불리는 원형질 단백질의 상호작용이다. 다세포 생물에서는 특수한 근육세포의 모임이 움직임을 만들어내는데, 이들 각 세포에는 대량의 액틴과 미오신 단백질이 들어 있다.

1장에서 이미 한 얘기를 다시 하는 이유는 다세포 생물에서는 환경을 인식하고 이에 적합한 반응을 담당하는 것이 세포막인 반면 인체에서는 이러한 반응이 특수화된 일군의 세포, 이른바 신경계라고 불리는 세포의 집단에 의해 수행된다는 사실을 강조하고 싶기 때문이다.

생명은 단세포 생물로부터 오늘날에 이르기까지 먼 길을 걸어왔지만 앞서도 말한 것처럼 단세포 생물을 연구하면 복잡한 다세포 조직에 대해 많은 것을 배울 수 있다. 인간의 기관 중에서 가장 복잡한 기관인 뇌조차도 세포의 뇌에 해당하는 세포막에 대해 좀 더 연구가 진행되면 더욱 많은 비밀을 드러낼 것이다.

생명의 신비

이 장에서 이미 말한 것처럼 단순해 보이는 세포막이 얼마나 복잡한가를 연구하는 데 있어 과학자들은 최근에 많은 성과를 일궈냈다. 그러나 일찍이 20년 전에 세포막 기능의 윤곽은 알려져 있었다. 사실, 세포막의 작용을 이해하는 것이 삶을 바꿀 수도 있다는 사실을 내가 처음 깨달은 것도 20년 전이다. 깨달음의 순간은 마치 화학에서 과포화용액에 일어나는 변화와도 비슷했다. 겉보기에는 그저 맹물 같은 과포화용액은 그 속에 녹아 있는 어떤 물질로 가득 차 있다. 워낙 포화되어 있어서, 여기다가 방금 말한 물질, 즉 용질을 한 방울만 더 떨어뜨리면 놀라운 변화가 일어난다. 녹아 있던 모든 용질이 한순간에 거대한 결정으로 응집되는 것이다.

　1985년에 나는 향신료에 "절어 있는" 카리브 해의 섬나라인 그레나다에 있는 또 한 군데의 "해외" 의대에서 강의를 하고 있었다. 이곳에서 살던 어느 날 새벽 2시에 나는 세포막의 생물학, 화학, 물리학적 측면에 대해 오랫동안 모아놓은 자료를 뒤적이고 있었다. 당시 나는 세포막의 기능을 검토하면서 세포막이 어떻게 정보처리 시스템으로 작동하는가를 알려고 애썼다. 그 순간 얻은 깨달음으로 인해 나는 근본적으로 변했고, 더 이상 인생을 망치면서 변명을 늘어놓을 필요가 없는 세포막 중심적 생물학자가 되었다.

그날 새벽 나는 세포막의 구조적 조직에 관한 생각을 정리하고 있었다. 우선 막대사탕 같은 모습의 인지질 분자부터 생각했는데, 이 분자들은 완벽한 대열을 갖추어 행진하는 군인들처럼 세포막 표면에 배열되어 있다. 구성 분자가 규칙적이고 반복적인 패턴으로 배열된 구조를 과학에서는 결정으로 정의한다. 결정에는 두 가지 기본 형태가 있다. 대부분의 사람들에게 친숙한 결정은 단단한 광물질로, 다이아몬드, 루비, 소금 등이 있다. 또 한 가지 결정은 물론 구성분자들이 규칙적인 패턴을 유지하기는 하지만 좀 더 유동적인 구조로 되어 있다. 디지털 시계나 노트북 컴퓨터의 스크린에 사용되는 "액정"이 그 친근한 예다.

액정의 본질을 더 잘 이해하기 위해 앞서 예로 든 군인들의 행진을 보자. 이 군인들은 물론 한 사람 한 사람이 독립된 개체이기는 하지만 모퉁이를 돌 때 규칙적인 구조를 유지한다. 그러니까 자유로이 흐르는 액체처럼 행동하면서도 결정으로서의 조직을 잃지 않는다는 뜻이다. 세포막의 인지질 분자도 비슷한 방식으로 행동한다. 이들은 유동성 결정 구조로 되어 있어서, 세포막은 터지지 않고도 형태를 바꿀 수 있다. 이는 탄력 있는 장벽으로서의 세포막이 갖춰야 할 특징이다. 이러한 세포막의 성질을 규정하면서 나는 이렇게 썼다. "세포막은 '액정'이다."

그러자 인지질로만 된 세포막은 올리브가 없는 빵과 버터 샌드위치에 불과하다는 생각이 떠올랐다. 앞서 설명한 실험에서 색소는 버터라는 지질층을 통과하지 못한다. 그렇다면 버터 샌드위치는 절연체라는 얘기다. 그러나 올리브를 집어넣으면 어떤 것들은 막을 통과하는 반면 어떤 것들은 그렇지 못하다는 사실을 알 수 있다. 그래서 막에 대한 설명에 다음 문구를 덧붙였다. "막은 '반도체'다."

마지막으로 막에 대한 설명에 두 가지 가장 중요한 막단백질을 집어넣었다. 이들은 수용기 단백질, 그리고 통로라고 불리는 효과기 단백질이다. 이 두 가지를 집어넣은 이유는 이들 단백질이 영양소를 세포로 들여보내고 노폐물을 배출하는 매우 중요한 수단을 제공하기 때문이다. 그래서 막에는 "수용기와 통로"가 있다고 쓰려던 차에 게이트와 수용기가 거의 동의어라는 사실이 떠올랐다. 그래서 설명을 이렇게 끝마쳤다. "막에는 '게이트'와 통로가 있다."

그리고 나서는 뒤로 기대앉아 방금 쓴 막에 대한 설명을 다시 읽어보았다. "세포막은 게이트와 통로가 있는 액정 반도체다." 그러자 얼마 전에 이와 똑같은 문구를 듣거나 읽은 것 같다는 생각이 떠올랐다. 물론 그때에는 어디서 같은 문구를 듣거나 읽었는지 생각이 나지 않았다. 그러나 한 가지 분명한 것은 생물학과 관련한 발언이나 문헌에서 얻은 것은 아니라는 사실이었다. 그리고 의자 등받이에 기대앉아 있는데 책상에 놓여 있던 신형 매킨토시 컴퓨터로 눈이 갔다. 이 컴퓨터는 나의 첫 컴퓨터였다. 그런데 컴퓨터 옆에 『마이크로프로세서의 이해』라는 빨간 표지의 책이 놓여 있었다. 문외한들을 위해 컴퓨터가 어떻게 작동하는지 설명한 책을 얼마 전에 사둔 터였다. 이 책을 펼쳐보았더니 서문에 컴퓨터 칩을 이렇게 정의하고 있었다. "칩은 게이트와 통로가 있는 결정 반도체이다."

칩과 세포막을 똑같은 식으로 정의할 수 있다는 사실에 놀라 나는

1, 2초 정도 멍하고 있었다. 그러고 나서 몇 초에 걸쳐 나는 생명체인 세포막과 실리콘으로 된 반도체를 열심히 비교해보았다. 그리고 이들의 정의가 같다는 사실이 우연이 아님을 깨닫고 또 한 번 놀랐다. 세포막은 실리콘 칩에 상응하는 구조나 기능을 갖고 있는 것이다!

12년 후 B. A. 코넬이 이끄는 호주 연구팀이 세포막과 컴퓨터 칩이 서로 상응한다는 나의 가설을 확인하는 논문을 「네이처」지에 실었다(Cornell, et al, 1997). 연구팀은 세포막 하나를 분리하여 여기에 금으로 된 얇은 박막(薄膜)을 부착했다. 이어서 세포막과 박막 사이의 공간을 특수한 전해질 용액으로 채웠다. 막의 수용기를 자극하는 보체 신호를 보내자, 통로가 열려 전해질이 세포막을 통과했다. 박막은 전기신호를 포착하는 장치로 사용되어, 통로에서 진행되는 전기적 활동은 스크린 상에 디지털로 표시해주었다. 이 팀의 연구를 위해 고안된 방금 말한 장치는 세포막이 칩처럼 보일 뿐만 아니라 기능도 비슷하다는 사실을 보여주었다. 코넬과 그의 동료들은 생명체인 세포막을 디지털로 해독 가능한 컴퓨터 칩으로 바꾸는 데 성공했다는 뜻이다.

뭐가 그렇게 대단하냐고? 세포막과 컴퓨터 칩이 상응관계에 있다는 사실은 세포의 작용을 컴퓨터에 비교해서 더 잘 이해할 수 있다는 뜻이다. 이러한 접근방법으로부터 얻는 첫 번째 깨달음은 컴퓨터도 세포도 모두 "프로그래밍"이 가능하다는 것이다. 이어서 또 한 가지의 깨달음은 프로그래머가 컴퓨터와 세포 "외부"에 있다는 사실이다. 생물학적 행동과 유전자의 활동은 세포에 다운로드된 환경으로부터의 정보와 역동적으로 연결되어 있다.

여기까지 생각이 미치니 핵은 단순한 메모리 디스크 내지는 하드

드라이브로, 단백질의 합성을 암호화하는 DNA 프로그램이 들어 있을 뿐이라는 생각이 들었다. 이 기억장치를 이중나선 메모리 디스크라고 부르자. 컴퓨터의 경우 워드프로세서, 그래픽 프로그램, 스프레드 시트 같은 여러 가지 프로그램을 담은 메모리 디스크를 컴퓨터에 삽입할 수 있다. 이러한 프로그램을 컴퓨터 본체의 메모리에 다운로드하고 나면 현재 작동 중인 프로그램을 방해하지 않고도 디스크를 컴퓨터로부터 분리할 수 있다. 핵을 제거하여 이중나선 메모리 디스크를 제거하더라도 단백질 공장으로서의 세포활동은 지속된다. 왜냐하면 단백질 공장을 만들어낸 정보가 이미 다운로드되었기 때문이다. 핵이 제거된 세포가 어려움에 부딪치는 경우는 오래된 단백질을 대체하거나 다른 단백질을 합성하기 위해 각각의 이중나선 메모리 디스크 속에 들어 있는 유전자 프로그램이 필요할 때뿐이다.

코페르니쿠스가 당초에 천동설을 믿는 천문학자로 훈련된 것처럼 나는 핵중심적 사고를 하는 생물학자로 교육받았다. 그렇기 때문에 유전자가 들어 있는 핵이 세포의 프로그램을 짜지 않는다는 사실을 깨달았을 때 충격을 받을 수밖에 없었다. 세포의 경우 데이터는 세포막의 수용기에 의해 입력되는데, 이는 컴퓨터의 "키보드"에 상응한다. 수용기는 세포의 "중앙처리장치(CPU)"에 해당하는 세포막의 효과기를 자극한다. CPU에 해당하는 효과기 단백질은 환경으로부터 들어오는 정보를 행동의 언어로 변환시킨다.

그날 새벽에 나는 비록 생물학계가 여전히 유전적 결정론에 머리를 파묻고 있지만, 마술사 세포막의 신비를 계속해서 상세하게 풀어내는 첨단 세포 연구 결과는 이들의 생각과 완전히 다르다는 사실을 깨달았다.

이 환골탈태의 순간, 나는 이 깨달음을 함께할 사람이 없다는 사실 때문에 절망했다. 나는 외진 곳에 혼자 있었다. 집에는 전화도 없었다. 그런데 의대에서 강의하고 있었기 때문에 도서관에서 공부하고 있는 학생들이 틀림없이 있으리라는 데 생각이 미쳤다. 나는 서둘러 옷을 걸치고는 누구에겐가, 아무한테나 이 놀라운 발견을 이야기해주려고 학교로 달려갔다.

부릅뜬 눈으로 머리칼을 날리며 숨이 턱에 차서 도서관으로 뛰어든 내 모습은 정신 나간 교수의 모습 바로 그것이었다. 마침 의대 1학년생이 공부를 하고 있기에 나는 그에게 달려가 이렇게 외쳤다. "들어봐! 엄청난 얘기야!"

돌이켜보니 도서관의 정적을 깨고 뛰어든 이 미친 과학자에게 거의 두려움까지 느끼면서 이 학생이 나를 슬금슬금 피하는 모습이 떠오른다. 이에 상관없이 나는 즉시 재래식 세포생물학자의 복잡하고 긴 전문용어를 써가면서 내가 세포에 대해 방금 깨달은 바를 쏟아놓았다. 설명을 끝내고는 나는 이 학생이 나에게 축하를 해주거나 적어도 "브라보"라고 한 마디 할 줄 알았다. 그러나 아무 반응이 없었다. 그도 이제 눈을 휘둥그레 뜨고 있었다. 그저 이 학생이 한 말이라고는 "교수님, 괜찮으세요?"뿐이었다.

나는 절망했다. 이 학생은 내가 한 이야기를 한 마디도 알아듣지 못했다. 돌이켜보니 의대 첫 학기를 맞은 그 학생으로서는 충분한 과학적 배경지식도 어휘력도 없었을 것이므로 내가 연방 외쳐대는 소리에 어리둥절했을 뿐이다. 나는 결국 바람 빠진 풍선 꼴이 되어버렸다. 생명의 비밀을 풀 열쇠를 쥐고 있는데, 내 이야기를 알아들을 사람이 하나도 없다니! 그러나 어려운 전문용어로 잘 훈련된 나의 동료들도 대부분 내 이야기를 잘 알아듣지 못하기는 마찬가지였음을 고백한다. 마술사 세포막을 이해하지 못했다는 얘기다.

그 후 몇 년에 걸쳐 나는 마술사 세포막에 대한 프리젠테이션을 조금씩 갈고 닦았고, 이를 의대 1학년생이나 문외한들도 이해할 수 있도록 손질했다. 그리고 최신 연구 성과에 맞추어 업데이트도 했다. 이 과정에서 내 이야기에 관심을 갖는 다양한 계층의 사람들을 만났다. 깨달음의 순간이 영신적으로 어떤 의미를 갖는가에 대해 이해하는 사람들도 만났다. 세포막중심적 생물학으로 옮겨가는 일은 신나는 일이었지만, 내가 미친 듯 도서관으로 달려가 소리를 질러댄 것은 그것 때문만은 아니다. 그 깨달음의 순간은 나를 세포막중심적인 생물학자로 탈바꿈시켰을 뿐만 아니라 불가지론적 과학자로부터 "영생은 육신을 초월한다"고 믿는 열성적인 신비주의자로도 바꿔놓았다.

영신적인 측면에 대해서는 맺음말에서 다루겠다. 현재로서는 삶의 통제권이 수태의 순간 작용하는 유전적 우연이 아니라 우리의 손에 달려 있다는 마술사 세포막의 교훈만 다시 한번 강조하고자 한다. 내가 지금 쓰고 있는 워드 프로세싱 프로그램의 주인인 것만큼이나 우리는 스스로의 생물학적 과정의 주인이다. 인간은 각자의 생체 컴퓨터에 입력되는 데이터를 편집할 능력이 있다. 마치 이 글을 쓰는 내가 단어를 마음대로 선택할 수 있는 것처럼 말이다. 막단백질이 어떻게 생체의 과정을 조절하는가를 알면 인간은 유전자의 희생물이 아니라 운명의 주인이 될 수 있다.

4장

새로운 물리학:

허공에 굳건히 두 발 디디기

야심만만한 생물학과 학부생 시절이던 1960년대에 나는 좋은 대학원에 진학하려면 물리학 강의를 들어야 한다는 사실을 알았다. 내가 다니던 학교에는 기초 물리학 강좌, 그러니까 물리학 개론 같은 수업이 개설되어 있었으며, 여기서는 중력, 전자기, 음향학, 도르래, 사면(斜面) 같은 기본적인 주제를 물리학 전공생이 아닌 사람도 쉽게 이해할 수 있도록 가르쳐주고 있었다. 이 수업 말고도 양자물리학이라는 강좌가 있었는데, 내 친구들은 이것이 마치 페스트라도 되는 양 피했다. 양자물리학은 미스터리에 둘러싸인 것이었다. 우리 생물학 전공자들은 이것이 매우 "해괴한" 과학이라고 확신했다. 그리고 물리학 전공자들을 마조히스트라고 생각했고, 정신 나간 인간만이 "관찰 대상이 보이기도 하고 안 보이기도 한다"는 전제를 달고 있는 강좌에 5학점이나 할애할 것이라고 굳게 믿었다.

　당시에 양자물리학을 선택한다면 그 이유는 파티에서 여학생을 낚는 데 큰 도움이 되리라는 이유 한 가지뿐이었다. 소니와 셰어의 시대

(소니와 셰어는 1960년대에 데뷔한 부부 듀엣으로 많은 히트곡을 남겼다―옮긴이)에 이렇게 말하면 아주 "뽀대나는" 것이었다. "어이, 아가씨, 나 양자물리학 공부해. 별자리가 뭐야?" 그런데 사실 파티장에서든 어디서든 나는 양자물리학자와 마주친 적이 없다. 이 사람들은 별로 돌아다니질 않는 모양이다.

그래서 이리저리 저울질한 끝에 물리학 개론이라는 쉬운 길을 가기로 마음먹었다. 나는 생물학자가 되는 데 관심이 있었지, 한 순간 존재했다 사라지는 보손이나 쿼크에 대한 찬양을 흥얼거리며 계산자를 늘어뜨리고 다니는 물리학자들에게 나의 미래를 맡기고 싶은 생각은 조금도 없었다. 나를 비롯해서 생명과학을 공부하는 모든 생물학도들은 양자물리학에 거의 관심을 갖지 않거나 아예 무시해버렸다.

놀랄 일도 아니지만 이런 태도를 갖고 있다 보니 생물학과 학생들은 숫자와 방정식으로 가득 찬 물리학에 대해 아는 것이 별로 없었다. 나는 물론 중력에 대해 알고 있었다. 무거운 것들은 아래로 가고 가벼운 것들은 위로 간다. 빛에 대해서도 알고 있었다. 엽록소 같은 식물 색소에 대해서도 알고 있었고, 망막에 있는 로돕신 같은 동물 시지각 (視知覺) 관련 색소도 알고 있었다. 그리고 이러한 색소들이 특정한 색의 빛은 흡수하는 반면 다른 색의 빛에 대해서는 "소경"이라는 사실도 알고 있었다. 온도도 빼놓을 수 없다. 온도가 너무 높아지면 생명체의 분자들은 "녹아버리기" 때문에 활력을 잃으며, 온도가 아주 낮아지면 이 분자들이 얼어서 보존된다는 사실도 알았다. 이런 얘기를 늘어놓는 이유는 그저 생물학자들이 물리학에 대해 아는 바가 없다는 사실을 강조하기 위해서이다.

이렇게 양자물리학에 대해 무지한 배경으로 인해 나는 핵중심 생물학에서 세포막중심 생물학으로 옮겨갔으면서도 그것이 무엇을 의미하는지 제대로 알지 못했다. 막단백질이 환경으로부터의 신호와 결합하여 세포를 가동한다는 사실은 알고 있었다. 그러나 양자물리학의 세계에 대해 무지했기 때문에 나는 이 모든 과정에 시동을 거는 환경적 신호의 본질에 대해 제대로 모르고 있었다.

대학원을 졸업하고 10년도 더 지난 1982년이 되어서야 대학에서 양자물리학을 수강하지 않은 것 때문에 얼마나 많은 것을 잃었는지 깨달았다. 학부 시절 양자물리학의 세계를 접했으면 아마 훨씬 더 빨리 생물학계의 이단아가 되었을 것이다. 그러나 1982년의 그날 나는 집에서 2,400킬로미터나 떨어진 캘리포니아 버클리에 있는 창고 바닥에 주저앉아 어차피 되지도 않을 로큰롤 공연을 연출한다고 과학자로서의 내 인생을 망쳐버린 것을 탄식하고 있었다. 나와 팀원들은 6번의 공연 끝에 돈이 다 떨어져 꼼짝할 수 없게 되었다. 현금은 하나도 없었고, 카드를 들이미는 가게마다 신용확인 장치에 두 개의 교차된 뼈 위에 그려진 해골이 뜰 뿐이었다. 우리 팀은 커피와 도넛으로 연명하면서 엘리자베스 퀴블러-로스가 말한 슬픔의 다섯 단계를 지나고 있었다. 즉 공연이 실패한 데 대해 이를 부정하고, 분노하고, 타협하고, 절망하고, 마지막으로 받아들이는 과정 말이다(Kübler-Ross 1997). 그러나 이 상황을 받아들이는 순간, 무덤 같고 어둑신한 창고를 덮고 있던 정적을 귀를 찢는 듯한 전화벨 소리가 깨뜨렸다. 끈질기게 벨이 울리는 데도 우리는 이를 무시해버렸다. 우리한테 걸려온 전화가 아니야. 우리가 여기 있는지 아는 사람은 아무도 없으니까.

결국 창고관리인이 전화를 받았고 축복 같은 정적이 다시 찾아왔다. 고요한 가운데 나는 관리인이 "네, 여기 있습니다."라고 대답하는 소리를 들었다. 인생의 밑바닥으로 떨어진 그 순간 고개를 들어보니 수화기가 내 코앞에 와 있었다. 받아보니 2년 전에 나를 임용한 카리브 해의 의대였다. 학장은 꼬박 이틀에 걸쳐 위스콘신으로부터 캘리포니아에 이르는 나의 무질서한 행적을 추적한 끝에 전화를 연결해서 해부학을 가르칠 수 있느냐고 물었다.

　　가르칠 수 있느냐고? 찬밥 더운밥 가릴 상황이 아니었다. "언제까지 가면 될까요?" 내가 물었다. 그는 이렇게 대답했다. "어제요." 기꺼이 수락하겠지만 월급을 좀 미리 줄 수 없느냐고 물었다. 학교는 당일 돈을 송금해왔고 나는 팀원들과 이를 나누었다. 그러고 나서 매디슨으로 날아가 열대 지방에서 오래 지낼 채비를 했다. 딸들에게 작별을 고하고 황급히 옷가지와 살림살이 몇 가지를 챙겼다. 그로부터 24시간도 되지 않아 나는 오헤어 공항에서 나를 에덴 동산으로 실어다 줄 팬암 항공사의 비행기를 기다리고 있었다.

　　여기까지 읽은 독자들은 말할 것도 없이 실패한 로큰롤 공연이 양자물리학과 무슨 관계가 있는지 궁금해할 것이다. 그렇다, 내 강의 스타일이 좀 별나다. 어쨌든 기계론적 사고에만 의존하는 과학자들은 우주의 신비를 풀 수 없다는 사실을 깨닫고 나는 무척 기뻤음을 우선 말해둔다.

내면의 소리에 귀 기울이기

비행기를 기다리고 있는데 갑자기 5시간이나 걸리는 여행에 읽을 거리가 하나도 없다는 데 생각이 미쳤다. 게이트가 닫히기 직전 나는 서 있는 줄을 빠져나가 서점으로 달려갔다. 책은 수백 권이나 있는 데다가 나만 남겨놓고 비행기가 떠나버릴지도 모른다는 두려움이 겹쳐져 거의 마비 상태였다. 혼란 상태에서 책 한 권이 눈에 띄었다. 물리학자 하인즈 페이절스가 쓴 『우주의 암호: 양자물리학과 자연의 언어』라는 책이었다(Pagels 1982). 표지를 훑어보니 일반인들을 위해 쓴 양자물리학 책이었다. 대학 시절부터 양자물리학 공포증에 덜미를 잡혀 있던 나는 이 책을 재빨리 내려놓고는 좀 더 가벼운 읽을거리를 찾기 시작했다.

마음속 스톱워치의 초침이 경고지역으로 들어갈 때쯤 나는 베스트셀러라고 써 붙인 책을 집어 들고는 계산대로 달려갔다. 직원이 계산을 하는 동안 나는 뒤쪽 책꽂이에 아까 그 양자물리학 책 또 한 권이 꽂혀 있는 것을 발견했다. 계산대 앞에서 시간에 쫓기면서 나는 드디어 양자물리학에 대한 반감을 접고 직원에게 『우주의 암호』도 한 권 달라고 말했다.

탑승 후 나는 서점에 갔다 오느라 흥분했던 마음을 가라앉히고 낱말 맞히기를 한 뒤 마지막으로 페이절스의 책을 집어 들었다. 읽으면서 자꾸 앞으로 다시 가기는 했지만 나는 이 책에 정신 없이 빠져들었다. 팬암 비행기를 타고 가면서, 마이애미에서 3시간 기착했을 때, 카리브 해의 섬으로 향하는 5시간의 마지막 비행까지 모두 이 책을 읽느라 정신이 없었다. 페이절스는 나를 완전히 사로잡았다.

시카고행 비행기를 타기 전까지만 해도 나는 살아 있는 유기체를 다루는 과학인 생물학이 어떤 식으로든 양자물리학과 관련이 있으리라고는 생각조차 하지 못했다. 비행기가 에덴 동산에 도착할 때쯤 나는 정신적인 쇼크 상태에 빠져 있었다. 오는 길에 양자물리학이 생물학과 관련이 "있다"는 사실, 그리고 양자역학의 법칙을 무시함으로써 생물학자들은 과학적으로 엄청난 실수를 저지르고 있다는 사실을 깨달았다. 결국 물리학은 모든 과학의 기반인데도 생물학자들은 (좀 더 깔끔하기는 하지만) 낡은 뉴턴적 우주관에 의지하고 있었다. 그러니까 생물학자들은 뉴턴의 물리학에만 매달리면서, 물질은 에너지로 만들어졌고 모든 것은 상대적이라는 아인슈타인의 양자세계는 눈에 보이지 않는다고 해서 무시하고 있는 것이다. 원자 수준에서 보면 물질은 확실하게 존재하는 것도 아니다. 그저 존재의 "경향"으로서 존재할 뿐이다. 그때까지 내가 갖고 있던 생물학과 물리학에 대한 확신은 모두 깨져버렸다.

돌이켜보니 나를 비롯한 생물학자들은 뉴턴의 물리학(극도로 논리적인 과학자들에게는 매우 간결하고 분명하게 보이겠지만)은 우주는커녕 인체에 관한 총체적 진실도 알려주지 못한다는 사실을 인식해야만 했다. 의학은 발전하지만 살아 있는 유기체는 아무리 애써도 수량화되지 않는다. 호르몬, 사이토킨(면역계를 조절하는 호르몬), 성장인자, 종양억제인자들을 비롯한 화학적 신호의 메커니즘이 하나하나 밝혀졌지만, 이들은 불가사의한 현상을 설명하지 못한다. 병이 저절로 낫는 것, 심령 현상, 초인적인 체력과 지구력, 발을 대지 않고도 불타는

128

석탄 위를 걷는 능력, 몸에 '기'를 순환시켜 통증을 줄여주는 침술을 비롯한 여러 가지 불가사의한 현상은 뉴턴적 생물학을 뛰어넘는다.

물론 의대에서 강의하면서 나는 이런 것들은 거들떠보지도 않았다. 나와 나의 동료 교수들은 침술, 카이로프랙틱, 마사지, 기도 등에 의해 병이 나았다는 주장을 무시하라고 가르쳤다. 사실 거기서 그치지 않았다. 우리는 이러한 치료법을 사기꾼의 수작으로 매도했다. 왜냐하면 우리는 구식의 뉴턴 물리학에 여전히 목을 매고 있었기 때문이다. 방금 이야기한 치료법들은 모두 에너지의 장(場)이 인간의 생리와 건강을 통제하는 데 영향을 미친다는 믿음에 바탕을 두고 있다.

물질의 환상

일단 양자물리학과 씨름을 하고 나니 나는 나와 내 동료들이 에너지에 기반을 둔 치료법을 완전히 일소에 부친 것은 마치 옛날 하버드 대학의 물리학과장과 같은 근시안적 시각의 소치임을 깨달았다. 개리 주카브의 『춤추는 물리(The Dancing Wu Li Masters)』에 등장하는 이 학과장은 1898년에 더 이상 물리학 박사학위를 딸 필요가 없다고 말했다(Zukav 1979). 그는 과학이 우주는 "물질로 된 기계"라는 사실을 입증했다고 하면서 이 기계는 뉴턴 역학의 법칙을 100퍼센트 따르는 원자로 되어 있다고 덧붙였다. 그에 의하면 이제 물리학자들에게 남은 문제는 측정 방법을 더욱 가다듬는 일뿐이었다.

그로부터 겨우 3년 뒤, 원자도 그보다 더 작은 입자들로 이루어져 있다는 사실이 발견되면서 원자가 우주를 이루는 가장 작은 입자라는 생각은 낡은 것이 되어버렸다. 원자보다도 작은 아원자 입자의 발견보다 더욱 충격적인 일은 원자가 엑스선이나 방사선 등 "신기한 에너지"를 여러 가지 방출한다는 사실이었다. 20세기로 접어들자 물리학자들은 물질의 구조와 에너지 사이의 관계를 탐구하는 물리학의 새로운 분야를 개척했다. 그로부터 10년도 지나지 않아 물리학자들은 우주가 허공에 매달린 물질로 되어 있는 것이 아니라 에너지로 되어 있다는 사실을 알아냈고, 이에 따라 뉴턴적인 물질적 우주에 대한 믿음을 버렸다.

양자물리학자들은 원자가 끊임없이 회전하고 진동하는 에너지의 소용돌이로 되어 있음을 알아냈다. 그리고 각각의 원자는 머리를 흔들며 회전하는 과정에서 에너지를 방출하는 팽이 같은 것이라는 사실도 알아냈다. 원자는 저마다 다른 에너지의 형태(그러니까 팽이가 머리를 흔드는 모습)를 갖고 있으므로 원자의 모임(즉 분자)도 그 속에 들어 있는 원자의 구성에 따라 독특한 에너지 패턴을 보인다. 그러므로 독자 여러분과 나를 비롯하여 우주 안에 있는 모든 물질적 구조는 독특한 에너지 패턴을 방사한다.

원자의 실제 모습을 현미경으로 들여다볼 수 있다면 무엇이 보일까? 소용돌이치며 사막을 질주하는 돌개바람을 생각해보자. 그리고 여기서 모래와 먼지를 모두 제거한다고 생각해보자. 그러면 눈에 보이지 않는 토네이도 모양의 소용돌이가 남는다. 무한히 작고 사막의 돌개바람 같은 에너지의 소용돌이(쿼크와 광자라고 부른다)가 모여 원자의 구조를 이룬다. 멀리서 보면 원자는 주변과의 경계가 희미한 공으로 보인다. 가까이 다가감에 따라 원자는 더욱 불분명한 모습이 된다. 원자의 표면 가까이까지 다가가면, 원자는 갑자기 사라져버린다.

뉴턴물리학의 원자　　　　　　　　　양자물리학의 원자

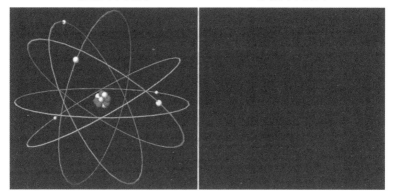

그림 4-1

아무것도 보이지 않는다는 뜻이다. 원자의 구조 전체에 초점을 맞추면 그저 텅 빈 허공만 보인다. 그러니까 원자는 물리적 구조가 없다는 뜻이다-임금님은 벌거벗었다!

학교에서 배운 원자의 모형을 기억할 것이다. 가운데 구슬이 모인 덩어리가 있고 그 주변을 작은 공들이 도는, 그러니까 태양계 같은 모습 말이다. 그러면 이 모습과 양자물리학이 발견한 원자의 "물리적" 구조를 나란히 놓아보자(〈그림 4-1〉 참조).

인쇄가 잘못되어서 이런 것이 아니다. 원자는 눈에 보이는 물질이 아니라 보이지 않는 에너지로 되어 있다!

그러므로 현실 세계에서는 물질이 허공으로부터 생겨난다. 해괴하다는 생각이 들 것이다. 여러분은 지금 이 책을 손에 들고 있다. 그런데 원자를 관찰할 수 있는 현미경으로 이 책을 들여다본다면 여러분은 아무것도 손에 들고 있지 않다는 사실을 깨달을 것이다. 돌이켜보니 우리 생물학과 학부생들이 한 가지, 그러니까 양자의 세계는 환각의 세계라는 점에 대해서는 옳았다.

이제 "보이기도 하고 보이지 않기도 한다"는 양자물리학의 본질을 좀 더 상세히 들여다보자. 물질은 고체(입자)로, 동시에 비물질적인 에너지의 장(파동)으로 정의될 수 있다. 원자를 질량 또는 무게 같은 물리적 특성의 측면에서 들여다보면, 원자는 물질로 보이고 또 물질처럼 행동한다. 그러나 똑같은 원자를 전위 또는 파장의 측면에서 관찰하면 원자는 에너지(파동)의 특성을 드러낸다(Hackermüller, et al, 2003; Chapman, et al, 1995; Pool 1995). 에너지와 물질이 둘이 아니고 하나라는 사실은 아인슈타인이 자신의 유명한 방정식 $E=mC^2$으로 간결하게 결론지어놓았다. 간단히 말하면 이 방정식은 에너지(E)란 물질(질량: m)에 광속도의 제곱(C^2)을 곱한 것이다. 아인슈타인은 우주가 서로 분리된 물리적 물질로 되어 있고, 각각의 물질 사이에는 공간이 존재한다는 생각을 완전히 바꾸어놓았다. 우주는 물질과 에너지가 너무도 깊이 뒤엉켜 있는, 그러니까 서로 뗄 수 없는 "역동적 전체"를 이루고 있어서, 물질과 에너지를 별개의 요소로 생각하는 것은 불가능하다.

부작용이 아니라 원래의 작용이다!

물질의 구조와 움직임에 대해 과거의 지식과는 천지차이가 나는 새로운 사실이 알려졌고, 이로부터 의학은 건강과 질병에 대해 완전히 새로운 시각을 가질 법도 했다. 그러나 양자물리학이 이러한 새로운 사실을 발견했음에도 생물학자들과 의학도들은 인체를 뉴턴적 우주관에 따르는 물리적 기계로만 보는 이제까지의 우주관에 따라 교육받고 있었다. 인체의 여러 메커니즘이 어떻게 "조절"되는가를 연구하려고 학자들은 몇 개의 화학적 그룹으로 나뉜 다양한 신체적 신호, 이를테면 앞서 말한 호르몬, 사이토킨, 성장인자, 종양억제인자, 메신저, 이온 등을 파헤치는 데 초점을 맞추었다. 그러나 뉴턴적이고 유물론적인 편견에 사로잡혀 있던 재래식 과학자들은 에너지가 건강과 질병에서 수행하는 역할을 완전히 무시해버렸다.

게다가 재래식 생물학자들은 이른바 환원주의자로, 세포를 분해하여 이를 구성하는 화학적 기본요소를 알면 인체의 메커니즘을 알 수 있다고 믿는 사람들이다. 이들은 생명현상을 일으키는 생화학적 반응은 조립공장에서 자동차가 만들어지듯 생겨난다고 믿는 사람들이기도 하다. 어떤 한 가지 물질이 한 가지 반응을 일으키고, 이어서 또 다른 물질이 다른 반응을 일으키고 하는 과정이 연속된다는 이야기다. A로부터 B, C, D를 거쳐 E에 이르는 정보의 흐름이 〈그림 4-2〉에 그려져 있다.

이러한 환원주의 모델을 보면, 질병이나 기능이상 같은 시스템의 문제가 생겼을 경우 이 문제의 원인은 한 줄로 늘어선 요소 중 하나로부터 나온다고 볼 수 있다. 그러므로 세포의 "망가진" 부품을 정상적인 부품과 교체하면(예를 들어 약을 처방하여) 문제가 있는 지점은 이론상 복구가 되고 따라서 건강이 회복된다. 이러한 전제 때문에 제약업계는 특효약이나 맞춤 유전자 연구에 매달린다.

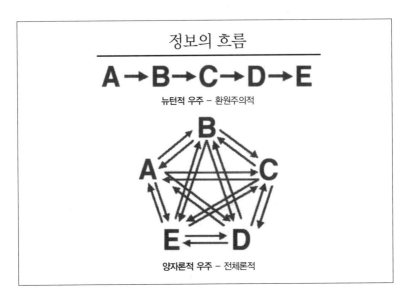

정보의 흐름

A→B→C→D→E

뉴턴적 우주 – 환원주의적

양자론적 우주 – 전체론적

그림 4-2

    그러나 양자물리학적 시각에서 보면 우주는 상호 의존하는 에너지 장(場)의 모임이며, 이 장들은 그물 같은 상호작용으로 서로 얽혀 있다. 양자물리학 앞에서 생물학자들이 특히 혼란스러워하는 이유는 물리적 부분과 에너지 장이 모여 전체를 이루는데도 이 두 가지 사이의 방대하고도 복잡한 상호관계를 인식하지 못하기 때문이다. 정보가 한 방향으로만 흘러간다는 환원주의적 시각은 뉴턴적 우주관의 특징이다.

    반면에 양자론적 우주에 있어서 정보 흐름은 "전체론적"이다. 세포를 구성하는 여러 요소는 복잡한 그물망 속에서 상호 대화하며, 정보는 앞쪽과 뒤쪽으로 흐른다(〈그림 4-2〉 참조). 이 복잡한 정보전달 체계의 어딘가에 고장이 생기면 질병이나 기능이상이 발생하는 것이다. 이토록 복잡하게 상호작용하는 시스템의 이상을 바로잡는 작업은 한 방향으로 정보가 흘러가는 시스템의 어떤 부분을 약으로 고치는 것보다 훨씬 더 많은 지식을 필요로 한다. 전체론적 시스템에서 예를 들어 C의 농도를 바꾸면 이는 단순히 D의 작용에만 영향을 미치는 것이 아니다. 상호 연결된 경로를 통해, C에서 발생한 변화는 D뿐만 아니라 A, B, E의 기능에도 깊은 영향을 끼친다.

물질과 에너지의 복잡한 상호작용이 본질적으로 무엇인지를 알고 나자 환원주의적인 접근법, 그러니까 정보가 A-B-C-D-E로 전달된다는 시각으로는 질병을 제대로 이해조차 할 수 없다는 사실을 깨달을 수밖에 없었다. 양자물리학은 〈그림 4-2〉의 두 그림 중 아래쪽 그림에서처럼 정보의 경로가 상호 연결되어 있음을 암시할 뿐이지만, 최근 세포내 단백질 사이의 상호작용에 대한 연구 성과를 살펴보면 이렇게 복잡한 전체론적 경로가 실제로 존재함을 알 수 있다(Li, et al, 2004; Giot, et al, 2003; Jansen, et al, 2003). 〈그림 4-3〉은 초파리 세포 속의 몇몇 단백질이 어떻게 상호작용하는가를 보여준다. 선은 단백질 사이의 상호작용을 나타낸다.

이 복잡한 경로상의 어느 한 군데에서 정보 전달이 잘못되기 때문에 생체의 기능이상이 일어난다는 것은 분명하다. 이렇게 복잡한 경로상에 있는 어떤 단백질의 파라미터를 바꾸면 같은 그물망에 속해 있는 무수한 점 위에 존재하는 여러 단백질의 파라미터도 바꿀 수밖에 없다. 그리고 단백질을 생리적 기능에 따라 분류한 〈그림 4-3〉의 원 7개를 보자. 그러면 어떤 그룹, 예를 들어 성별을 결정하는 데 관여하는 단백질(화살표)이 완전히 다른 기능을 수행하는 단백질, 이를

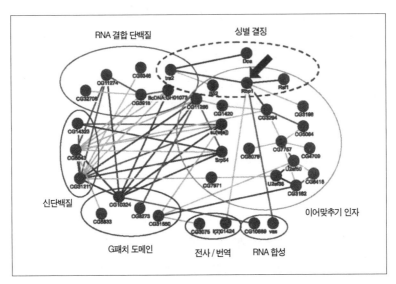

그림 4-3 | 초파리 세포에 존재하는 단백질 중 극히 일부 사이의 상호작용(번호가 붙은 검은 원들). 대부분의 단백질은 RNA 분자의 합성과 대사에 관계하고 있다. 타원 속에 들어 있는 단백질은 특정한 경로 기능에 따라 분류되었다. 각 점을 연결하는 선은 단백질 사이의 상호작용을 보여준다. 다양한 경로를 통해 단백질이 상호 연결된 모습을 보면 하나의 단백질에 변화를 일으키는 것이 이 단백질에 연결된 여러 경로에 심각한 "부작용"을 일으킴을 알 수 있다. 하나의 공통된 단백질이 서로 완전히 다른 기능 몇 가지에 관여할 경우 이러한 "부작용"의 범위는 더욱 넓어질 수 있다. 예를 들어 Rbp1 단백질(화살표)은 RNA 대사뿐만 아니라 성별 결정에 관여하는 경로에도 사용된다(ⓒ2003 AAAS).

테면 RNA 합성을 담당하는 단백질에도 영향을 미침을 알 수 있다. 뉴턴적 우주관을 가진 과학자들은 세포의 생물학적 정보망이 이토록 광범위하게 상호 연결되어 있음을 제대로 알지 못했다.

이러한 정보전달 경로가 존재한다는 사실은 약의 처방이 위험할 수도 있다는 사실을 뒷받침해준다. 그렇다면 왜 약 설명서 안에 단순한 자극으로부터 사망에 이르는 수많은 부작용에 대한 설명이 그렇게 많이 들어 있는지를 알 수 있다. 특정 단백질의 기능이상을 치료할 목적으로 약을 투여하면, 이 약은 어쩔 수 없이 적어도 하나 또는 여러 가지 다른 단백질과 상호작용할 수밖에 없다.

약의 부작용 문제가 더욱 복잡해지는 이유는 생체시스템이 중복적이기 때문이다. 같은 신호나 단백질 분자라도 서로 다른 조직 또는 기관에서 동시에 쓰이면 완전히 다른 기능을 수행할 수 있다. 예를 들어 심장의 신호전달 경로에 발생한 이상을 교정하기 위해 약을 처방했다고 하자. 이 약은 혈액을 타고 전신으로 퍼진다. 이 "심장약"은 뇌가 공교롭게도 문제의 신호전달 경로를 구성하는 요소를 함께 쓰고 있을 경우 본의 아니게 신경계의 기능을 교란할 수 있다. 시스템이 중복적이라는 사실로 인해 처방된 약의 효과가 엉뚱한 데서도 나타날 수 있지만 이 중복성은 진화의 놀라운 효율성을 보여주는 또 한 가지 예이다. 다세포 생물은 과거의 과학자들이 생각했던 것보다 훨씬 더 적은 수의 유전자로 살아갈 수 있다. 왜냐하면 똑같은 유전자의 산물(단백질)이 다양한 기능에 쓰이기 때문이다. 이는 마치 알파벳의 스물여섯 자를 가지고 영어의 수십만 개 단어를 만들어내는 것과도 같다.

인간의 혈관 세포를 연구하는 과정에서 나는 중복적인 신호 경로로 인해 발생하는 한계를 직접 목격했다. 인체에서 히스타민은 세포의 스트레스 반응을 시작하는 중요한 화학신호이다. 팔다리에 영양소를 공급하는 혈액 속에 히스타민이 들어 있으면 스트레스 신호로 인해 혈관벽에 큰 통로가 생긴다. 이렇게 통로가 열리는 것은 국소적인 염증반응의 첫 단계이다. 그러나 히스타민이 뇌혈관에 존재하면, 아까와는 달리 뇌세포로 가는 영양의 흐름을 늘려서 뇌세포의 성장과 고유 기능의 수행을 돕는다. 스트레스가 발생할 경우 이렇게 히스타민에 의해 늘어난 영양공급 덕분에 뇌는 활동이 더욱 활발해져 코앞에 다가온 비상사태에 더 잘 대처할 수 있게 된다. 이는 똑같은 히스타민이라도 신호가 어디에서 발사되는가에 따라 완전히 서로 반대인 두 가지 효과를 내는 좋은 예이다(Lipton, et al, 1991).

인체의 복잡한 신호체계에서 가장 두드러진 특징은 신호가 특정 부위에 대해 한정된 시간 동안만 작용한다는 사실이다. 예를 들어 옻이 올라 팔에 두드러기가 났다고 하자. 그 부위가 참을 수 없이 가려워지는 이유는 옻의 알레르기원에 대해 염증반응을 일으키는 신호물질인 히스타민이 방출되기 때문이다. 온몸을 가렵게 만들 필요는 없기 때문에 히스타민은 두드러기가 난 부위에서만 방출된다. 마찬가지로 사람이 스트레스 상황에 직면하면 뇌에서 방출되는 히스타민은 신경조직으로 가는 혈액의 양을 증가시켜 생존에 필요한 신경반응 능력을 강화한다. 그런데 뇌에서 방출되는 히스타민은 신경조직에만 한정될 뿐 인체의 다른 부위에까지 염증반응을 일으키지는 않는다. 그러므로 히스타민은 필요한 곳에서, 필요한 기간만큼만 방출된다.

그러나 제약회사에서 만든 약에는 대부분 이런 성질이 없다. 그래서 알레르기로 인한 가려움증을 해결하려고 항히스타민제를 먹으면 약효가 온몸으로 퍼진다. 온몸에 걸쳐 히스타민 수용기에 영향을 끼친다는 뜻이다. 물론 항히스타민제는 혈관의 염증반응을 줄여서 알레르기 증상을 크게 완화할 수 있다. 그러나 이 항히스타민제가 뇌로 들어가면 본의 아니게 신경조직으로 가는 혈액의 양을 바꾸어 결국 신경기능에 영향을 미친다. 이 때문에 처방 없이 살 수 있는 항히스타민제를 먹은 사람은 알레르기 증상은 완화되지만 졸음이라는 부작용을 겪을 수밖에 없다.

이러한 약물치료의 부정적 사례로는 호르몬 대체요법(HRT)과 관련하여 사람을 무기력하게 하거나 심지어 생명을 위협하는 부작용을 들 수 있다. 에스트로겐은 여성의 생식기의 기능에 작용하는 것으로 가장 널리 알려져 있다. 그러나 전신에 분포한 에스트로겐 수용기에 관한 최근 연구 결과에 따르면 에스트로겐 및 이들과 결합하는 에스트로겐 신호분자들은 혈관, 심장, 뇌의 정상적 기능에 중요한 역할을 한다는 사실이 밝혀졌다. 그래서 의사들은 여성의 생식기의 기능이 정지됨에 따라 발생하는 폐경기 증후군을 완화시키려는 목적으로 통상적으로 합성 에스트로겐을 처방하기에 이르렀다. 그러나 인공적으로 합성된 에스트로겐은 원래 의도한 조직에만 작용하지 않는다. 합성 에스트로겐은 심장, 혈관, 신경계에 분포한 에스트로겐 수용기에 영향을 주고 이들을 뒤흔들어놓는다. 합성 호르몬 대체요법은 뇌졸중 같은 신경계 기능이상 또는 심혈관 질환 등의 부작용을 일으키는 것으로 드러났다(Shumaker, et al, 2003; Wassertheil-Smoller, et al, 2003; Anerson, et al, 2003; Cauler, et al, 2003).

호르몬 대체요법에서 본 것처럼 약에 의한 부작용은 의료행위의 결과 발생한 질병에 따른 사망에서 중요한 위치를 차지한다. 「미국의학협회저널」에 발표된 추계치를 보면, 의료 행위로 인한 질병은 미국에서 세 번째로 큰 사망원인이다. 매년 120,000명의 사람들이 처방에 따라 투여한 약의 부작용으로 사망한다(Starfield 2000). 작년에는 10년에 걸친 정부 통계를 분석한 결과가 나왔는데, 여기 나온 수치는 더욱 음울하다(Null, et al, 2003). 이 연구에 따르면 진료행위의 결과 발생한 질병이 사실상 미국에서 "가장 중요한" 사인이며, 처방약의 부작용으로 사망하는 사람은 매년 300,000명에 이른다고 지적했다.

경악할 만한 통계수치이다. 특히 지난 3,000년간에 걸친 우주에 대한 깊은 통찰에 바탕을 두고 있는 동양의학을 비과학적이라고 매도해온 서양의학의 현주소가 이렇다는 사실은 실망스럽다. 서양의 과학자들이 양자물리학의 법칙을 발견하기 전 수천 년에 걸쳐 동양 사람들은 건강과 행복의 주된 요인으로 에너지를 중요시해왔다. 동양의학에서 인체는 에너지 통로의 정교한 네트워크인 경락으로 덮여있다. 중국 사람들이 그려놓은 인체도를 보면 이 네트워크는 마치 전기 배선도처럼 보인다. 마치 전기기술자가 회로기판 상의 전기적 "병변"을 찾아내어 이를 "해결"하는 것과 똑같이 중국 의사들은 환자의 에너지 회로를 침을 이용하여 시험해본다.

의사와 제약업계

물론 나는 수천 년 된 동양의학의 지혜를 존경하지만, 그렇다고 해서 매년 환자를 죽음으로 이끄는 처방을 수없이 써내는 의사들을 비난하고 싶지도 않다. 사실 의사들은 의학자로서의 지성과 기업의 이익이라는, 서로 상충하는 개념 사이에 끼어 있다. 의사들은 거대한 의약산업의 부품에 불과하다. 환자를 치료하는 의사들은 뉴턴적, 유물론적 우주관에 바탕을 둔 낡아빠진 의학교육에 손발이 묶여 있다. 그러나 이러한 우주관은 75년 전 물리학자들이 양자역학을 공식적으로 채택

함과 동시에 우주는 사실상 에너지로 되어 있음을 인정하면서 낡은 것이 되어버렸다.

　의대를 졸업하고 나서도 의사들은 제약회사 직원들로부터 이들 업체의 제품에 대해 지속적으로 교육을 받는다. 이 직원들은 말할 것도 없이 거대 제약회사 업체의 심부름꾼들이다. 전문가가 아닌 이들의 1차적 목표는 제품을 팔고 의사들에게 새로운 약의 효능에 대한 "정보"를 제공하는 것이다. 제약회사들은 무료로 이러한 "교육"을 제공하여 의사들이 자사 제품을 환자에게 "권유"하도록 설득한다. 이렇게 미국에서 대량으로 처방되는 약은 모든 의사가 하는 히포크라테스 선서에 나오는 "첫째로 환자에게 어떤 해도 끼치지 않을 것"이라는 조항에 대한 명백한 위반이다. 제약회사들은 미국인들을 처방약이라면 아무거나 삼키는 사람들로 세뇌시켜왔고 그 결과는 비극적이다. 이제 한 걸음 물러서서 양자역학이 발견한 사실을 의학에 접목해야 한다. 그래야 자연의 법칙에 순응하는, 새롭고도 안전한 의료 시스템을 확립할 수 있다.

물리학과 의학: 시간의 문제와 돈의 문제

양자역학을 수용한 물리학계는 놀라운 연구 성과를 쏟아냈다. 양자의 세계가 온 인류에게 자신의 존재를 일깨워준 사건은 1945년 8월 6일에 일어났다. 그날 히로시마에 투하된 원자폭탄은 양자이론을 응용하면 얼마나 엄청난 힘이 나오는지를 생생히 보여주었고, 이때 원자 시대의 문이 열렸다. 건설적인 측면을 보자면 양자역학은 정보시대의 기반을 이루는 전자혁명도 가능하게 해주었다. 텔레비전, 컴퓨터, CT 스캔, 레이저, 쾌속선, 휴대폰 등은 모두 양자역학 응용의 산물이다.

그러나 양자혁명으로 인해 의학에 눈부신 발전이 일어난 적이 있는가? 중요도에 따라 이러한 사건의 명단을 작성해보자.

명단은 아주 짧다. 하나도 없으니까.

내가 양자역학의 원칙을 의학에 적용해야 한다고 강조하기는 하지만 이제까지 뉴턴의 법칙에 바탕을 두고 의학이 올린 연구 성과와 소중한 교훈을 포기하자고 주장하는 것은 아니다. 새로운 양자역학의 법칙은 고전물리학의 성과를 부정하지 않는다. 행성들은 여전히 뉴턴의 수학이 예측한 궤도를 따라 회전하고 있다. 두 가지 물리학의 차이는 양자역학이 특정하게 분자와 원자의 세계에 적용되는 반면 뉴턴의 법칙은 좀 더 거대한 수준의 대상, 예를 들어 기관계라든가 인체, 인간의 집단에 적용된다. 거시적 차원에서 어떤 질병, 이를테면 암이 발생했다는 사실은 종양을 눈으로 보거나 만져서 알 수 있다. 그러나 분자 차원에서 보면 암의 과정은 문제가 발생한 전구세포 내에서 시작된 것이다. 사실 대부분의 생물학적 기능이상은 (신체적 외상으로 인한 상처의 경우를 제외하면) 세포의 분자 및 이온 차원에서 시작된다. 그래서 양자물리학과 뉴턴의 물리학을 모두 아우르는 생물학이 필요한 것이다.

그런데 고맙게도 선견지명을 가지고 이러한 통합의 필요성을 역설한 생물학자들이 있다. 이미 40여 년 전에 유명한 노벨상 수상자인 생리학자 알베르트 센트 기외르기는 『아(亞)분자 생물학 입문』이라는 책을 출판했다(Szent-Györgyi 1960). 이 책에는 생명과학자들에게 양자물리학의 중요성을 가르치려는 저자의 고귀한 뜻이 담겨 있다. 그러나 뉴턴적 우주관에 사로잡혀 있던 그의 동료들은 이 책을 한때 총명했지만 이제는 노망이 나버린 늙은이의 헛소리로 치부하면서 뛰어난 동료를 "잃었다"고 한탄했다. 주류 생물학자들은 이 책의 중요성을 깨닫지 못하고 있었지만 여러 가지 연구 결과를 보면 조만간 이들도 이 책을 인정할 수밖에 없다. 왜냐하면 압도적인 과학적 증거가 낡은 유물론적 패러다임을 허물고 있기 때문이다. 생명의 기본물질인 단백질 분자의 움직임을 기억하는가. 과학자들은 뉴턴 물리학의 법칙을 이용하여 이들의 움직임을 예측해보려고 했지만 허사였다. 여기까지 읽은 독자는 그 이유를 쉽게 예측할 수 있을 것이다. 2000년에 「네이처」지에 게재한 논문에서 포프리스틱과 굿맨은 뉴턴의 법칙이 아닌 양자물리학의 법칙이 어떤 분자의 생명활동을 지배한다는 사실을 보여주었다(Pophristic and Goodman 2001).

이 획기적인 연구 성과를 검토한 생물물리학자 와인홀드는 이렇게 결론지었다. "과학자들은 분자 차원의 조절장치가 어떻게 작동하는가에 대해 양자역학적 시각을 갖춰야 한다. 그런데 언제쯤 되어야 화학교과서가 이를 이해하는 데 방해가 되지 않고 도움이 될 것인가?" 계속해서 그는 이렇게 강조한다. "많은 분자가 이리저리 꼬이고 접혀 복잡한 형태가 되는 데 작용하는 힘은 무엇인가? 유기화학 교과서를 들춰봐야 답은 나오지 않을 것이다"(Weinhold 2001). 그러나 유기화학은 의학에 기계론적 기반을 제공한다. 그리고 와인홀드가 지적한 것처럼 유기화학은 너무나 시대에 뒤떨어져서 양자역학을 알아보지 못하고 있다. 재래식 방법에 매달리는 의학자들은 생명현상을 일으키는 진정한 힘인 분자 차원의 메커니즘을 전혀 이해하지 못했다.

지난 50년간 밝혀져온 무수한 연구 결과는 전자기 스펙트럼 상의 파동이 갖는 "보이지 않는 힘"이 생체 조절의 모든 측면에 큰 영향을 미치고 있음을 보여준다. 이러한 에너지에는 마이크로웨이브, 라디오파, 가시광 스펙트럼, 극저주파, 음파, 그리고 새로이 알려진 힘인 스칼라 에너지 등이 있다. 전자파의 어떤 주파수와 패턴은 DNA, RNA를 조절하며, 단백질의 합성도 조절한다. 이 밖에도 단백질의 형상과 기능을 변화시키고, 유전자의 조절작용을 통제하며 세포분열, 세포의 분화, 형태형성(세포가 모여 기관과 조직을 이루는 과정), 호르몬 분비, 신경성장 및 기능을 조절한다. 이들은 각각 세포 차원의 활동은 생명의 유지를 돕는 데 있어 기본적인 활동이다. 이러한 연구 성과는 몇몇 가장 존경 받는 주류 의학저널에 수록되었지만, 이들의 혁명적인 성과는 아직도 의대 교육과정에 반영되지 않고 있다(Liboff 2004; Goodman and Blank 2002; Sivitz 2000; Jin, et al, 2000; Blackman, et al, 1993; Rosen 1992; Blank 1992; Tsong 1989; Yen-Patton, et al, 1988).

40년 전에 옥스퍼드 대학의 생물물리학자인 맥클레어는 생체 내에서 에너지 신호와 화학적 신호 사이의 정보전달 효율을 비교해보았다. "생체 에너지의 공명"이라는 제목의 이 중요한 연구 성과는 「뉴욕과학아카데미 연보」에 게재되었다. 그의 연구 결과는 주변 환경으로부터의 정보를 전달하는 데 있어 전자기파 같은 에너지 신호의 메커니즘이 호르몬, 신경전달물질, 성장인자 등의 물리적 신호보다 100배 정도 효율적임을 보여주고 있다(McClare 1974).

에너지 신호가 훨씬 더 효율적이라는 사실은 놀랄 일이 아니다. 물리적 분자의 경우 전달 가능한 정보는 분자의 가용에너지에 직결되어 있다. 그러나 정보를 전달하려면 화학결합이 이루어져야 하는데, 화학결합이 이루어지고 풀리는 과정에서 열이 발생하기 때문에 대량의 에너지가 손실된다. 이렇게 열을 발생시키면 화학결합이 분자의 에너지 대부분을 낭비해버리기 때문에, 여기서 남은 작은 에너지를 가지고 신호의 형태로 전달할 수 있는 정보의 양은 한정될 수밖에 없다.

살아 있는 유기체는 생명을 유지하기 위해 주변환경으로부터 신호를 받고 이를 해석해야 한다는 사실을 우리는 알고 있다. 사실 생명체의 생존은 신호전달이 얼마나 신속하고 효율적으로 이루어지느냐에 직결되어 있다. 전자기 에너지는 1초에 300,000킬로미터의 속도로 전달되는 데 반해 화학적 확산에 의한 속도는 초속 1센티미터도 못 된다. 그러니까 에너지 신호는 화학적 신호보다 100배나 더 효율적임과 동시에 속도는 무한히 더 빠르다는 뜻이다. 수십 조 개의 세포로 이루어진 인간의 몸은 어떤 신호전달 형태를 더 좋아할까? 계산해보라!

의약품

에너지 연구가 이제껏 무시되어온 가장 큰 이유는 돈 때문이라고 나는 생각한다. 수조 달러를 움직이는 제약업체는 화학물질의 형태를 갖춘 특효약의 연구에 엄청난 예산을 쏟아붓고 있는데, 이는 알약을 만들면 돈이 되기 때문이다. 에너지 치료법이 알약의 형태로 나올 수 있다면 제약업체는 즉시 관심을 가질 것이다.

그러나 이렇게 하는 대신 제약업체들은 가상의 표준을 정해놓고는 생리 또는 행동의 측면에서 이로부터 벗어나는 현상을 질병이나 이상으로 규정짓는다. 그리고 일반 대중을 향하여 이러한 위협적인 질병이나 이상의 위험에 대해 이야기한다. 물론 제약회사들은 광고에서 이런저런 증상을 지나치게 단순화해서 그려내며, 대중은 이것을 보고 '내가 이 병에 걸렸구나' 하고 생각해버린다. "걱정되세요? 걱정은 공포증후군이라는 '질병'의 주요 증상입니다. 걱정 그만 하시고 병원에 가서 원기를 되찾아주는 어덕타작(저자가 만든 가상의 약물 이름-옮긴이)을 달라고 하세요."

반면 언론은 불법 의약품의 위험 쪽으로 사람들의 주의를 돌려 처방약에 의한 사망의 문제를 아예 피해간다. 이들은 인생의 문제를 약으로 피해가는 것은 문제를 해결하는 방법이 아니라며 대중을 비난한다. 웃기는 얘기다. 합법적 의약품의 남용 때문에 생기는 문제를 내가 같은 방식으로 지적하려던 참이었는데 말이다. 합법적 의약품은 위험한가? 작년에 죽은 사람들에게 물어보라. 처방약을 써서 증상을 없애버리면, 당초에 이 증상이 생기는 데 나 스스로가 원인 제공을 했다는 사실을 무시해버릴 수 있다. 그러니까 처방약을 남용하면 우리 자신의 책임감을 피해갈 수 있다는 뜻이다.

이런 식으로 약에 탐닉하는 사람들의 모습을 보면 내가 대학원 시절에 일하던 자동차 판매 대리점이 떠오른다. 금요일 오후 네 시 반에 격분한 여성 하나가 대리점으로 들어섰다. "엔진 점검등"이 자꾸 깜박거린다는 것이었는데, 벌써 이것 때문에 몇 번 수리를 받았다는 것이었다. 금요일 오후 네 시 반에 이런 문제를 가지고 성난 고객과 씨름하고 싶은 사람이 어디 있겠는가. 다들 입을 다물고 있는데 정비사 하나가 나섰다. "제가 고쳐드리지요." 그는 차를 뒤쪽 정비소로 끌고 가 계기판을 열어 문제의 램프를 꺼내 내던져버렸다. 그러고는 콜라 캔을 따고는 담배를 피워 물고 적당히 시간을 보냈다. 이 정도 시간을 끌었으면 됐다는 생각이 들자 정비사는 사무실로 돌아와 고객에게 수리가 끝났다고 말했다. 경고등이 이제 깜박거리지 않는 것에 신이 나서 여성은 지는 햇살 속으로 사라져갔다. 문제는 여전히 있었지만 증상은 사라진 것이다. 마찬가지로 화학적 의약품은 인체의 증상을 억누를 뿐이지 대부분의 경우 근본적인 문제를 해결하지는 못한다.

그런데 세상이 바뀌었다고 독자 여러분은 말할 것이다. 사람들은 약의 위험에 대해 더 많이 알게 되었고 대체의학을 더 잘 받아들이고 있다. 미국인의 절반이 대체의학 시술자를 찾고 있는 현실 속에서 의사들은 이제 더 이상 모래 속에 머리를 쑤셔 박고 대체의학이 사라지기를 기다릴 수 없게 되었다는 뜻이다. 심지어 보험회사도 과거에는 돌팔이로 매도하던 시술자들의 진료행위에 대해 보험료를 지급하기 시작했고, 주요 대학병원에서는 숫자는 적으나마 이런 시술자들을 고용하고 있다.

그러나 오늘날까지도 대체의학의 효과를 제대로 평가하려는 체계적인 과학적 노력은 거의 이루어지지 않고 있다. 미 국립보건원이 대중의 압력 때문에 대체의학 담당 부서를 설치한 것은 사실이다. 그러나 이는 대체의학에 많은 돈을 쓰고 있는 소비자들과 운동가들을 달래기 위한 제스처일 뿐이다. 에너지 의학 연구를 제대로 진행하기 위한 기금은 없다. 과학적 연구 성과에 의해 뒷받침되지 않는다면 에너지에 기반을 둔 치료법은 공식적으로 "비과학적"이라는 딱지가 붙을 수밖에 없다.

좋은 파동, 나쁜 파동, 에너지의 언어

전통적 의학은 생체 내에서의 "정보"와 관련하여 에너지가 수행하는 역할에 대해 아직 관심을 두지 않으면서도, 이러한 에너지의 장(場)을 읽어내는 비침습적 스캐닝 기술을 기꺼이 받아들였다. 양자물리학자들은 특정한 화학물질이 방출하는 주파수를 분석하는 에너지 스캐닝 장비를 개발했다. 이러한 장치를 활용하여 과학자들은 어떤 물질 또는 대상의 분자 조성을 확인할 수 있다. 의사들은 이러한 장비를 응용하여 인체의 조직과 기관이 방출하는 에너지 스펙트럼을 읽어낸다. 에너지 장은 인체 속으로 쉽게 들어갈 수 있기 때문에 컴퓨터 단층촬영장치(CT), 자기공명영상장치(MRI), 양전자방출 단층촬영장치(PET) 등 현대식 장비를 이용하면 비침습적인 방법으로 질병을 탐색할 수 있다. 의사들은 이렇게 얻어낸 영상 속의 건강한 조직과 질병 조직 사이의 에너지 특성을 구별하여 질병을 진단해낼 수 있다.

앞에서 예로 든 에너지 스캔을 보면 유방암이 있다는 사실이 드러난다. 암에 걸린 조직은 독특한 에너지 패턴을 방출하며, 이 패턴은 주변의 건강한 세포가 방출하는 에너지 패턴과 다르다. 우리의 몸을

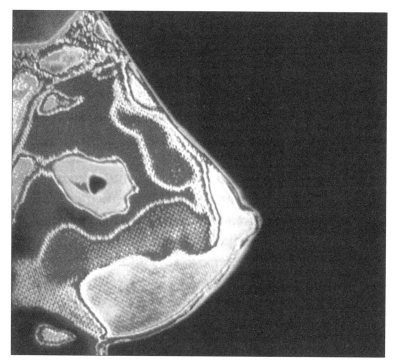

그림 4-4 | 유방 조영상. 위 영상은 유방의 세포와 조직에서 방출되는 에너지의 특징을 스캔해서 만든 전자영상이다. 에너지 스펙트럼의 차이를 통해 방사선 의학자들은 건강한 조직과 병든 조직(가운데 검은 점)을 구별해낼 수 있다.

통과하는 에너지 패턴은 마치 연못에 이는 잔물결 같은 모습으로 공간을 이동해간다. 연못에 돌을 던지면 떨어지는 돌이 갖는 "에너지(돌을 지구의 중심으로 당기는 중력의 힘으로 인해 생긴 에너지)"가 물로 전달된다. 그러므로 돌멩이가 일으킨 물결은 사실상 물을 통해 전파되는 에너지의 파동이다.

동시에 여러 개의 돌을 물로 던지면 퍼져나가는 물결(에너지의 파동)은 서로 간섭을 일으키고, 그 결과 두 개 또는 세 개의 물결이 합쳐져

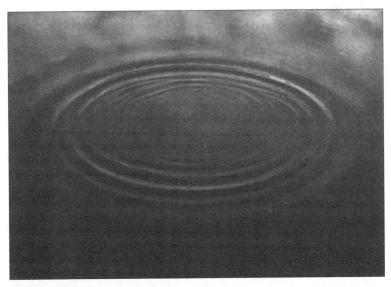
그림 4-5

합성파를 만든다. 간섭으로 인해 에너지는 더 강해지기도 하고 상쇄
되기도 한다.

　같은 크기의 돌 두 개를 같은 높이에서 정확히 똑같은 순간에 떨어
뜨리면 이들이 일으키는 물결은 하나로 모인다. 파동이 겹치면서 둘
의 합쳐진 힘은 두 개가 되는데, 이러한 현상을 보강간섭 또는 "조화
로운 공명"이라고 부른다. 그러나 돌이 떨어지는 시간이 다르면 에너
지 파동도 일치하지 않는다. 하나의 파동이 올라갈 때 나머지는 내려
간다. 이렇게 해서 둘이 만나는 지점에서는 에너지의 파동이 상쇄된
다. 방금 설명한 보강간섭의 경우와는 달리 물은 고요한 채로 남아 있
다. 어떤 에너지 파동도 없다는 뜻이다. 이러한 현상을 소멸간섭이라
고 부른다.

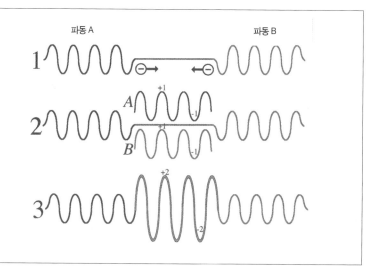

그림 4-6 | 보강간섭. 위의 그림 1은 두 개의 파도가 수면을 가로질러 서로를 향해 움직여가는 모습을 보여준다. 그림에서처럼 파동 A와 B는 둘 다 골짜기를 선두로 한 채 상대방을 향해 나아간다. 그러므로 이들의 파동 패턴은 일치한다. 두 개의 선두가 만나면서 두 파도는 합쳐진다. 이렇게 합쳐지는 과정의 결과를 보여주기 위해 그림 2에서는 각각의 파도를 위아래로 그려놓았다. 여기서 A의 진폭은 +1의 값을 가지며, B의 진폭도 역시 +1이다. 이 둘이 합쳐지는 지점에서는 진폭이 +2가 된다. 마찬가지로 A가 −1인 지점에서 B도 −1이기 때문에 합성된 파동의 진폭은 −2가 된다. 이렇게 해서 진폭이 커진 파동의 모양이 그림 3에 나와 있다.

에너지 파동의 움직임은 의학에서 중요하다. 왜냐하면 진동주파수가 어떤 원자의 물리적 및 화학적 성질을 변화시킬 수 있기 때문인데, 이는 히스타민과 에스트로겐 같은 물리적 신호가 변화를 일으키는 것만큼이나 분명하다. 원자는 끊임없이 움직이고 있기 때문에(원자의 운동은 진동을 바탕으로 측정할 수 있다) 앞서 말한 돌이 일으키는 물결이 퍼져가는 것과 비슷한 파동 패턴을 만들어낸다. 각각의 원자는 저마다 독특하다. 왜냐하면 양전하와 음전하의 분포, 스핀값에 따라 특정한 진동 또는 주파수 패턴이 생기기 때문이다(Oschman 2000).

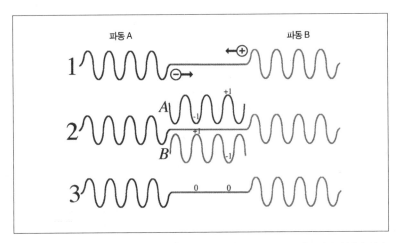

그림 4-7 | 소멸간섭. 그림 1에서, 첫번째 돌이 일으킨 물결에는 파동 A라는 이름이 붙어 있다. 파동 A는 왼쪽에서 오른쪽으로 움직여간다. 반면 오른쪽에서 왼쪽으로 움직여가는 파동 B는 첫 번째 돌이 떨어지고 나서 얼마 후에 떨어진 돌로 인해 생긴 파동이다. 돌이 물에 동시에 떨어지지 않기 때문에 이 둘이 만났을 때 이들이 일으키는 파동은 꼭대기와 봉우리가 일치하지 않는다. 즉 "위상반전" 상태가 된다. 위 그림에서 파동 A의 선두는 골짜기이고 파동 B의 선두는 꼭대기이다. 그림 2에서처럼 이들이 만나면 파동의 진폭이 +1인 부분이 상대편 파동의 진폭이 −1이 되는 부분과 마주친다. 그림 3에서처럼 각 파동의 진폭값은 서로를 상쇄하며, 따라서 두 개의 파동을 합성한 진폭의 값은 0이 된다. 즉 평평해진다는 뜻이다.

  과학자들은 원자의 에너지 파동을 이용하여 원자가 운동을 그치고 제자리에 멈추도록 하는 방법을 알아냈다. 우선 특정한 원자의 주파수를 알아낸 뒤 같은 주파수를 가진 레이저를 조사(照射)한다. 원자와 레이저 광선은 같은 파형을 방출하지만 여기서 레이저의 파동은 원자의 파동과 위상반전을 이루도록 설계되어 있다. 레이저의 파동이 원자의 파동과 만나면 소멸간섭이 일어나 원자의 진동이 사라지고 따라서 원자는 회전을 멈춘다(Chu 2002; Rumbles 2001).
  반대로 원자를 정지시키기보다는 활성화시키고 싶으면 조화로운 공명을 만들어내는 진동을 찾으면 된다. 이러한 진동은 전자기파일 수도 있고 음파일 수도 있다. 예를 들어 엘라 피츠제럴드처럼 뛰어난 성악가가 크리스털로 된 와인 잔 속의 원자와 조화로운 공명을 이루는 높이의 음을 계속해서 내면 술잔의 원자가 그녀에게서 나오는 음파를 흡수한다. 이렇게 되면 보강간섭이 일어나고, 추가된 음파의 에너지로 인해 와인 잔의 원자는 더욱 빨리 진동한다. 결국 이 원자들은 너무나 많은 에너지를 흡수한 결과 진동속도가 아주 빨라져서 끝에 가서는 이들을 한데 묶어놓는 결합이 풀릴 정도에 이른다. 이렇게 되면 잔이 터져버린다.

의사들은 보강간섭의 원리를 이용하여 신장결석을 치료하는데, 이는 양자물리학의 법칙이 현대 의학에서 치료용으로 활용되는 드문 경우이다. 신장결석은 결정체로, 이 속의 원자들은 특정한 주파수에 반응하여 진동한다. 의사는 수술을 하지 않고도 조화로운 공명을 일으키는 주파수를 신장 속의 돌에 조사(照射)한다. 이 파동의 에너지가 돌 속의 원자와 상호 반응하면 보강간섭이 일어난다. 앞에서 예로 든 크리스털 와인 잔의 경우처럼 신장 속의 돌 안의 원자는 너무나 빨리 진동하여 결국 폭발한 뒤 녹아버린다. 이렇게 되면 폭발하지 않은 채 버티고 있는 거대한 돌을 꺼낼 때의 극심한 고통을 겪지 않고도 작은 조각들을 배설계를 통해 몸 밖으로 내보낼 수 있다.

음파가 와인 잔이나 신장결석을 깨뜨리도록 해주는 조화로운 공명의 메커니즘을 이용하면 인체의 화학적 기능에도 비슷한 방법으로 영향을 미칠 수 있으리라는 생각도 든다. 그러나 생물학자들은 새로운 약품을 개발하는 일에는 열심이었던 반면 이러한 메커니즘을 탐구하는 데는 별로 주의를 기울이지 않았다. 화학적 구조를 약으로 조절하는 것과 똑같은 방법으로 특정한 파형을 치료 목적으로 쓸 수 있다는 과학적 증거가 충분한 오늘날, 이는 참으로 안타까운 노릇이다.

의학에서 전기치료가 광범위하게 활용되던 시절도 있었다. 19세기 말에 배터리를 비롯하여 전자기장을 생성하는 장치가 개발되자 병을 치료한다는 간판이 붙은 기계가 여기저기서 나타나기 시작했다. 대중은 방사감지라는 이름이 붙은 새로운 치료법의 시술자를 찾고 있었다. 그리고 이러한 장치의 효험이 뛰어나다는 이야기가 퍼져갔다. 이들 장비는 워낙 인기가 높아 잡지에 이런 광고가 실릴 정도였다. "방사감지, 직접 해보십시오! 9.99달러밖에 안 합니다. 설명서가 따라갑니다!" 1894년이 되자 10,000명 이상의 미국 의사들, 그리고 스스로 사용법을 터득한 수많은 일반 소비자에 이르기까지 많은 사람들이 정기적으로 전기치료법을 사용했다.

1895년이 되자 D. D. 파머라는 사람이 카이로프랙틱이라는 분야를 열었다. 파머는 신경계를 흐르는 에너지가 건강에 매우 중요하다는 사실을 알았다. 그는 척수신경이 온몸에 정보를 전달하는 통로인 척추에 초점을 맞추었다. 그는 척추에 걸리는 장력과 압력을 조절하여 정보의 흐름을 짐작하고 조정하는 기법을 개발했다.

이렇게 되자 의학계는 파머의 카이로프랙틱뿐만 아니라 동종요법, 방사감지 등 약품에 의존하지 않고 자기들의 돈벌이를 방해하는 치료법에 대해 위협을 느끼기 시작했다. 1910년에 발표한 플렉스너 보고서에서 카네기 재단은 모든 의료행위가 입증된 과학에 바탕을 두어야 한다고 주장했다. 당시에는 의학계가 아직 양자물리학의 세계

154

를 알지 못했기 때문에 에너지 의학은 그때의 과학으로는 이해할 수가 없었다. 미국 의사협회의 비난을 받은 카이로프랙틱 및 기타 에너지 기반 치료법들은 오명을 뒤집어썼다. 방사감지 시술자들은 완전히 사라졌다.

지난 40년간 카이로프랙틱은 질병 치료에서 자신의 영역을 크게 넓혀갔다. 1990년에 미국 의사협회가 카이로프랙틱이라는 분야를 파괴하려는 불법적 시도를 한 데 대해 유죄 판결을 받음과 동시에 카이로프랙틱 시술자들은 치료를 독점한 전통적 의학과의 기나긴 법정 투쟁에서 승리를 거두었다. 그때부터 지금까지 카이로프랙틱은 영향권을 계속 확장하고 있으며, 심지어 일부 병원에서는 이를 수용하기도 했다. 전기치료는 굴곡이 많은 과정을 거쳐왔지만, 신경과학자들은 오늘날 진동에너지 치료라는 분야에서 놀라운 연구를 수행하고 있다.

학자들은 오래 전부터 뇌를 전기적 기관으로 생각해왔다. 바로 이 때문에 옛날부터 전기충격요법이 우울증 치료에 쓰여온 것이다. 그러나 오늘날 과학자들은 이렇게 전기와 밀접한 관계가 있는 뇌를 치료하는 데 있어 덜 침습적인 방법을 연구하고 있다. 최근 「사이언스」지에 발표된 논문은 경두개자기자극술(TMS)의 효과를 다루고 있다. TMS는 자기장을 이용하여 뇌를 자극하는 방법이다(Helmuth 2001; Hallet 2000). TMS는 전통적 의학에 의해 매도된 바 있는 19세기의 방사감지 치료의 업데이트된 버전이다. 새로운 여러 가지 연구 결과는 TMS가 강력한 치료수단이 될 수 있는 방향을 가리키고 있다. 적절히 사용하면 우울증을 줄여줄 수 있고 인지를 변화시킬 수 있다.

이렇게 전망이 밝으면서도 연구는 되지 않은 분야를 들여다보기 위해 양자물리학, 전기공학, 화학, 생물학 등을 아우르는 여러 분야 간의 공동연구가 절실하다는 사실은 분명하다. 이러한 연구 결과 탄생한 치료법은 화학적 의약품보다 부작용이 훨씬 적을 가능성이 높으므로 특별히 환영 받을 것이다. 그러나 이 연구는 뭔가 새로운 것을 찾아낸다기보다는 과학자들도 문외한들도 이미 "알고 있지만" 알고 있다는 사실을 스스로 깨닫지 못하고 있는 현상을 분명히 드러낼 것이다. 이 현상은 인간을 비롯한 모든 유기체는 에너지장(場)을 분석하여 환경으로부터 들어오는 신호를 읽고 환경과 소통하는 현상이다. 인간은 음성언어와 문자언어에 너무 심하게 기대고 있는 나머지 에너지를 감지하여 소통하는 시스템을 등한시해왔다. 모든 생물학적 기능과 마찬가지로 이 기능도 사용하지 않으면 무기력해진다. 흥미롭게도 세계 각지의 원주민들은 아직도 이러한 초감각적 능력을 일상생활에서 활용한다. 이들에게는 "감각"이 무기력해지는 일이 없다. 예를 들어 호주 원주민들은 모래 속 깊은 곳에 숨어 있는 물을 감지해내며, 아마존의 샤먼(주술사)들은 약용식물의 에너지와 교감한다.

독자 여러분도 가끔 이러한 감각 메커니즘을 느껴보았을 것이다. 밤에 어두운 길을 걸어가는 데 갑자기 기운이 쭉 빠지는 느낌이 든 적이 있는가? 이것은 무엇일까? 소멸간섭, 즉 시간차를 두고 물에 떨어진 돌이 일으키는 물결 같은 것이고, 쉽게 말하면 나쁜 파동이다. 인생에서 중요한 사람을 우연히 만나 온몸에 에너지가 넘쳐흐르는 것을 느낀 적이 있는가? 이것은 보강간섭이며, 좋은 파동이다.

인체가 단순한 물질에 불과하다는 생각을 버리고 나니 내가 선택한

의학이라는 과학이 낡은 것일 뿐만 아니라 나 자신도 생활에서 보강 간섭을 더 많이 만들어내야 한다는 사실을 깨닫게 되었다. 양자물리학에 기초한 재충전이 필요했다는 뜻이다. 그때까지 나는 삶에서 조화로운 에너지를 끌어내어 집중하기보다는 아무렇게나 살며 에너지를 낭비하고 있었다. 이는 마치 한겨울에 창문과 문을 활짝 열어놓고 난방을 하는 것과도 같다. 나는 어디서 에너지가 낭비되는가를 꼼꼼히 살펴본 후 열린 문과 창문을 닫기 시작했다. 이 중 몇 개는 쉽게 닫을 수 있었다. 예를 들어 떠들썩한 교수파티처럼 에너지를 소비하는 행동을 그만두기는 쉬웠다. 그러나 내가 습관적으로 빠져들곤 했던 패배주의적 사고, 역시 에너지를 소비시키는 이 활동에서 빠져 나오기는 쉽지 않았다. 다음 장에서 보겠지만 생각도 달리기와 마찬가지로 에너지를 소비한다.

나는 양자역학으로 스스로를 재충전할 필요가 있었다. 그리고 의학도 재충전이 필요하다는 사실을 나는 분명히 밝혔다. 앞서 말한 것처럼 의료계에서는 서서히 변화가 일어나기 시작했다. 이러한 변화의 배후에는 대체의학 시술자를 과거 어느 때보다 더 많이 필요로 하는 소비자들이 존재한다. 여기까지 오는 데 매우 오래 걸리긴 했지만 양자론에 의한 생물학 혁명은 마침내 다가오고 있다. 의학계는 결국 몸부림치고 비명을 지르면서 양자혁명 속으로 끌려들어갈 수밖에 없을 것이다.

5장

생물학과 믿음

1952년에 어떤 젊은 영국 의사가 실수를 저질렀다. 이 실수로 인해 앨버트 메이슨이라는 의사는 짧은 동안이나마 과학자로서 명예를 누렸다. 메이슨은 최면술을 이용하여 15세 소년의 사마귀를 치료하려고 했다. 메이슨을 비롯한 몇몇 의사들은 이미 최면술을 써서 사마귀를 제거한 사례가 있었지만 이 환자는 특별히 힘든 환자였다. 소년은 가슴 부위의 피부만 정상일 뿐 나머지는 사람의 피부라기보다는 코끼리 가죽 같은 모습이었다.

일단 메이슨은 한쪽 팔에만 집중하여 최면술을 시술하기로 했다. 소년이 최면 상태에 들어가자 메이슨은 팔의 피부가 치료되어 건강하고 발그레한 피부로 바뀔 것이라고 소년에게 말했다. 일주일 후 병원을 다시 찾은 소년의 팔이 건강을 되찾은 것을 보고 메이슨은 만족스러웠다. 그러고 나서 메이슨은 소년을 처음 진단한 외과의사에게 보냈다. 이 의사는 소년에게 피부 이식을 하려 했으나 실패한 바 있었다. 그때 메이슨은 자신이 의사로서 실수를 저질렀음을 깨달았다. 소년의 팔을 본 외과의사는 눈이 휘둥그레졌다. 그리고 외과의사는 메이슨에게 소년의 문제가 사마귀가 아니라 치명적 유전질환인 선천성 어린선(魚鱗癬)이라는 사실을 이야기해주었다. "오직" 마음의 힘만으로 증상을 해결한 메이슨과 소년은 당시까지 불가능하다고 생각되었던 일을 성취한 것이다. 메이슨은 이 소년에 대해 최면술 치료를 계속했고 놀랍게도 소년의 피부는 대부분 첫 번째 최면술 시술로 치료된 팔과 비슷한 분홍색 피부로 돌아왔다. 그 전까지만 해도 기괴한 피부 때문에 학교에서 무자비하게 놀림을 당하던 소년은 정상적인 삶을 살기 시작했다.

1952년에 메이슨이 「영국의학저널」에 이 놀라운 어린선 치료결과를 발표하자 당장 센세이션이 일어났다(Mason 1952). 언론은 이를 대대적으로 다루었고 메이슨은 과거에 그 누구도 치료해본 적이 없는 이 치명적인 질병을 앓는 환자들로부터 연락을 받았다. 그러나 결국 최면술은 만병통치약이 아니었다. 메이슨은 몇몇 어린선 환자를 최면술로 치료하려고 했지만 앞에서 이야기한 소년에게서 거둔 결과를 전혀 재현하지 못했다. 메이슨은 치료가 실패한 이유를 자신의 믿음 탓으로 돌린다. 앞서 소년을 치료할 때 메이슨에게는 악성 사마귀를 치료한다는 젊은 의사로서의 자신만만함이 있었는데, 새로운 환자들 앞에서는 그러한 자신감을 되살릴 수 없었다. 어린선에 대해 모르는 상태에서 소년을 치료하고 난 뒤 메이슨은 의학계에서 "선천적이고, 치료가 불가능한" 질병으로 알려진 병과 자신이 마주서 있다는 사실을 알아버렸던 것이다. 메이슨은 치료가 잘될 것이라고 낙관하는 척했지만, 결국 〈디스커버리 헬스〉 채널에 출연해서 그것이 "연기였다"고 실토했다(Discovery Health Channel 2003).

어떻게 이런 식으로 마음이 유전자 프로그래밍을 압도할 수 있을 까? 그리고 치료효과에 대한 "메이슨의 신념"이 어떻게 치료결과에 영향을 미칠 수 있었을까? 새로운 생물학은 이러한 의문에 대해 몇 가지 답을 제시한다. 앞선 장에서 물질과 에너지가 서로 얽혀 있음을 보았다. 그렇다면 마음(에너지)과 몸(물질)도 비슷한 식으로 얽혀 있다 고 보는 것이 논리적인 귀결이다. 그럼에도 불구하고 서양의학은 수 백 년 동안 무모하게도 이를 따로 생각해왔다.

17세기에 르네 데카르트는 마음이 신체의 성질에 영향을 미친다는 생각을 부정했다. 데카르트는 신체는 물질로 되어 있고 마음은 정의 할 수는 없지만 분명히 비물질적인 어떤 것으로 되어 있다고 보았다. 마음의 본질을 파악할 수 없었기 때문에 데카르트는 해결 불가능한 철학적 난제를 남겼다. 물질만이 물질에 영향을 줄 수 있다면 비물질 인 마음이 어떻게 물질인 신체에 "연결"될 수 있는가? 1960년 이전에 길버트 라일은 자신의 저서 『마음의 개념』(Ryle 1949)에서 "기계 속의 유령"이라는 표현을 썼는데, 이 표현은 그때 이후 데카르트가 생각한 비물질적인 마음에 대한 정의로 널리 쓰여왔다. 우주는 오직 물질로 되어 있다는 뉴턴 식의 관념에 바탕을 둔 전통의학은 마음과 몸을 분 리하는 데카르트식 사고를 환영했다. 의학적으로 보면 "유령" 따위 가 골치 아프게 끼어들지 않은 상황에서 기계론적 신체를 "수리"하 는 편이 훨씬 쉬울 것이다.

양자론의 현실이 등장하자 데카르트가 분리했던 것이 다시 결합되 었다. 그렇다. 마음(에너지)은 데카르트가 말한 것처럼 물리적 신체로부터 나온다. 그러나 양자론으로 새롭게 정의된 우주의 구조를 보면 물리적 신체가 어떻게 비물리적인 마음에 의해 영향을 받는지 알 수 있다. 마음의 에너지인 생각은 물리적인 뇌가 신체의 생리를 어떻게 조절하는가에 대해 직접 영향을 미친다. 생각이라는 "에너지"는 앞선 장에서 설명한 것처럼 보강간섭과 소멸간섭 등의 과정을 통해 단백질을 합성하는 세포의 기능을 활성화하거나 억제한다. 이 때문에 삶을 바꾸는 첫 발자국을 내디뎠을 때 나의 뇌 에너지가 주로 어디에 쓰이는가를 내가 열심히 들여다본 것이다. 그러니까 물리적 신체를 가동하는 데 쓰는 에너지를 관찰하는 것만큼이나 치밀한 자세로 생각에 투자한 에너지가 어떤 결과를 가져오는지 관찰했다는 뜻이다.

양자물리학의 여러 가지 발견에도 불구하고 서양의학에서는 여전히 마음과 몸을 분리하는 것이 대세다. 과학자들은 마음을 이용해 유전적으로 "어쩔 수 없는" 질병을 고친 앞의 소년과 같은 경우를 해괴한 비정상으로 치부하도록 교육받아왔다. 그러나 나는 정반대로 과학자들이 이러한 비정상적인 현상에 대한 연구 결과를 받아들여야 한다고 생각한다. 예외적인 경우 속에는 생명의 본질에 더욱 깊이 다가가는 열쇠가 숨어 있다. 여기서 "더욱 깊이"라고 말하는 이유는 이러한 예외 속에 숨어 있는 원칙이 기존의 "사실"을 압도하기 때문이다. 진실은 이렇다. 마음의 힘을 활용하는 편이 이제까지 병을 치료한다고 우리가 세뇌되어온 약보다 "더욱" 효과적이리라는 것이다. 앞선 장에서 제시한 연구 결과를 보면 화학적으로 제조된 약품보다 에너지가 물질에 더 효과적으로 영향을 미친다는 사실을 알 수 있다.

안타깝게도 과학자들은 예외를 받아들이기보다는 부정하는 경우가 훨씬 더 많다. 마음과 몸이 상호작용한다는 현실을 과학자들이 거부하는 모습을 설명할 때 내가 즐겨 예로 드는 것은 19세기의 독일 의사인 로베르트 코흐(Robert Koch, 1843~1910)에 대해 「사이언스」에 실린 기사다. "코흐는 파스퇴르(Louis Pasteur, 1822~95)와 함께 세균론을 확립한 사람이다. 세균론에 따르면 박테리아와 바이러스가 병의 원인이다. 오늘날 이 이론은 널리 받아들여지고 있지만 코흐의 시대에는 논쟁의 대상이었다. 코흐의 비판자 중 어떤 사람은 세균론이 틀렸다고 워낙 확신하고 있었기 때문에 코흐가 콜레라를 일으키는 박테리아라고 믿고 있었던 콜레라균이 들어 있는 물 한 컵을 겁 없이 들이켰다. 이 세균이 몸 속에 들어갔어도 그가 완전히 멀쩡한 것을 보고 사람들은 경악했다. 2000년에 발간된 「사이언스」의 기사는 당시의 사건을 이렇게 기술하고 있다. "알 수 없는 이유로 그는 증상을 보이지는 않았지만 그럼에도 불구하고 그의 주장은 틀렸다" (DiRita, 2000).

이 사람은 죽지 않았는데도 「사이언스」는 세균론이 보편적으로 받아들여진다는 사실을 감안하여 뻔뻔스럽게 그의 비판이 "틀렸다"고 주장한다…… 뭐 이런 얘긴가? 그런데 문제의 박테리아가 콜레라의 원인이고 컵의 물을 마신 사람이 자신은 이 박테리아에 아무런 영향을 받지 않음을 보여주었다면 어떻게 그가 "틀렸을" 수 있는가? 이 사람이 어떻게 콜레라라는 무서운 병을 피해갔는지를 알아내려 한 대신 과학자들은 이 예를 포함한 여러 가지 "혼란스러운" 예외, 그러니까 자신들의 이론을 방해하는 당혹스런 예외를 간단히 무시해버린다. 앞서 유전자가 생명을 지배한다는 "도그마"를 다룬 것을 기억하는가? 이 사건은 "자기들이" 진실을 이론으로 입증하는 데 급급한 나머지 과학자들이 성가신 예외를 무시해버린다는 또 하나의 예이다. 문제는 어떤 이론에 예외가 "있을 수 없다"라고 믿는 자세이다. 예외는 그저 어떤 이론이 완전히 옳지 않다는 뜻일 뿐이다.

오늘날 과학적 통념에 도전하는 또 한 가지 사례는 불 위를 걷는 것이다. 이는 사실 고대로부터 알려져온 종교적 행위이기도 하다. 수행자들은 매일 한 자리에 모여 뜨거운 석탄 위를 걸으며 기존 인식의 한계를 뛰어넘으려 한다. 석탄의 온도를 측정해보고 이들의 발이 석탄 위에 머무는 시간을 재보면 의학적으로 볼 때 화상을 입어야 하지만 수천 명의 수행자들은 발이 말짱한 상태에서 불타는 석탄 위를 걸어 나온다. 석탄이 그렇게 뜨겁지 않았을 것이라는 나름의 성급한 결론을 내리기에 앞서 신념이 흔들리는 바람에 똑같이 석탄 위를 걸어도 발에 화상을 입은 사람은 얼마나 될까를 한번 생각해보라.

마찬가지로 과학은 HIV 바이러스가 에이즈를 일으킨다는 확고하고도 분명한 주장을 하고 있다. 그러나 과학은 수십 년간 HIV 보균자로 지내면서 발병을 하지 않는 사람들이 왜 그렇게 많은가에 대해서는 설명을 하지 못한다. 더욱 알 수 없는 것은 말기 암환자가 저절로 치유되는 현실이다. 이러한 현상은 기존의 이론으로는 설명이 불가능하기 때문에 과학은 이런 일이 일어났다는 사실조차 완전히 무시해버린다. 자연치유는 오늘날 통용되는 과학적 지식에 대한 불가해한 예외로 치부되거나 아니면 단순히 오진이라는 이름으로 불린다.

긍정적 사고가 나쁜 결과를 낳을 때

마음의 놀라운 힘에 대해 이야기하기 전에, 그리고 세포에 대한 연구를 통해 내가 어떻게 마음과 몸 사이의 통로가 몸에 영향을 미치는지를 깨달았는가를 다루기 전에 한 가지 아주 분명히 해둘 것이 있다. 나는 단순히 긍정적인 생각을 한다고 해서 항상 몸이 치료된다고는 생각하지 않는다. 항상 우리 주변을 맴돌면서 에너지를 빼앗아가고 심신을 약화시키는 부정적 사고로부터 생명을 창출하는 긍정적 사고로 마음의 에너지를 옮겨가는 것이 건강과 행복에 중요하다는 사실은 분명하다. 그러나(이 "그러나"는 매우 큰 울림을 갖는다) 그저 긍정적인 사고만을 한다고 해서 삶이 꼭 개선되는 것은 결코 아니다! 사실 긍정적 사고에서 "낙제"하는 사람들은 가끔 "더욱" 무기력해지기도 한다. 왜냐하면 이렇게 낙제를 하고 나면 자신에게 희망이 없다고 생각해버리기 때문이다. 그러니까 자신이 쓸 수 있는 심신의 치료법은 모두 다 소진되었다고 생각해버린다는 것이다.

이 긍정적 사고 낙제생들이 한 가지 이해하지 못한 사실은 겉보기에는 "분리된" "의식"과 "무의식"이 사실은 상호의존적이라는 사실이다. 의식은 마음의 창의적인 측면으로, "긍정적 사고"를 만들어내는 주체이다. 반면에 무의식은 본능과 학습된 경험으로부터 도출된 자극-반응 녹음 테이프가 보관된 저장소이다. 무의식은 철저하게 습관에 바탕을 두고 있다. 안타깝게도 무의식은 외부에서 들어오는 신호에 대해 똑같은 행동반응을 테이프를 틀어놓은 것처럼 반복한다. 치약 뚜껑이 열려 있는 것 같은 하찮은 일에 대해 분통을 터뜨린 일이 몇 번이나 되는가? 사람들은 어릴 때부터 치약 뚜껑을 닫으라고 훈련을 받았다. 그런데 뚜껑이 열려 있는 모습을 보면 문자 그대로 "뚜껑이 열려버려서" 자동적으로 분노가 폭발한다. 달리 말하면 무의식에 저장된 자극-반응 테이프가 그냥 돌아간 것뿐이다.

순전히 신경학적 처리 능력만 가지고 보면 무의식은 의식보다 수백만 배 더 강력하다. 의식 속의 욕망과 무의식에 기록된 프로그램이 서로 충돌하면 어느 "마음"이 이길 것 같은가? 여러분은 사랑스러운 존재이며 여러분의 암은 줄어들 것이라는 긍정적 메시지를 얼마든지 반복할 수는 있다. 그러나 어릴 때부터 너는 허약하고 쓸모 없는 인간이라는 소리를 끊임없이 듣고 살았다면 무의식 속에 새겨진 이 메시지가 삶을 개선하려는 의식적 노력을 방해한다. 덜 먹어야겠다는 새해의 각오가 맛있는 통닭구이 냄새와 함께 눈 녹듯 사라지는 일을 겪은 적은 없는가? 스스로의 노력을 방해하는 무의식적 프로그램과 이 프로그램을 다시 쓰는 방법에 대해서는 7장 '생각 있는 부모 노릇'에서 더 다룬다. 그러나 지금은 일단 긍정적 사고를 실천했지만 비참하게 실패한 사람들에게도 희망은 있다는 사실을 지적해두고자 한다.

몸에 우선하는 마음

세포에 대해 알려진 바를 돌이켜보자. 앞 장에서 세포의 기능은 세포 안에 있는 단백질 "톱니바퀴"의 운동으로부터 직접 나온다는 사실을 알았다. 단백질 모임이 만들어내는 운동이 생명을 유지하는 생리적 기능의 원천이 된다. 단백질은 물리적인 구성요소이고, 이 단백질을 활성화시키려면 환경 신호가 들어와야 한다. 운동을 담당하는 원형질 내의 단백질과 환경 신호 사이를 연결하는 것이 세포막이다. 세포막은 환경으로부터의 자극에 반응하여 이에 적절하고 생명유지에 필요한 세포활동을 일으킨다. 세포막은 세포의 "뇌"로 작용한다. 막단백질은 이 뇌의 "지능" 메커니즘에서 기본이 되는 물리적 단위이다. 기능적으로 볼 때 이들 단백질은 "인지 스위치"로 작용하여 환경으로부터 자극을 받고 반응을 일으키는 단백질 경로를 연결해준다.

일반적으로 세포는 가장 기본적인 일련의 "인지"에 대해 반응한다. 칼륨, 칼슘, 산소, 포도당, 히스타민, 에스트로겐, 독성물질, 빛, 기타 다양한 자극이 주변 환경에 존재하는가를 알아차리는 것이 이러한 인지에 해당한다. 세포막에 있는 수만 개의 인지 스위치가 저마다 각각의 환경 신호에 반응하여 동시에 상호작용하는 결과가 살아 있는 세포의 복잡한 행동이라는 형태로 나타난다.

지구상에 생명이 태어나고 나서 30억 년 동안 생물계에는 박테리아, 조류(藻類), 원생동물 등 단세포 생물만 존재했다. 전통적으로 과학자들은 이러한 생명체들을 서로 분리된 개체로 생각해왔다. 그러나 오늘날은 이 각각의 세포가 저마다의 생리적 기능을 조절하기 위해 내놓는 신호가 환경으로 방출되면 다른 개체의 행동에도 영향을 준다는 사실이 알려져 있다. 이렇게 신호가 환경으로 방출되면 여기저기 흩어져 움직이고 있던 단세포 생물들이 행동을 상호 조절할 수 있다. 즉 환경 속으로 신호를 내쏘면 다른 여러 개체들과 원시적이나마 "공동체"를 형성할 수 있고, 따라서 단세포의 생존확률이 높아진다.

신호분자가 어떻게 공동체를 형성해나가는지를 잘 보여주는 대표적인 예가 정균류 아메바이다. 단세포 생물인 이 아메바들은 흙 속에서 먹이를 찾으며 홀로 생활한다. 환경 속에 존재하는 먹거리를 모두 먹어 치우고 나면 아메바는 대사 부산물인 고리 AMP(cAMP)라는 물질을 지나치게 많이 합성한다. 이들 중 대부분은 환경으로 방출된다. 다른 아메바들도 똑같이 먹거리가 없을 것이므로 주변환경의 고리 AMP 농도는 올라간다. 어떤 아메바가 분비한 고리 AMP 신호분자가 다른 아메바의 세포막에 존재하는 고리 AMP 수용기와 결합하고, 이러한 신호를 받은 아메바들은 한 군데로 모이는 행동을 보인다. 이렇게 하여 이들은 거대한 다세포 집단을 형성한다. 이 공동체를 유지하는 시기가 아메바의 번식기에 해당한다. "굶주림"의 시기에 늘어가는 세포 공동체는 DNA를 서로 공유하여 다음 세대를 만들어낸다. 새로 태어난 아메바는 포자의 형태로 동면한다. 먹거리가 많이 생기면 이 먹거리에서 나오는 분자들을 신호 삼아 이들은 동면에서 깨어나고 새로운 단세포 개체들이 쏟아져 나와 또 한 번의 사이클이 시작된다.

여기서 중요한 사실은 단세포 생물도 주변 상황에 대해 "인지"한 바를 서로 공유함과 동시에 "신호"분자를 환경 속으로 방출하여 행동의 보조를 맞춘다는 사실이다. 고리 AMP는 진화의 초기 단계에 분비되던 조절신호 물질로, 세포의 행동을 조절한다. 인체의 세포공동체를 조절하는 기본적인 인간의 신호분자(예를 들어 호르몬, 뉴로펩티드, 사이토킨, 성장인자 등)들은 과거에는 복잡한 다세포 생물이 등장한 다음에 나타난 것으로 여겨졌다. 그러나 최근 연구 결과에 따르면 원

170

시적인 단세포 생물들도 이미 진화의 초기에 "인간"의 "신호" 분자를 활용하고 있었다.

진화의 과정을 통해 세포들은 "인지"를 담당하는 막단백질을 세포막이 수용할 수 있는 한 최대로 늘렸다. 주변 상황을 좀 더 잘 알기 위해, 그리하여 생존 가능성을 높이기 위해 세포는 처음에는 단순한 집단의 형태로 모였다가 나중에는 고도로 조직화된 다세포 집단으로 발전했다. 앞에서 설명한 것처럼 다세포 유기체의 생리적 기능은 유기체의 조직과 기관을 형성하는 다양한 세포 집단으로 분화되어 있다. 이러한 다세포 유기체에서 세포막의 "지능형 정보처리"를 담당하는 것은 그 유기체의 신경계와 면역계 등을 이루는 특화된 세포의 무리이다.

지질 시대의 시간 단위로 보면 최근에 해당하는 7억 년 전에 단세포 생물들은 한데 모여 탄탄하게 묶인 다세포 공동체를 이루는 것이 생존에 도움이 된다는 사실을 깨달았다. 이러한 다세포 공동체가 오늘날 우리가 알고 있는 동물과 식물이다. 새로 등장한 다세포 공동체도 당시에 혼자 움직이던 단세포 생물들이 쓰던 신호분자를 그대로 활용했다. 기능을 조절하는 이 신호분자가 방출되고 퍼지는 것을 엄격히 통제하여 세포 공동체들은 각 구성원의 기능을 조화시킬 수 있었고, 이에 따라 단일한 생명체로 행동할 수 있었다. 좀 더 원시적인 다세포 생물, 그러니까 특화된 신경계가 없는 생물의 경우 생명체 안을 흐르는 이 신호분자들은 초보적인 "마음"을 이루었다. 여기서 마음은 모든 세포가 공유하는 정보를 조화시키는 주체를 말한다. 이러한 생명체에서 각각의 세포는 환경으로부터 들어오는 자극을 직접 받아들여 저마다 스스로의 행동을 조절했다.

그러나 세포가 한데 모여 공동체를 형성하면 새로운 질서가 필요해진다. 공동체에서 각각의 세포는 독립된 주체로서 하고 싶은 일을 다 할 수는 없다. "공동체"라는 단어 속에 이미 모든 구성원이 공통의 계획에 따른다는 전제가 들어 있다. 다세포 생물의 각각의 세포는 스스로의 "피부" 외부에 있는 국지적 환경을 "볼" 수는 있지만 좀 더 멀리 있는 환경, 특히 유기체 전체의 외부에서 돌아가는 일은 전혀 인식하지 못한다. 몸속 깊숙이 들어 있는 간은 주변 환경으로부터 들어오는 신호에는 반응하지만 불쑥 나타난 강도에 대해 현명한 대처를 할 수는 없다. 다세포 유기체의 생존을 확보하는 복잡한 행동 제어 시스템은 중앙집중화된 정보처리체계 안으로 흡수되어 있다.

유기체가 좀 더 복잡하게 진화해감에 따라 특화된 세포들이 행동 조절에 관여하는 신호분자의 흐름을 관찰하고 관리하는 작업을 이어받았다. 이러한 세포는 분산된 신경계와 중앙집중식 정보처리장치로 구성되어 있는데, 이 중앙집중식 정보처리 장치가 바로 뇌이다. 뇌는 공동체 안을 흐르는 신호분자 사이의 관계를 조화시키는 기능을 한다. 그 결과 세포공동체로 이루어진 유기체에서는 각각의 세포가 의사결정 권한을 인식의 주체인 뇌로 넘겨준다. 뇌는 신체를 구성하는 세포의 행동을 조절한다. 살아가면서 건강에 문제를 겪으면 사람들은 기관과 조직의 세포를 탓하지만, 그러기 전에 이 중요한 점을 다시 한 번 생각해볼 필요가 있다.

감정: 세포의 언어 느끼기

고등하고 인식 능력이 더 뛰어난 종의 경우 대뇌 변연계가 진화한 결과, 화학적 신호를 감각으로 변환하여 공동체 안의 모든 세포가 이를 느낄 수 있도록 하는 독특한 메커니즘이 등장했다. 의식 차원의 마음은 이러한 신호를 감정이라는 형태로 경험한다. 의식 차원의 마음은 세포 서로가 조화를 이루는 신호의 흐름(그러니까 신체의 "마음"에 해당)을 "읽을" 뿐만 아니라 감정을 일으키기도 한다. 이렇게 일어난 감정은 신경계가 조절신호를 질서 있게 방출하는 것을 통해 표현된다.

　내가 세포의 뇌의 구조를 연구하면서 인간 두뇌의 작동에 대해 새로운 사실을 알아가고 있을 무렵, 캔더스 퍼트(Candas Pert)도 인간의 뇌를 연구하다가 세포의 뇌의 구조에 대해 알아가고 있었다. 『감정의 분자』라는 책에서 퍼트는 어떻게 해서 신경 세포막 위의 정보처리 수용기를 연구하다가 똑같은 "신경" 수용기들이 온몸의 세포 전부는 아니지만 대부분의 세포에 분포하고 있는 사실을 알게 되었는가에 대해 설명했다. 간결한 실험을 통해 퍼트는 "마음"이 머리에만 집중되어 있는 것이 아니라 신호분자를 통해 온몸에 분포되어 있다는 사실을 보여주었다. 이에 못지않게 중요한 사실은 감정이 주변 환경으로부터 들어오는 정보에 대해 신체가 반응하기 때문에 생겨날 뿐만 아니라 자의식을 통해 마음이 뇌를 이용하여 "감정의 분자"를 생성해내서 시스템을 압도할 수도 있다는 점을 그녀의 연구가 강조한 것이다. 의식 수준의 마음을 적절히 활용하면 병든 신체에 건강을 가져올 수 있지만 감정을 무의식 차원에서 부적절하게 통제하면 건강하던 몸이 쉽게 병에 빠져들 수도 있는데, 이는 6장과 7장에서 상세히 설명하고 있다. 『감정의 분자』는 퍼트가 이룬 과학적 발견의 과정을 잘 보여주는 탁월한 책이다. 이 책은 또한 새로운 "아이디어"를 기존 과학계에 제시할 때 피해갈 수 없는 갈등을 해결하는 데도 도움을 주는데, 이러한 갈등은 내게 너무 익숙한 것이기도 하다(Pert 1997).

세포 공동체 안의 행동조절 신호의 흐름을 감지하고 조정하는 능력을 갖춘 변연계가 출현한 것은 진화상 중요한 발전이다. 내부신호 시스템이 진화해가자 이에 따라 효율이 높아졌고 따라서 이는 뇌가 커지는 길을 열었다. 다세포 생물은 외부 환경으로부터 들어오는 다양한 신호에 대한 반응을 전담하는 세포를 더욱 많이 확보하기에 이르렀다. 개개의 세포는 빨간색, 둥근 형상, 단맛, 향기 등 단순한 감각만을 인지할 뿐이지만 다세포 생물은 뛰어난 뇌를 이용하여 방금 이야기한 감각을 더욱 복잡한 개념으로 연결하여 "사과"를 감지해낸다.

진화를 통해 획득한 기본적인 반사행동은 유전자에 기반을 둔 본능이라는 형태로 자손에게 전달된다. 뇌가 커지면서 신경세포도 늘어나는 쪽으로 진화가 이루어짐에 따라 유기체는 본능에 의존할 뿐만 아니라 경험으로부터 학습할 수 있는 기회도 얻었다. 새로운 반사행동을 학습하는 것은 본질적으로 "조건"의 산물이다. 예를 들어 종이 울리면 침을 흘리도록 개를 훈련시킨 파블로프의 유명한 예를 생각해보자. 우선 파블로프는 종을 울림과 동시에 먹이를 주었다. 얼마 후에는 종만 울리고 먹이를 주지 않았다. 그때가 되자 개들은 종이 울리면 먹이가 나온다는 사실에 프로그램되어, 먹이가 없는데도 본능적으로 침을 흘리기 시작했다. 이는 틀림없이 "무의식적이고" 학습된 반사행동이다.

　반사행동은 망치로 무릎을 쳤을 때 발이 저절로 튀어나오는 단순한 것부터 고속도로를 시속 100킬로미터로 달리면서 의식 수준의 마음으로는 옆자리 승객과의 대화에 완전히 빠져들어가는 복잡한 것에 이르기도 한다. 조건 반사는 매우 복잡할 수도 있지만 이들은 모두 "생각 없이" 이루어진다. 조건화된 학습 과정에서 자극과 행동 반응 사이의 신경 경로는 내장된 하드웨어 같은 형태가 되고, 따라서 반복 패턴이 확립된다. 이렇게 해서 내장된 경로가 "습관"이다. 하등 동물에서는 뇌 전체가 순전히 자극에 대한 습관반응만을 수행하도록 설계되어 있다. 파블로프의 개들은 의도해서가 아니라 반사적으로 침을 흘린다. 무의식 차원의 마음이 하는 행동은 본질적으로 반사이며 논리나 사고의 지배를 받지 않는다. 신체 구조적으로 볼 때 자의식을 갖고 있지 않은 동물의 뇌에서는 뇌의 모든 활동이 무의식 차원의 마음과 연결되어 있다.

　인간을 비롯한 여러 고등 포유류는 사고, 계획, 의사 결정 등과 관련된 뇌의 특정 부분을 발달시켰는데, 이 부분을 전전두엽피질이라고 부른다. 뇌 앞쪽의 이 부분은 "자의식 있는" 사고처리과정이 이루어지는 부분으로 보인다. 자의식이 있는 마음은 스스로를 관찰한다. 이 부분은 스스로의 행동과 감정을 관찰하는 "감각기관"으로 새로 진화한 부분이다. 자의식이 있는 마음은 또한 장기기억 저장고에 보관된 데이터의 대부분을 활용할 수 있다. 이는 지극히 중요한 기능으로, 이 기능이 있기 때문에 인간은 과거 사실을 참고로 하면서 미래를 의식적으로 계획할 수 있다.

스스로를 관찰할 수 있는 자의식 있는 마음은 매우 강력하다. 이 마음은 스스로 행하는 프로그램된 행동을 관찰하고, 그 행동을 평가한 뒤 의식적으로 이 프로그램을 바꿔야겠다는 결심도 할 수 있다. 인간은 능동적으로 환경 신호에 어떻게 반응할까를 "선택"할 수 있을 뿐만 아니라 반응을 할지 말지도 결정할 수 있다. 무의식을 따르는 프로그램된 행동을 압도하는 의식적 마음의 능력이야말로 자유의지의 바탕이다.

그러나 이러한 특별한 능력에는 특별한 함정이 도사리고 있다. 거의 대부분의 유기체가 자극을 직접 경험해보아야 하는 반면 인간 두뇌의 "학습" 능력은 워낙 발달했기 때문에 인간은 스승을 통해 간접적으로 인지 내용을 습득할 수 있다. 일단 다른 사람들이 인지한 바를 "진실"로 받아들이며 그들의 인지가 우리의 뇌 속에 아로새겨져서 우리 자신의 "진실"로 변한다. 문제는 여기서 시작된다. 스승이 인지한 내용이 틀렸다면? 이 경우 우리의 뇌에는 잘못된 정보가 다운로드된다. 무의식 차원의 마음은 철저하게 자극-반응을 녹음 테이프 반복하듯 반복하는 장치이다. 마음이라는 "기계"의 이 부분에는 "유령"이 없어서 우리가 실행하는 프로그램의 장기적 결과를 숙고하지 못한다. 무의식은 그저 "현재"에 작동할 뿐이다. 그 결과 무의식 속에 프로그램된 잘못된 정보는 "모니터"되지 않으며, 이로 인해 인간은 부적절하고 스스로를 얽매는 행동을 반복한다.

여러분이 이 책을 읽고 있는 이 순간 지금 읽는 페이지에서 뱀이 갑자기 튀어나왔다고 하자. 여러분 중 대부분은 방에서 뛰쳐나가거나 책을 집 밖으로 던져버릴 것이다. 뱀이라는 동물을 여러분에게 처음

"소개"한 사람도 처음에는 그렇게 행동했을 것이고, 이에 따라 말랑
말랑한 여러분의 마음에 평생 지워지지 않는 기억을 새겼을 것이다.
뱀을 보면…… 뱀은 나쁘다! 생명이나 신체를 위협하는 요소가 환경
속에 존재할 경우 무의식적인 기억 시스템은 이들을 재빨리 내려받
고 이들에 대한 인지를 강조하는 데 매우 뛰어나다. 뱀이 위험하다고
배웠다면 인간은 뱀이 가까이 올 때마다 반사적으로(무의식적으로) 방
어반응을 시작한다.

그런데 파충류학자가 이 책을 읽고 있는데, 갑자기 뱀이 튀어나왔
다면? 의심할 여지없이 이 사람은 뱀에게 흥미를 보일 뿐만 아니라
이 책에 뱀이라는 보너스가 붙어 있다는 사실에 매우 "기뻐할" 것이
다. 아니면 적어도 책에서 튀어나온 뱀이 무해하다는 사실을 알고 기
뻐할 것이다. 그리고 뱀을 집어 들고 신이 나서 뱀의 행동을 관찰할
것이다. 또한 이들은 모든 뱀이 다 위험하지는 않으므로 일반인들의
프로그램된 반응이 비합리적이라고 생각할 것이다. 한 발 더 나아가
이 학자들은 뱀처럼 흥미로운 생물을 관찰하는 기쁨을 많은 사람들
이 누리지 못한다는 사실을 슬퍼할 것이다. 같은 뱀이고 같은 자극인
데도 이렇게 반응이 다를 수 있다.

환경 자극에 대한 인간의 반응은 사실 인지에 바탕을 두고 있지만,
학습된 인지가 모두 정확하지는 않다. 뱀이라고 다 위험하지는 않은
것처럼 말이다. 물론 기존의 인식이 유기체를 "지배"하기는 하지만
앞서도 본 것처럼 이러한 인식은 옳을 수도 있고 틀릴 수도 있다. 따
라서 사람을 지배하는 인식을 좀 더 정확히 표현하면 "믿음"이 된다.

"믿음"이 유기체를 지배한다!

이 이야기가 얼마나 중요한지 깊이 생각해보라. 인간은 환경적 자극에 대한 스스로의 반응을 의식적으로 평가한 뒤 낡은 반응 방식을 원하는 대로 언제든지 바꿀 능력을 갖추고 있다……. 일단 7장에서 좀 더 상세히 다룰 강력한 무의식 차원의 마음에 대해 잘 알게 되면 그렇다는 얘기다. 인간은 유전자에 얽매인 것도 아니고 패배주의적 행동의 노예도 아니다.

마음은 어떻게 몸을 지배하는가

믿음이 생명체를 어떻게 지배하는가에 대한 내 생각은 혈관 내벽을 이루는 세포인 혈관내피 세포에 관한 내 연구에 바탕을 두고 있다. 내가 배양한 이 세포들은 주변 환경을 주의 깊게 관찰하고 있다가 환경으로부터 들어오는 정보에 맞추어 행동을 변화시킨다. 영양분을 넣어주면 세포들은 두 팔을 벌리고(세포에게 팔이 있다면) 영양분을 향해 달려온다. 독성 물질을 떨어뜨리면 세포들은 이 자극성 물질로부터 멀리 도망쳐서 스스로를 보호한다. 당시 내 연구는 한 가지 행동으로부터 다른 행동으로 옮겨가는 것을 지배하는 세포막 인지 스위치 쪽으로 방향이 맞춰져 있었다.

내가 연구하던 1차 스위치는 히스타민에 반응하는 단백질 수용기를 갖고 있는데, 히스타민은 인체에서 국지적 비상경보에 해당하는 역할을 한다. 연구 결과 나는 똑같은 히스타민 신호에 대해 반응하는 두 가지 스위치, 즉 H1과 H2가 있다는 사실을 발견했다. H1 히스타민 수용기를 가진 스위치는 활성화되면 "보호반응"을 일으킨다. 이 반응은 앞서 말한 배양접시에 독성 물질을 떨어뜨렸을 때의 세포들의 행동과도 비슷하다. H2 히스타민 수용기를 가진 스위치는 히스타민에 대해 "성장반응"을 보이는데, 이는 배양접시에 영양분을 떨어뜨렸을 때와 비슷한 반응이다.

히스타민은 국소적으로 작용하는 반면 아드레날린은 전신에 작용하는 비상경보 신호에 해당한다. 나중에 나는 아드레날린의 경우에도 "알파"와 "베타"라고 불리는 아드레날린 감지 수용기가 스위치에 존재한다는 사실도 알아냈다. 아드레날린 수용기도 히스타민과 똑같은 세포 행동을 이끌어냈다. 아드레날린의 알파 수용기가 막단백질 스위치에 있으면 이 수용기는 아드레날린이 감지되었을 때 보호반응을 일으킨다. 스위치에 베타 수용기가 있으면 같은 아드레날린이라도 성장반응이 일어난다(Lipton, et al, 1992).

실험은 전체적으로 흥미로웠지만 연구 성과 중 가장 흥미로웠던 것은 히스타민과 아드레날린을 배양접시에 동시에 떨어뜨렸을 때 나온 결과였다. 관찰해보니 중추신경계가 분비하는 아드레날린 신호가 국소적으로 방출되는 히스타민 신호를 압도하고 있었다. 앞서 말한 공동체의 질서가 여기서 드러난다. 여러분이 은행에 근무한다고 치자. 지점장이 어떤 지시를 한다. 그런데 은행장이 들어와서는 반대되는 지시를 한다. 누구의 지시를 따를까? 일자리를 잃지 않으려면 은행장의 지시를 따라야 할 것이다. 유기체에도 비슷한 우선순위 체계가 존재한다. 이 체계에 따라 유기체는 국지적인 신호가 두목인 중추신경계에서 나오는 신호와 상충하면 중추신경계의 신호를 따르도록 되어 있다.

실험 결과는 만족스러웠다. 다세포 생물에 적용되는 원칙, 즉 마음(중추신경계가 분비하는 아드레날린을 통해 작용하는)이 몸(국소적으로 분비되는 히스타민에 반응하는)을 압도한다는 사실을 단세포 차원에서 드러낼 수 있었기 때문이다. 내 실험 결과가 갖는 의미를 논문에 넣으려고 했더니 나의 동료들이 기절할 만큼 놀랐다. 세포생물학 논문에서 마음과 몸 사이의 관계를 논하는 것은 상상조차 할 수 없다는 얘기였다. 그래서 나는 이 연구 성과 중에 이러한 의미도 있다는 것을 은근히 흘리기는 했지만 그 의미가 무엇인가를 밝힐 수는 없었다. 내 동료들이 이 내용의 삽입을 꺼린 이유는 마음이라는 것이 생물학적으로 받아들일 수 있는 개념이 아니기 때문이다. 생물학자들은 정통파 뉴턴주의자들이다. 물질이 아니면 무의미하다는 것이 그들의 생각이다. "마음"은 어디 있는지 분명하지 않은 에너지이므로 유물론적 생물학과는 무관하다는 얘기다. 안타깝게도 이러한 시각은 양자물리학적 우주관에 의해 완전히 틀렸다는 사실이 증명된 "믿음"이다.

위약(僞藥): 신념의 효과

의대생이라면 누구나 스쳐 지나가는 식으로라도 마음이 몸에 영향을 미칠 수 있다는 사실을 배운다. 그러니까 어떤 사람들은 자신이 약을 먹고 있다는 "잘못된 신념"을 가지면 증상이 개선된다고 배운다는 뜻이다. 설탕을 알약처럼 뭉쳐놓은 것만 먹어도 병이 낫는 것을 의학에서 "위약효과"라고 부른다. 에너지를 이용한 심리치료 시스템인 사이키-케이(PSYCH-K)의 창립자인 내 친구 롭 윌리엄스는 위약효과를 "인식효과"라고 부르는 것이 더 적합하다고 생각한다. 나는 이를 "신념효과"라고 부르는데, 이는 정확하든 부정확하든 사람의 인식이 똑같이 행동과 몸에 영향을 미친다는 사실을 강조하기 위함이다. 나는 신념효과를 중시한다. 신념효과야말로 몸과 마음이 어우러져 만들어내는 치료효과에 대한 생생한 증언이니까. 그러나 "모든 것이 마음에 달린" 위약효과에 대해 기존 의학은 최악의 경우 돌팔이로 매도하거나 기껏해야 마음이 약하고 귀가 얇은 환자에게나 듣는 방법으로 치부해왔다. 의대에서는 위약효과에 대한 교육을 수박 겉핥기로 끝낸다. 학생들은 약이나 수술 같은 현대의학의 실질적 수단을 공부하기도 바쁘다는 것이다.

이는 엄청난 실수다. 위약효과는 의대에서 중요한 교육과목으로 다루어져야 한다. 나는 의대에서 미래의 의사들이 인간의 마음 속에 존재하는 힘을 인식하도록 가르쳐야 한다고 믿는다. 마음을 화학물질이나 수술칼보다 약한 어떤 것으로 무시하는 태도를 미래의 의사들에게 주입해서는 안 된다. 또한 이들은 인체와 인체의 여러 부분은 기본적으로 멍청하며, 따라서 건강을 유지하려면 외부의 도움이 필요하다는 식의 생각도 버려야 한다.

위약효과는 연구비를 충분히 지원받는 어엿한 연구 과제가 되어야 한다. 의학자들이 위약효과를 활용할 방법만 찾아내면 이들은 의사들에게 에너지에 기반을 두고 부작용도 없는 효과적인 치료 도구를 손에 쥐어줄 수 있을 것이다. 에너지 치료자들은 이러한 도구를 자기들은 벌써 갖고 있다고 말하지만 나는 과학자이므로 위약에 대해 과학적으로 좀 더 알수록 이를 임상에서 더 잘 활용할 수 있으리라고 믿는다.

의학에서 마음이 이토록 철저히 무시되는 이유는 도그마적 사고 때문만이 아니라 금전적 이유 때문이기도 하다고 나는 생각한다. 마음의 힘으로 병든 몸을 치료할 수 있으면 의사를 찾아갈 이유가 있을까? 그리고 더욱 중요한 점은 약을 살 필요가 있을까? 최근에 한 가지 안타까운 이야기를 들었다. 제약회사들이 위약에 반응하는 환자들을 연구하는 목적은 임상실험의 초기 단계에서 이들을 "배제"하기 위해서라는 것이다. 제약회사가 실행하는 대부분의 임상실험에서 "가짜" 약이 공들여 만들어낸 이들의 화학약품 덩어리만큼이나 효과가 있다는 사실은 제약업계로서는 거북할 수밖에 없다(Greenberg 2003). 제약회사들은 물론 효과가 없는 약을 좀 더 쉽게 승인을 받기 위해 이렇게 하는 것이 아니라고 주장하지만 위약의 효과가 제약업계에 위협이 된다는 사실은 분명하다. 내가 보기에 제약업계의 의도는 분명하다. 정정당당한 방법으로 위약과 경쟁할 수 없으면 경쟁자를 그냥 없애버려라!

대부분의 의사들이 위약효과의 영향을 생각해보아야 한다는 훈련을 받지 않는다는 사실은 아이러니다. 왜냐하면 일부 역사가들은 의학의 역사가 대부분 위약효과의 역사라는 사실을 생생히 보여주고 있기 때문이다. 의학사의 거의 전체에 걸쳐 의사들은 질병과 싸울 만한 적절한 수단이 없었다. 심지어 주류 의학계가 악명 높은 처방을 내놓는 경우도 있었는데, 이런 처방으로는 방혈(放血), 비소로 상처 치료하기, 이른바 만병통치약이라는 방울뱀 기름 등이 있었다. 일부 환자들, 적게 잡아도 총인구의 1/3 정도로 추산되는, 그리고 특히 귀가 얇은 환자들은 위약효과의 덕분으로 이러한 치료에 좋은 반응을 보였을 것이다. 오늘날의 세계에서 흰 가운을 입은 의사가 권위 있는 처방을 내리면 환자는 그 처방이 들을 것이라고 "믿는다." 그리고 실제로 듣는다. 그 약이 실제 약이든 설탕덩어리이든 말이다.

위약이 "어떻게" 작용하는가를 의학계는 외면해왔지만 최근에 주류 의학계에 속하는 학자들이 여기에 주의를 기울이기 시작했다. 이들의 연구 성과는 19세기의 해괴한 처방뿐만 아니라 가장 "확고한" 의학적 도구, 즉 수술을 비롯한 현대 의학의 첨단기술도 위약효과를 낼 수 있음을 시사한다.

2002년에 「뉴잉글랜드 의학저널」에 실린 논문에서 베일러 의대의 연구팀은 사람을 꼼짝도 못 하게 만드는 중증의 무릎 통증 수술을 받은 환자들을 조사했다(Moseley, et al, 2002). 이 논문의 주저자인 브루스 모슬리 박사는 무릎 수술이 환자들에게 도움이 되었다는 사실을 "알고 있었다." 훌륭한 외과의사들은 모두 수술에서 위약효과가 없다는 것을 안다. 그러나 모슬리는 수술 과정의 어느 부분 때문에 환자의 증상이 개선되는지를 알고 싶었다. 그래서 모슬리는 연구에 참가한 환자들을 세 개 그룹으로 나누었다. 첫 번째 그룹에 대해서는 손상된 연골을 깎아냈다. 두 번째 그룹에 대해서는 무릎 관절을 세척하여 염증반응을 일으킨다고 생각되는 물질을 제거했다. 이 두 가지는 모두 무릎 관절염에 대한 표준 치료법이다. 그런데 세 번째 그룹에 대해서는 "가짜" 수술을 실시했다. 일단 환자를 마취시킨 모슬리는 관례에 따라 세 군데를 절개한 후 실제로 수술을 하는 것처럼 말하고 행동했다. 심지어 관절을 세척하는 척하기 위해 소금물을 써서 물소리를 내기도 했다. 40분이 지난 뒤 모슬리는 정말로 수술을 한 것처럼 절개 부위를 봉합했다. 그리고 세 개 그룹 모두에게 운동 처방을 포함한 수술 처방을 내주었다. 결과는 충격적이었다. 수술 받은 그룹은 예상대로 증상이 개선되었다. 그러나 가짜 수술을 받은 그룹도 다른 두 그룹과 같은 정도의 개선을 보였다. 미국에서 매년 650,000건의 무릎 관절염 수술이 이루어지고, 건당 수술비가 5,000달러에 이르지만 모슬리에게는 결과가 분명했다. "외과의사로서 내 기술은 이 환자들에게 아무런 도움도 주지 못했다. 무릎 관절염 수술로부터 오는 혜택은 모두 위약효과였다." 텔레비전 방송은 이 충격적 결과를 생생하게 보도했다. 가짜 수술을 받았던 사람들이 걷거나 농구를 하는 등 간단히 말해 "수술" 전에는 스스로 할 수 없다고 여기는 일을 하는 장면이 방영되었다. 가짜 수술을 받은 환자들은 그로부터 2년이 지나도록 그 수술이 가짜라는 사실을 알지 못했다. 이 "가짜" 그룹의 일원이었던 팀 페레즈는 수술 전에는 지팡이에 의지해 걸었지만 이제는 손자들과 농구를 즐긴다. 그는 〈디스커버리 헬스〉 채널과의 인터뷰에서 이 책의 제목을 다음과 같이 적절히 요약했다. "세상에는 마음을 모으면 안 되는 일이 없습니다. 이제 나는 마음이 기적을 일으킬 수 있다는 사실을 압니다."

위약효과가 천식이나 파킨슨병 같은 다른 질병을 치료하는 데도 위력을 발휘한다는 연구 결과가 나와 있다. 특히 우울증 치료에서 위약효과는 스타 대접을 받는다. 그래서 브라운 의대의 월터 브라운은 위약을 경중 또는 중간 정도의 우울증 증세를 보이는 환자들의 1단계 치료약으로 쓰자고 제안했다(Brown 1998). 환자들에게 약을 내주면서 유효 성분이 없다고 이야기를 해도 약의 효과가 떨어지지 않았다. 실제로 약을 먹는 것이 아니라는 사실을 환자가 알고 있어도 위약은 여전히 효력을 발휘하는 것을 시사하는 연구 결과들도 있다.

미국 보건후생국에서 나온 보고서도 위약의 위력에 대해 언급하고 있다. 보고서에 따르면 중증 우울증 환자의 경우 약을 투약하면 절반이 증상이 호전되는 반면 위약을 투여하는 경우 32퍼센트가 호전되었다(Horgan 1999). 이러한 수치도 위약효과의 위력을 제대로 보여주지 못하는지도 모른다. 왜냐하면 연구에 참여하는 많은 환자들이 자신에게 투여되는 약이 진짜 약이라는 사실을 안다. 위약을 투여 받은 환자들은 겪지 않는 부작용으로 인해 이 사실을 아는 것이다. 환자들이 일단 진짜 약을 먹는다는 사실을 알면, 달리 말해 이들이 진짜 약을 먹는다는 사실을 "믿기" 시작하면 이들은 위약효과에 더욱 잘 반응한다.

위약의 위력이 이렇다 보니 82억 달러에 달하는 우울증 치료약 업계가 공격을 당하는 것도 놀랄 일이 아니다. 많은 사람들이 업계가 제품의 효과를 과대포장하고 있다고 지적한다. 2002년에 미국 심리학회가 발간하는 「예방과 치료」라는 저널에 실린 "황제의 새로운 약"이라는 제목의 논문에서 코네티컷 대학의 심리학 교수인 어빙 커슈는 임상실험 결과 우울증 치료약이 발휘하는 효과의 80퍼센트는 위약효과일 수 있다고 썼다(Kirsch, et al, 2002). 2001년에 제일 잘 팔리는 항우울제에 관한 임상실험 정보를 얻기 위해 커슈는 정보공개법에 호소해야 했다. 이 데이터는 미국 식약청에서 나온 데이터가 아니다. 이 데이터에 따르면 제일 잘 팔리는 항우울제 여섯 가지에 대한 임상실험의 절반에서 진짜 약이 위약보다 더 큰 효과를 보이지 못했다. 커슈는 〈디스커버리 헬스〉 채널과의 인터뷰에서 이렇게 말했다. "진짜 약에 대한 반응도와 위약에 대한 반응도의 차이는 50점에서 60점 사이로 설정되어 있는 평균 점수에서 2점 이내의 차이를 보입니다. 아주 작은 차이죠. 이 정도의 차이는 임상실험에서 무의미합니다."

항우울제의 효과에 대해 또 한 가지 흥미로운 점은 해가 지남에 따라 임상실험에서 이들 항우울제의 효과가 점점 개선되었다는 사실이다. 이는 이들 약의 위약효과가 적절한 마케팅 덕분이기도 하다는 사실을 보여준다. 항우울제의 효과를 언론과 광고가 떠들어댈수록 이 약들의 효과는 강해진다. 믿음은 전염성이 있다! 이제 세상은 항우울제가 효과가 있다고 사람들이 "믿는" 세상이 되었고, 이에 따라 항우울제가 실제로 효과를 발휘하고 있다. 1997년에 이팩사라는 약의 효과를 실험하는 임상실험에 참여한 적이 있는 재니스 숀펠드라는 캘리포니아의 인테리어 디자이너는 자신이 사실은 위약 그룹에 속해 있었다는 사실을 알고, 앞서 무릎 수술에서 등장한 페레즈만큼이나 "경악"했다. 위약을 먹으니 30년이나 그녀를 괴롭혀온 우울증이 해소되었을 뿐만 아니라 실험 과정 전체에 걸쳐 뇌를 스캔해본 결과 전전두엽의 활성이 크게 개선되었다는 것도 알 수 있었다(Leuchter, et al, 2002). 그녀는 "심적으로만" 개선된 것이 아니었다. 마음이 달라지면 몸도 당연히 영향을 받는다. 숀펠드는 구토감을 느꼈는데, 이는 흔한 이팩사 부작용이다. 숀펠드는 위약을 먹고 증상이 개선되었다가 나중에 이 사실을 알게 된 환자의 전형적인 예이다. 그녀는 자신이 진짜 약을 먹고 있음을 "알고" 있었으므로 의사들이 약병의 레이블을 잘못 붙였다고 확신했다. 그래서 심지어 그녀는 자신이 진짜 약을 먹지 않은 것이 의심할 여지 없이 사실인가를 분명히 하기 위해 연구팀에게 투약 기록을 재확인할 것을 강력히 요구하기도 했다.

노시보: 부정적인 신념의 힘

의료계에 종사하는 사람 중 위약효과에 대해 아는 사람은 많지만 이 효과가 치유에 대해 어떤 의미를 지니는가를 연구해본 사람은 많지 않다. 긍정적 사고를 하면 우울증에서 빠져나오기도 하고 아픈 무릎이 낫기도 한다면 부정적 사고가 끼칠 영향은 어떨지를 상상해보라. 긍정적인 사고를 통해 마음이 건강을 개선하면 이를 위약효과라고 한다. 반면에 똑같은 마음이 부정적 사고를 하여 건강을 해칠 경우 이러한 효과를 "노시보" 효과라고 한다(플라시보에는 "위약"이라는 역어가 있는 데 반해 노시보에는 아직 역어가 없는 것으로 판단된다. 그러나 이 책에서는 위약과의 대비를 선명히 하기 위해 "해약(害藥)", 즉 해로운 약이라는 뜻의 역어를 만들어 쓰기로 한다―옮긴이).

의학에서 해약효과는 위약효과만큼이나 강력하며, 여러분은 의사를 찾아갈 때마다 이 사실을 떠올려야 한다. 의사들은 환자들로부터 희망을 앗아가기도 하는 언동을 할 때가 있는데, 이럴 때 이들이 하는 말은 내가 보기에는 전혀 근거가 없다. 앞서 예로 든 앨버트 메이슨은 스스로 환자에게 긍정적 사고를 불어넣을 수 없었기 때문에 어린선 환자 치료에서 효과를 보지 못했다고 생각했다. 또 한 가지 예는 다음과 같은 의사의 선고가 갖는 힘이다. "이제 6개월밖에 살지 못합니다." 의사의 말을 믿기로 한다면 이 사람이 이 세상에서 보낼 수 있는 시간은 얼마 남지 않았다.

이번 장에서 〈디스커버리 헬스〉 채널이 2003년에 방영한 "위약: 의술을 압도하는 마음"을 인용했는데, 나는 이 프로그램이 의학에서 가장 흥미로운 몇 가지 경우를 잘 보여준다고 생각한다. 이 프로그램에서 가장 두드러진 부분 중 하나는 내슈빌에 사는 클리프턴 미더라는 의사를 담은 부분이다. 미더는 30년에 걸쳐 노시보(해악) 효과를 연구해왔다. 1974년에 미더의 환자 중 샘 론드라는 사람이 있었는데, 은퇴한 구두 세일즈맨인 론드는 식도암을 앓고 있었다. 당시에 식도암의 치사율은 100퍼센트로 알려져 있었다. 론드는 식도암 치료를 받았지만 의료계에 종사하는 사람들은 누구나 그의 식도암이 재발하리라는 사실을 "알고" 있었다. 그러므로 식도암 진단이 나오고 나서 몇 주 뒤 론드가 사망한 것은 놀랄 일이 아니었다.

그러나 론드가 사망한 뒤 부검을 해보니 몸에 별로 암이 없었고, 목숨을 앗아갈 만한 정도의 암은 나타나지 않았다는 놀라운 사실이 발견되었다. 그저 간에 점 두 개, 폐에 하나가 발견되었을 뿐, 론드를 죽음으로 몰고 갔다고 다들 생각했던 식도암의 흔적은 전혀 발견되지 않았다. 미더는 〈디스커버리 헬스〉 채널에서 이렇게 말했다. "론드는 암을 갖고 죽었지만 암 때문에 죽지는 않았습니다." 식도암 때문이 아니라면 론드는 뭣 때문에 죽었을까? 론드는 죽을 것이라고 "믿었기 때문에" 죽었을까? 론드가 죽은 지 30년이 지난 뒤에도 이 일은 미더의 머리를 떠나지 않는다. "나는 그가 암을 앓고 있다고 생각했습니다. 그도 그렇게 생각했습니다. 론드 주변 인물들도 모두 그렇게 생각했죠……. 어떤 식으로든 내가 그의 희망을 빼앗아버린 걸까요?" 이렇게 안타까운 해약의 사례가 있다는 사실은 의사, 부모, 교사들이 어떤 사람을 스스로 "무능하다"고 생각하도록 세뇌시켜 희망을 앗아가버릴 수도 있음을 시사한다.

어떤 사람의 긍정적 또는 부정적 신념은 건강뿐만 아니라 삶의 모든 측면에 영향을 끼친다. 조립라인이 효율적이라는 헨리 포드의 생각은 옳았고, 마음의 힘에 관한 그의 생각도 옳았다. "어떤 사람이 어떤 일을 할 수 있다고 믿든 할 수 없다고 믿든 그 사람은 옳다." 의학적으로 콜레라를 발병시킨다고 판단되는 박테리아를 거리낌 없이 마셔버린 사람에 대해 이 말은 어떤 의미를 갖는가를 생각해보자. 데지 않고 뜨거운 석탄 위를 걷는 사람들도 생각해보자. 할 수 있다는 신념이 조금이라도 흔들렸다면 이들은 발을 데고 말 것이다. 사람의 믿음은 카메라의 필터와 같아서, 어떤 필터를 장착하느냐에 따라 세상이 달라 보인다. 그리고 인간의 몸은 이러한 믿음에 적응해간다. 믿음이 그토록 강력하다는 사실을 진심으로 인정하면 자유의 열쇠가 우리 손 안에 들어온다. 유전자 청사진 속에 들어 있는 암호를 우리 마음대로 바꿀 수는 없지만 우리의 마음은 바꿀 수 있다.

강의를 할 때 나는 하나는 빨간색이고 하나는 녹색인 두 가지 플라스틱 필터를 갖고 간다. 사람들에게 둘 중 한 가지를 고르라고 하고는 아무것도 없는 스크린을 바라보라고 한다. 그리고 이제부터 내가 화면에 띄우는 영상을 보면 사랑하는 마음이 생기는가 두려운 마음이 생기는가를 크게 외치라고 주문한다. 빨간색 "신념" 필터를 쓴 사람은 "사랑의 집"이라는 간판이 붙어 있는 오두막이 있고 햇살 속에 꽃이 피어 있으며, "나는 사랑 속에 살고 있어요"라는 글자가 쓰여 있는 화면을 본다. 녹색 필터를 쓴 사람은 음침하고 어두운 하늘에 박쥐가 날고, 뱀이 기어다니는 으스스한 집 밖에 유령이 떠돌며, "나는 두려움 속에 살고 있다"라는 글자가 쓰여 있는 화면을 본다. 같은 영상에 대해 청중의 절반은 "나는 사랑 속에 살고 있어요"라고 외치고, 나머지 절반은 "나는 두려움 속에 살고 있어요"라고 외치는 광경을 보는 일은 항상 흥미롭다.

그리고 나서 청중에게 필터를 서로 바꾸라고 한다. 여기서 핵심은 사람들이 무엇을 볼지를 스스로 선택할 수 있다는 점이다. 건강 증진에 도움이 되는 빨간색 필터를 통해 인생을 볼 수도 있고, 모든 것을 어둡게 만들고 몸과 마음이 병에 걸리기 쉽게 만드는 녹색 필터를 택할 수도 있다. 두려움의 삶을 살 수도 있고, 사랑의 삶을 살 수도 있다. 선택은 여러분의 몫이다. 그러나 사랑으로 가득 찬 세계를 택하면 여러분의 몸은 거기 부응하여 건강이 증진된다는 사실을 말해줄 수 있다. 두려움으로 가득 찬 어두운 세계 속에 산다고 믿는 쪽을 선택한다면 여러분의 몸은 생리적으로 보호반응에 몰입할 것이기 때문에 건강이 나빠진다.

건강을 증진하는 쪽으로 마음의 방향을 잡는 방법을 배우는 것이 삶의 비밀이며, 이것은 이 책의 제목이 뜻하는 바이기도 하다. 물론 생명의 비밀은 전혀 비밀이 아니다. 부처나 그리스도 같은 스승들도 수천 년에 걸쳐 같은 얘기를 해왔다. 우리의 삶을 지배하는 것은 유전자가 아니라 우리의 믿음이다……. 너희 믿음이 약한 자들이여!

　이런 생각은 다음 장을 이해하는 데 도움이 된다. 다음 장에서는 사랑 속의 삶과 두려움 속의 삶이 몸과 마음에 어떻게 서로 반대되는 효과를 일으키는지를 자세히 들여다보자. 이 장을 마치기 앞서 인생을 아름답게 보이도록 해주는 필터를 쓰고 삶을 살아가는 데는 전혀 나쁠 것이 없음을 다시 한번 강조하고자 한다. 사실 이러한 필터는 세포가 번성하는 데 필요하다. 긍정적인 사고는 행복하고 건강한 삶의 생물학적 필요조건이다. 마하트마 간디의 말을 인용해본다.

믿음은 생각이 되고
생각은 말이 되고
말은 행동이 되고
행동은 습관이 되고
습관은 가치가 되고
가치는 인간이 된다.

6장

성장과 보호

진화의 과정에서 인간은 여러 가지 생존 메커니즘을 얻었다. 이러한 메커니즘은 크게 성장과 보호라는 두 가지 기능으로 나뉜다. 또한 이 두 가지는 어떤 유기체가 생존하는 데 필요한 기본 기능이다. 사람은 누구나 스스로를 보호하는 것이 중요함을 알고 있다. 그런데 성장도 생존하는 데 똑같이 중요하다는 사실은 잘 인식하지 못한다. 성장은 완전히 성숙한 성인의 경우에도 중요하다. 매일 수십 억 개의 세포가 새로운 세포로 교체되어야 한다. 예를 들어 내장 안쪽 벽을 이루는 세포들은 72시간마다 모두 교체되어야 한다. 이러한 세포의 순환과정을 유지하려면 인체는 매일 상당량의 에너지를 소비해야 한다.

실험실에서 단세포 생물을 관찰하면서 나는 다세포 생물인 인간에 관해 많은 깨달음을 얻었는데, 이 과정에서 내가 성장과 보호가 얼마나 중요한지를 처음으로 깨달았다고 말해도 이제 여러분은 놀라지 않을 것이다. 인간의 내피세포를 배양하며 살펴보니 이들은 배양접시에 독성 물질을 떨어뜨리면 그로부터 도망쳤다. 이는 마치 사람이 사자나 강도로부터 도망치는 것과도 같다. 이들은 또한 인간이 아침, 점심, 저녁 식사나 사랑을 향해 달려가는 것처럼 영양소를 향해 움직여 갔다. 서로 반대되는 이 두 가지의 움직임은 환경 자극에 대한 세포의 기본적 반응을 이룬다. 생명을 유지하는 데 도움이 되는 신호, 예를 들어 영양소 같은 신호에 다가가는 것은 성장반응의 특징이다. 독성 물질처럼 생명을 위협하는 신호로부터 멀어지려 하는 것은 보호반응의 특징이다. 어떤 환경 자극은 중립적이라는 것도 지적해두고자 한다. 이들은 성장반응도 보호반응도 일으키지 않는다.

스탠퍼드 대학에서 내가 수행한 연구 결과에 따르면 성장반응 및 보호반응은 인간 같은 다세포 유기체의 생존에도 핵심적이다. 그런데 수십 억 년에 걸쳐 진화해온 이 두 가지 상반되는 생존 메커니즘에는 한 가지 단점이 있다. 연구 결과 성장과 보호를 지향하는 두 개의 메커니즘은 동시에 최적의 상태로 작용할 수 없다. 달리 말해 세포는 동시에 앞으로 나가면서 뒤로 물러날 수는 없다는 뜻이다. 스탠퍼드 대학에서 내가 연구한 혈관벽 세포를 보면 이 세포의 미세한 어떤 부분에서 영양소에 대한 반응이 일어나고 완전히 다른 어떤 부분에서 보호반응이 발생한다. 그리고 이 세포들은 동시에 두 가지 성질을 드러내지는 못했다(Lipton, et al, 1991).

세포가 보이는 반응과도 비슷하게, 인간은 보호모드로 들어가면 성장반응이 약화될 수밖에 없다. 사자에게 쫓기고 있는데 성장에 에너지를 쓰는 것은 부적합하다. 살아남으려면, 그러니까 사자로부터 벗어나려면 모든 에너지를 사자와 싸우거나 도망치는 데 써야 한다. 한정된 에너지를 보호반응에 할당하면 성장반응에 쓰일 에너지는 줄어들 수밖에 없다. 보호반응에 쓰이는 조직과 기관에 에너지를 보내는 것 말고도 성장이 저해되는 이유가 또 한 가지 있다. 성장이 이루어지려면 그 유기체와 환경 사이에서 교환이 자유롭게 이루어져야 한다. 예를 들어 음식물을 섭취하고 배설물을 내보낼 수 있어야 한다. 그러나 보호모드에 들어가면 유기체를 위협으로부터 지켜야 하기 때문에 그 유기체의 벽이 모두 닫혀버린다.

성장은 에너지를 사용할 뿐만 아니라 에너지를 "생산"하는 데도 필요한 과정이기 때문에 성장과정이 저해되면 피해가 발생한다. 결과적으로 보호반응의 기간이 오래 지속되면 생명을 지탱하는 에너지의 "생산이 방해 받는다." 보호모드에 들어가 있는 시간이 오래갈수록 성장은 저해된다. 사실 이런 식으로 성장과정을 완전히 차단해버리면 문자 그대로 "무서워서 죽는" 것도 가능해진다.

다행히도 "무서워서 죽을 지경"까지 가는 사람은 거의 없다. 단세포 생물과는 달리 다세포 유기체의 성장-보호 반응은 흑백 논리에 의존하지 않는다. 달리 말해 50조 개에 달하는 인간의 세포가 동시에 일제히 성장모드로 들어가거나 보호모드로 들어가지는 않는다. 어느 정도 비율의 세포가 보호반응에 참여하는가는 위협의 강도에 달려 있다. 위협으로 인한 스트레스 속에서도 살 수는 있지만 습관적으로 성장 메커니즘을 저해하면 생명력이 심각하게 손상된다. 또 한 가지 중요한 사실은 생명력을 최대한 발휘하려면 그저 스트레스의 요인을 제거하는 것만으로는 부족하다. 성장을 한쪽 끝으로 하고 보호를 반대쪽 끝으로 하는 스펙트럼을 상상해볼 때 스트레스 요인을 제거하는 것은 사람을 이 스펙트럼의 한가운데쯤 가져다 놓을 뿐이다. 생명력을 최대한 활용하려면 스트레스 요인을 제거할 뿐만 아니라 성장 과정을 촉진하는 유쾌하고 사랑에 넘치며 만족스러운 삶을 적극적으로 추구해야 한다.

국토 방위와 같은 생물학

다세포 생물은 성장-보호 반응을 중추신경계가 조절한다. 환경으로부터 들어오는 신호를 관찰하고 이를 해석하여 적절한 반응을 드러내는 것이 중추신경계의 역할이다. 다세포 생물에게 중추신경계는 세포라는 각 시민들의 활동을 체계적으로 조직하는 정부와 같다. 위협적인 환경 스트레스를 인식하면 중추신경계는 세포 공동체에 대해 위험이 다가온다고 경고를 울린다.

 인체는 두 가지의 서로 분리된 보호시스템을 갖추고 있으며, 각각은 생명유지에 필수적이다. 첫 번째는 "외부" 위협에 대한 보호 조치를 취하는 시스템이다. 이는 HPA 축(시상하부-뇌하수체-아드레날린축)이라고 불린다. 위협이 없을 경우 HPA 축은 비활성이며, 따라서 인체는 거침없는 성장모드에 머문다. 그러나 뇌의 시상하부가 환경으로부터의 위협을 감지하면 이 시상하부는 "분비선의 총지휘관"인 뇌하수체에 신호를 보내 HPA 축을 작동시킨다. 뇌하수체는 50조 개의 세포 공동체를 지휘하여 다가오는 위협에 대처한다.

 세포막의 자극-반응 메커니즘인 수용기-효과기 단백질을 떠올려보라. 인체에서는 시상하부와 뇌하수체가 바로 이들에 해당한다. 수

198

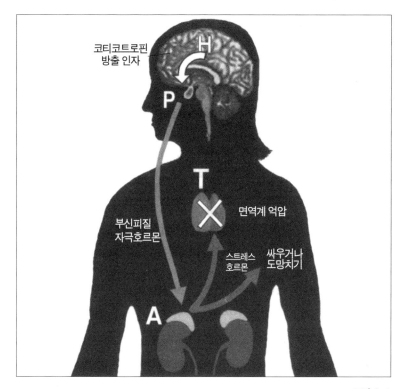

코티코트로핀
방출 인자

H

P

부신피질
자극호르몬

T

면역계 억압

스트레스
호르몬

싸우거나
도망치기

A

그림 6-1

용기 단백질처럼 시상하부는 환경으로부터 들어오는 신호를 받아들이고 이를 인식한다. 뇌하수체는 인체의 기관들이 행동을 개시하도록 한다는 점에서 수용기 단백질과 비슷하다. 외부 환경으로부터의 위협에 대응하여 뇌하수체는 아드레날린 분비선에 신호를 보내 인체가 "싸우거나 또는 도망치는" 반응을 일으키도록 지시한다.

스트레스 자극이 HPA 축을 활성화시키는 것은 일련의 단순한 과정을 거친다. 뇌가 인식한 스트레스에 대응하여 시상하부는 코티코트로핀 방출 인자(CRF)를 분비하며, 이 CRF는 뇌하수체로 간다. 여기서 CRF는 뇌하수체 호르몬을 분비하는 세포 중 특정한 세포를 활성화하여 부신피질 자극호르몬(ACTH)을 분비시켜 혈액 속으로 방출한다. 이어서 ACTH는 부신으로 가서 "싸우거나 도망치는" 데 필요한 아드레날린 분비를 지시한다. 이들 스트레스 호르몬이 인체 기관의 기능을 조화시켜 위험을 격퇴하거나 이로부터 도망치는 데 필요한 최대한의 신체적 힘을 발휘하도록 해준다.

일단 아드레날린 경보가 울리면 혈액 속의 스트레스 호르몬은 소화관으로 가는 혈관을 수축시켜 에너지 생산에 참여하는 혈액을 팔과 다리 쪽으로 옮긴다. 팔다리는 인간을 위험으로부터 빠져나가게 해준다. 혈액은 사지로 가기 전에는 내장 기관에 모여 있다. 이렇게 내장 기관에 집중되어 있는 혈액을 싸우느냐 도망치느냐의 상황에서 팔다리로 보내버리면 성장 관련 기능이 저해된다. 혈액이 실어다 주는 영양소가 없으므로 내장기관은 제대로 작동할 수가 없다. 이렇게 되면 내장기관은 생명을 유지하는 데 필요한 활동인 소화, 흡수, 배설 및 기타 세포를 성장시키고, 인체가 비축할 에너지를 생산하는 등의 생명유지 활동을 중단한다. 그러므로 스트레스 반응이 일어나면 성장과정이 방해를 받으며 나아가 에너지 생산까지 저해되어 인체의 생존능력이 손상된다.

두 번째 보호 시스템은 면역계로, 인체 내에서 발생하는 위협, 이를테면 박테리아나 바이러스가 일으키는 위협으로부터 우리를 보호해준다. 일단 활성화되면 면역계는 인체의 에너지 중 상당 부분을 소비한다. 면역계가 얼마나 에너지를 많이 소비하는지를 알고 싶으면 감기에 걸려 바이러스와 싸울 때 스스로 얼마나 몸이 약해졌다고 느꼈는지를 떠올려보라. HPA 축이 인체를 싸우거나 도망치는 모드로 설정하면 아드레날린이 직접 작용하여 면역계를 억압해서 에너지를 보존한다. 사실 스트레스 호르몬은 면역계의 기능을 저해하는 데 매우 효과적이어서 의사들은 장기를 이식했을 때 이식 받은 사람의 몸에서 거부반응이 일어나지 않도록 스트레스 호르몬을 투여한다.

왜 이 아드레날린 시스템은 면역계의 기능을 차단할까? 아프리카 오지의 텐트 안에 누워서 박테리아 감염과 심한 설사에 시달리고 있다고 하자. 밖에서는 사자가 으르렁거리고 있다. 이럴 때 뇌는 어느 쪽이 더 큰 위협인가 판단해야 한다. 사자에게 잡아먹히면 박테리아를 이긴들 소용이 없다. 그러므로 인체는 감염과의 싸움을 중단하고, 맹수로부터 도망치는 쪽으로 에너지를 몰아준다. 그러므로 HPA 축이 가동되면 질병과 싸우는 능력이 저해된다.

HPA 축이 활동을 시작하면 사고력도 떨어진다. 추론과 논리의 중심인 전뇌가 정보를 처리하는 속도는 반사를 담당하는 후뇌보다 훨씬 느리다. 비상사태에서는 정보처리 속도가 빠를수록 생존 확률이 높아진다. 스트레스 호르몬은 전뇌로 가는 혈관을 수축시켜 기능을 저하시킨다. 또한 스트레스 호르몬은 의식적이고 자유 의지에 바탕을 둔 행동을 관장하는 뇌의 전전두엽의 활동을 저해한다. 비상사태가 닥치면 혈액과 호르몬은 후뇌를 활성화시키는데, 후뇌는 앞서 말한 대로 생명을 유지하는 반사를 관장하는 곳으로 효과적으로 싸우거나 또는 도망치는 행동을 조절한다. 스트레스 신호가 느리게 작동하는 의식적 마음을 억압하여 생존 가능성을 높이는 것은 필요한 일

이지만, 이는 공짜가 아니다. 달리 말해 의식적 인지능력과 지적능력
이 떨어진다(Takamatsu, et al, 2003; Arnsten and Goldman-Rakic 1998;
Goldstein, et al, 1996).

공포로 죽을 수도 있다

앞서 카리브 해의 의대에서 가르칠 당시 나에게 F학점을 받은 학생들
의 얼굴에 떠오른 얼어붙은 표정을 기억하는가? 의대에서 낙제점을
받는다는 것은 굶주린 사자와 만난 것과 같다.

내 학생들이 계속 두려움에서 벗어나지 못했다면 확언하건대 이들
은 기말시험도 망쳤을 것이다. 간단히 말해 두려워지면 머리도 안 돌
아간다. 선생이라면 "시험 잘 못 보는" 학생이 늘 있음을 안다. 이러
한 학생들은 스트레스 때문에 마비가 되어서 떨리는 손으로 잘못된
답을 쓴다. 왜냐하면 이런 상태에서는 학기 내내 공들여 머릿속에 집
어넣은 정보를 머리에서 꺼낼 수가 없기 때문이다.

HPA 축은 순간적인 스트레스를 해결하는 데는 아주 탁월한 메커
니즘이다. 그런데 이 보호 시스템은 지속적으로 작용하도록 설계되
어 있지 않다. 오늘날의 세계에서 우리가 겪는 대부분의 스트레스는
사람이 쉽게 발견하고, 반응하고, 처리할 수 있도록 가시적이고 일시
적인 형태를 띠고 있지 않다. 인간은 개인생활, 직업, 전쟁으로 갈갈
이 찢긴 지구촌에 관한 해결할 수 없는 여러 가지 걱정에 끊임없이 둘
러싸여 산다. 이런 근심이 있다고 해서 생존에 즉시 위협이 되지는 않

지만 이런 근심은 어쨌든 HPA 축을 활성화시킬 수 있고, 그 결과 만성적으로 스트레스 호르몬이 많이 분비될 수 있다.

아드레날린 호르몬이 지속적으로 분비되면 어떤 해로운 일이 벌어지는가를 단거리 경주의 예를 들어 설명해보기로 한다. 훈련을 잘 받고 건강 상태도 좋은 단거리 선수들이 출발선에 선다. "제자리에!"라는 소리가 들리면 이들은 출발대에 발을 붙인 후 무릎을 구부리고 손을 땅에 짚는다. 이어서 "준비!"라는 외침이 들린다. 그러면 선수들은 손가락과 발가락으로 몸을 지탱하면서 근육을 긴장시킨다. 이 "준비" 모드에 들어가면 선수들의 몸은 도망치는 능력을 증진하는 아드레날린 호르몬을 분비하여 눈앞에 놓인 힘든 과제를 잘 수행하도록 근육에 힘을 공급한다. 이 상태에서 "출발" 명령을 기다리는 선수들의 몸은 이제 곧 수행해야 할 일을 생각하며 긴장해 있다. 현실의 단거리 경주에서는 이러한 긴장은 1~2초밖에 지속되지 않는다. 어차피 "출발"이라는 외침이 곧 들릴 것이기 때문이다. 그러나 가상의 경주에서는 이 "출발" 명령이 영원히 들리지 않는다. 선수들은 여전히 출발대에 웅크리고 있고 혈액은 아드레날린으로 넘쳐나며 몸은 영원히 시작되지 않을 경주에 대비한 긴장 때문에 피로해간다. 아무리 튼튼한 사람이라도 이런 준비 상태가 지속되면 긴장으로 인해 몇 초 만에 쓰러질 것이다.

인간은 "준비" 세상에 살고 있으며 초긴장한 생활양식이 건강을 심각하게 해친다는 연구 결과가 속속 나오고 있다. 스트레스를 일으키는 일상의 여러 요인으로 인해 HPA 축이 끊임없이 활성화되어 몸을 긴장 상태로 유지시킨다. 곧 뛰쳐나갈 육상선수의 경우와는 달리 우리 몸은 만성적인 근심과 걱정으로 인한 압박으로부터 벗어나지 못한다. 거의 모든 주요 질병은 만성적인 스트레스와 연관되어 있다 (Segerstron and Miller 2004; Kopp and Réthelyi 2004; McEwen and Lasky 2002; McEwen and Seeman 1999).

2003년에 「사이언스」에 게재된 연구에서 연구자들은 프로작이나 졸로프트처럼 선택적 세로토닌 재흡수 억제제(SSRI)를 기반으로 한 항우울제를 쓰는 환자들의 기분이 왜 금방 나아지지 않는지를 살펴보았다. 일반적으로 환자들은 투약을 시작하고 나서 2주가 지나야 증상이 개선되었다. 연구에 참여한 학자들은 우울증이 있는 사람의 경우 해마라고 부르는 뇌의 부위에서 세포분열이 놀라울 정도로 일어나지 않는다는 사실을 발견했다. 해마는 기억에 관여하는 중추신경계의 한 부분이다. 해마 세포는 투약을 시작하고 몇 주 후 환자의 기분이 나아지기 시작할 때쯤 세포분열을 다시 시작했다. 이 연구 결과는 우울증이란 그저 뇌의 모노아민 신호물질, 특히 세로토닌의 분비를 저해하는 "화학적 불균형"의 결과일 뿐이라는 종래의 이론을 반박하는 것이었다. 그렇게 단순하다면 SSRI 항우울제는 투여 즉시 화학적 균형을 바로잡아주는 것이 옳다.

스트레스 호르몬이 신경 세포의 성장을 억압하는 것이 우울증의 원인임을 지적하는 학자의 수가 늘어나고 있다. 사실 만성적인 우울증을 겪고 있는 환자의 경우 해마뿐만 아니라 고등한 추론을 관장하는 전두엽 피질이 축소되어 있다. 「사이언스」에 실린 이 논문에 다음과 같은 논평이 달렸다. "최근 스트레스 가설이 모노아민 가설을 압도하고 있다. 스트레스 가설은 뇌의 스트레스 메커니즘이 지나치게 활성화될 경우 우울증이 발생한다고 본다. 이 이론에서 가장 핵심적인 요소는 HPA 축이다"(Holden 2003).

HPA 축이 세포 공동체에 미치는 영향은 스트레스가 인간 집단에게 미치는 영향과도 같다. 구소련이 핵공격을 할지도 모른다는 생각이 미국인의 마음을 짓누르고 있던 냉전시대의 활기찬 어떤 공동체를 떠올려보자. 다세포 생물의 세포들처럼 이 공동체의 구성원들은 열심히 일을 해서 공동체의 성장에 기여하며 보통 다른 구성원들과도 원만하게 지낸다. 공장은 물건을 만들어내기에 바쁘고, 건설업체들은 계속해서 새 집을 지으며, 식료품점은 먹거리를 팔고 아이들은 학교에서 ABC를 배운다. 사회는 건강하고 성장하는 상태에 있으며, 구성원들은 공통의 목표를 향해 서로 도우며 살아간다.

갑자기 공습경보 사이렌이 울려 퍼진다. 사람들은 모두 하던 일을 멈추고 방공호로 달려간다. 사람들이 살아남으려고 방공호로 앞다투어 달려가면서 공동체의 질서는 깨진다. 5분이 지나자 해제 사이렌이 울린다. 사람들은 다시 일터로 돌아가 하던 일을 계속하고 공동체는 성장 모드로 계속 돌아간다.

그런데 공습경보가 울려서 사람들이 다 방공호로 들어간 뒤 해제 사이렌이 울리지 않으면 어떻게 될까? 사람들은 보호모드를 계속 유지할 것이다. 그러면 이 상태를 언제까지 유지할 수 있는가? 결국 식량과 물이 바닥나면서 공동체는 와해될 것이다. 만성적 스트레스는 사람을 무기력하게 만들기 때문에 가장 강인한 사람들까지도 하나하나 죽어갈 것이다. 공동체는 예를 들어 공습경보 훈련 같은 스트레스는 잘 견뎌낼 수 있지만, 스트레스가 계속 지속되면 우선 성장이 멈추고 궁극적으로는 공동체가 붕괴된다.

인간 집단에 대한 스트레스의 영향을 잘 보여주는 또 하나의 사례가 9·11사태이다. 테러 공격이 있기 직전까지 미국은 성장모드에 있었다. 그런데 9·11이 발생하자 이 충격적인 뉴스는 뉴욕뿐만 아니라 미국 전역으로 순식간에 전파되었고, 그로부터 미국인들은 생존의 위협을 받는다고 느끼게 되었다. 9·11의 충격 속에서 정부는 위협이 계속 존재한다고 경고했고, 이는 아드레날린 신호가 인체에 미치는 영향과 비슷한 결과를 가져왔다. 즉 공동체 구성원들이 성장모드에서 보호모드로 옮겨간 것이다. 심장이 멎을 것 같은 공포 속에서 며칠이 지나자 미국의 경제적 활성이 너무나 약화되어 대통령이 개입해야 될 지경이 되었다. 성장을 촉진하기 위해 대통령은 "미국은 비즈니스에 대해 열린 사회"라는 사실에 대해 여러 번 강조해야 했다. 사람들이 두려움을 극복하고 경제가 회복되기까지는 상당한 시간이 걸렸다. 그러나 테러의 공포는 아직도 남아서 미국의 생명력을 갉아먹고 있다. 이제 미국인들은 미래에 벌어질 수 있는 테러행위에 대한 공포로 인해 우리의 삶의 질이 얼마나 악화되는지를 주의 깊게 살펴보아야 한다. 어떤 의미에서 테러범들은 이미 승리를 거뒀다. 왜냐하면 미국인들의 마음에 공포감을 심어주어 만성적이며 정신을 갉아먹는 보호모드로 몰아넣었기 때문이다.

또 한 가지 주의 깊게 들여다보아야 할 일은 공포와 그로 인한 방어활동이 삶에 끼치는 영향이다. 어떤 두려움이 나의 성장을 저해하고 있는가? 이 두려움은 어디에서 오는가? 이 두려움은 필요한가? 현실적인가? 만족스러운 삶에 도움이 되는가? 이러한 두려움에 대해, 그리고 이 두려움이 어디서 오는가에 대해 다음 장인 '생각 있는 부모 노릇'에서 상세히 다루기로 한다. 두려움을 통제할 수만 있다면 사람은 자신의 삶에 대한 지배권을 되찾을 수 있다.

프랭클린 루즈벨트 대통령은 두려움이 파괴적이라는 사실을 알았다. 루즈벨트는 대공황과 2차 세계대전의 위협에 사로잡힌 미국인들에게 이렇게 말했다. "두려움 자체를 빼고는 두려워할 것이 아무것도 없다." 더욱 만족스럽고 원만한 삶을 향해 나아가는 첫 걸음은 두려움을 없애는 것이다.

7장

생각 있는 부모 노릇 :

유전공학자로서의 부모

일단 자식에게 유전자를 물려주고 나면 부모는 자식의 인생에서 뒷전으로 물러나야 한다는 주장을 틀림없이 들어보았을 것이다. 그러니까 부모가 할 일이란 아이들을 학대하지 않고, 먹이고 입히고는 이미 프로그램된 아이들의 유전자가 어떤 식으로 드러나는가를 보기만 하면 된다는 얘기다. 그렇다면 부모는 아이를 그저 놀이방에 데려다 주거나 베이비시터에게 맡겨놓고는 "출산 전의 생활"을 계속해나갈 수 있다. 바쁘거나 게으른 부모에게는 솔깃한 이야기가 아닐 수 없다.

나처럼 서로 판이한 성격의 자녀들을 둔 부모에게도 이 이야기는 그럴듯하다. 과거에 나는 내 딸들이 성격이 다른 이유가 수태의 순간에 서로 다른 유전자 세트를 물려받았기 때문이라고 생각했다. 수태란 결국 부모가 어찌할 수 없는 상태에서 유전자가 무작위로 선정되는 과정이니 말이다. 또한 내 딸들은 같은 환경(후천적 요소)에서 자랐으므로 이들이 서로 다른 이유는 유전자(선천적 요소) 때문이라고 생각했다는 얘기다.

이제는 알고 있지만 진실은 이와는 매우 다르다. 까마득한 옛날부터 어머니들과 지각 있는 아버지들이 이미 알고 있던 사실을 이제 첨단과학이 확인하고 있다. 이들이 알고 있던 사실은 요즘 베스트셀러들이 아무리 아니라고 외쳐도 부모는 분명히 "영향을 끼친다"는 사실이다. 임신 중 및 출산 전후의 심리학이라는 분야의 개척자인 토머스 버니 박사는 이렇게 말한다. "지난 수십 년간 동료학자들에 의해 검토된 연구 성과를 살펴보면 '의심할 여지 없이' 부모는 자신들이 양육하는 어린이의 정신적 및 신체적 특성에 대해 지대한 영향을 끼침을 알 수 있다"(Verny and Kelly 1981).

그리고 버니에 따르면 부모의 영향은 아이들이 태어난 뒤부터가 아니라 태어나기 "전"부터 시작된다. 1981년에 발간된 선구자적 저술인 『태아는 알고 있다』에서 버니가 처음으로 부모의 영향이 태어나기 전부터 시작된다는 주장을 내놓았을 때만 해도 과학적 증거는 부족했고, 전문가들은 회의적이었다. 당시의 과학자들은 인간의 뇌가 태어난 다음에야 기능을 제대로 발휘한다고 생각했기 때문에 이들은 태아가 어떤 기억도 갖고 있지 않고 고통도 느끼지 못한다고 보았다. "유아 건망증"이라는 용어를 만들어낸 프로이트는 대부분의 사람들이 3~4살 이전의 일을 기억하지 못한다는 사실을 지적했다.

그러나 실험 심리학자들과 신경과학자들은 유아가 기억도 못하고 따라서 학습도 할 수 없다는 오류를 뒤집고 있고, 이와 함께 부모는 자녀의 인생이 펼쳐지는 과정을 구경하는 방관자일 뿐이라는 생각도 허물어가고 있다. 태아 및 유아의 신경계는 방대한 감각 및 학습 능력뿐만 아니라 신경과학자들이 암묵적 기억이라고 부르는 일종의 기억도 갖추고 있다. 임신 중 및 출산 전후 심리학의 또 다른 선구자인 데이비드 체임벌레인은 자신의 저서 『신생아의 마음』에서 이렇게 썼다. "사실 이제까지 우리가 아기들에 대해 생각해온 것은 틀렸다. 아기들은 단순한 존재가 아니라 매우 복잡하며 상상을 뛰어넘을 정도로 많은 생각을 하는 생명체들이다"(Chamberlain 1998).

이렇게 복잡하고 작은 생명체인 태아는 자궁에 있을 때부터 이미 탄생 전의 삶을 살며, 이때의 삶은 장기적인 건강과 행동에 깊은 영향을 미친다. 『자궁 속의 삶: 건강과 질병의 기원』(Nathanielsz 1999)의 저자인 피터 나다니엘즈 박사는 이 책에서 다음과 같이 썼다. "인간이 태어나기 전에 잠시 머무는 집인 자궁에서의 삶의 질은 관상동맥질환, 뇌졸중, 당뇨병, 비만을 비롯한 여러 가지 질병에 대해 그 사람이 얼마나 취약한가를 결정한다." 최근에는 한 걸음 더 나아가 골다공증, 기분 장애, 정신병을 비롯한 성인들의 만성질병이 임신 중 및 출산 전후의 발달 과정에서 어떤 영향을 받는가와 긴밀히 연결되어 있다는 여러 가지 연구 결과가 나왔다(Gluckman and Hanson 2004).

질병과 관련하여 출생 전 환경이 중요한 역할을 한다는 사실이 알려짐에 따라 유전적 결정론은 재고의 대상이 될 수밖에 없다. 나다니엘즈는 이렇게 쓰고 있다. "평생에 걸쳐 어떤 사람이 정신적 및 신체적으로 어떻게 활동하는가를 결정하는 데 있어 자궁 내에서의 조건은 유전자보다 더 중요하지는 않더라도 똑같은 정도로 중요하다는 많은 증거가 있다. 오늘날 평생에 걸친 건강과 운명은 오직 유전자에 의해 결정된다는 생각이 널리 퍼져 있는데, 이러한 생각은 한 마디로 '유전자 근시안'이라는 표현으로 요약할 수 있다. 유전자 근시안이 주장하는 운명론에서 벗어나 자궁 내에서의 삶이 영향력을 행사하는 메커니즘을 연구하면 우리는 우리의 자손과 그들의 자손의 삶의 질을 높여줄 수 있을 것이다."

나다니엘즈가 말하는 이 "결정 메커니즘"은 앞서 이야기한 후성유전학적 메커니즘으로, 환경적 자극은 이 메커니즘을 통해 유전자의 활동을 조절한다. 나다니엘즈가 말한 것처럼 부모는 자궁 내에서의 환경을 개선해줄 수 있다. 이렇게 하여 부모는 자식을 위한 유전공학자 역할을 한다. 물론 부모가 삶의 과정에서 얻은 유전적 변화를 자손에게 전달한다는 개념은 라마르크적 시각이며 이는 다윈의 시각과 상충한다. 나다니엘즈는 라마르크를 거론할 정도로 용기 있는 과학자 중 한 사람이다. "비유전적 방법을 통해 형질이 한 세대에서 다음 세대로 전달되는 일은 실제로 일어난다. 라마르크는 옳았다. 물론 후천적으로 획득한 형질이 다음 세대에 전달되는 메커니즘은 그가 살던 시대에는 알려져 있지 않았지만 말이다."

이렇듯 태아는 어머니가 인식한 환경적 조건에 반응하며, 이에 따라 앞으로 있을 환경 변화를 예측하며 거기에 적응해나가는 과정에서 유전적 및 생리적 발달 과정을 스스로에게 가장 적합하도록 만든다. 그런데 인간이 태아 시절 및 출생 직후의 발달 과정에서 영양 공급 또는 환경이 나빠질 경우 이렇게 삶을 개선하는 인간 발달의 가변성이 잘못된 방향으로 흘러갈 수 있다(Bateson, et al, 2004).

이러한 후성유전학적 영향은 출생 후에도 지속되는데 이는 부모가 계속해서 유아의 환경에 영향을 미치기 때문이다. 특히 뇌의 발달 과정에서 부모의 역할이 중요함을 강조하는 연구 결과도 나오고 있다.

"성장하는 유아의 뇌에 있어서 유전자의 발현에 영향을 미치는 가장 중요한 경험은 주변 환경으로부터 들어온다. 그리고 이러한 과정은 신경세포가 어떻게 상호 연결되어 정신작용을 일으키는 신경 경로를 만들어내는가를 결정한다."고 다니엘 시겔 박사는 자신의 저서 『정신의 발달』에서 쓰고 있다(Siegel 1999). 다시 말해 건강한 뇌를 발달시키는 유전자를 활성화시키려면 유아에게는 이에 적절한 환경이 필요하다는 뜻이다. 최근 연구에 따르면 부모는 출생 후에도 계속해서 유전공학자 역할을 수행한다.

부모의 프로그래밍: 무의식적 정신의 힘

부모가 되려는 준비가 되어 있지 않던 부류에 속하던 내가 어떻게 해서 부모 노릇에 대한 전통적 견해에 의문을 품게 되었는지에 대해 이야기해보겠다. 이 일도 카리브 해에서 시작했다고 말해도 독자 여러분은 놀라지 않을 것이다. 어차피 카리브 해야말로 내가 새로운 생물학 쪽으로 방향을 전환한 곳이기 때문이다. 이렇게 다시 돌아보게 된 계기는 오토바이 사고였다. 강의를 하러 가는 길에 고속으로 모퉁이를 돌다가 오토바이가 뒤집혀 버렸다. 넘어지면서 머리를 땅에 세게 부딪쳤지만 다행히도 헬멧을 쓰고 있었다. 나는 30분 동안 기절한 상태로 있었고 한동안 나의 학생들과 동료 교수들은 내가 죽었다고 생각했다. 의식이 돌아오고 나니 온몸의 뼈가 다 부러진 느낌이었다.

그로부터 며칠 동안 나는 걸을 수가 없었으며 겨우 걷게 되자 마치 절룩거리는 콰지모도(『노트르담의 꼽추』에 나오는 종지기─옮긴이) 같은 꼴로 움직였다. 한 발자국을 내디딜 때마다 고통이 엄습해왔고 "과속하면 죽는다"는 사실이 떠올랐다. 하루는 절룩거리며 강의실을 빠져나가는데 한 학생이 다가오더니 룸메이트를 만나보라고 했다. 그의 룸메이트는 카이로프랙틱 시술자였다. 앞선 장에서 설명했듯이 그때까지만 해도 나는 이러한 시술자에게 가본 적도 없을뿐더러 이런 사람들을 돌팔이로 취급하라는 전통적 교육을 받은 터였다. 그러나 객지에서 이렇게 엄청난 고통에 시달리다 보면 평상시에는 거들떠보지도 않던 일을 한번 해보고 싶은 생각이 드는 법이다.

그 학생의 엉성한 기숙사 "진료실"에서 나는 보통 근육시험이라고 불리는 신체동력학을 처음으로 접했다. 시술자는 나에게 팔을 뻗어보라고 하고는 이 팔을 누를 테니 버티라고 했다. 나는 그가 누르는 힘을 쉽게 버틸 수 있었다. 그러더니 나에게 다시 한번 팔을 뻗고는 "나는 브루스입니다"라고 말하면서 버텨보라는 것이었다. 다시 한번 나는 쉽게 그의 힘을 버텼다. 그런데 이렇게 되자 역시 내가 배운 의학이 옳았다는 생각이 들었다. "이거 엉터리로구먼!" 그러더니 시술자는 다시 팔을 뻗고 "나는 메리입니다"라고 말하면서 버텨보라고 했다. 놀랍게도 힘껏 버텼는데도 팔은 밑으로 툭 떨어졌다. "잠깐만, 힘을 좀 덜 준 것 같군. 한 번 더 해봅시다." 이번에는 더욱 힘껏 버텨보았다. 그런데도 "나는 메리입니다"라고 말하자 내 팔은 돌덩이처럼 뚝 떨어졌다. 그 순간 나의 선생으로 변신한 이 학생은 의식이 과거에 학습되어 무의식에 저장된 "진실"과 상충하는 생각을 할 경우 지적 충돌이 일어나며, 이렇게 되면 근육이 약화되는 결과가 나타난다고 설명하는 것이었다.

놀랍게도 그 순간 나는 학문의 세계에서 그토록 자신만만하게 휘둘러대던 의식이 무의식 속에 저장된 진실과 다른 내용을 입 밖에 내자 통제력을 상실한다는 사실을 깨달았다. 내 이름이 메리라고 말한 순간 나의 무의식은 의식이 팔을 든 상태로 있으려고 애를 쓰는 상태를 해제해버렸다. 나의 마음과 나란히 내 삶을 끌고 가는 다른 힘, 또 다른 "마음"이 있다는 사실에 나는 경악했다. 더욱 충격적인 사실은 이 숨겨진 마음은, 내가 별로 아는 것이 없었던(심리학 시간에 이론적으로 배운 것을 제외하고는) 마음이 나의 의식보다 훨씬 더 강하다는 사실이었다. 이 카이로프랙틱 시술자를 처음 만난 순간은 나의 삶을 바꿔놓는 계기가 되었다. 그리고 이 시술자들은 인체 속에 숨어 있는 치유력을 신체동력학이라는 방법으로 끄집어내서 척추의 왜곡을 해결하는 데 쓴다는 사실도 알았다. "돌팔이"의 진료실에서 간단한 척추교정을 몇 번 받고 나자 나는 새 사람이 된 기분으로 기숙사를 어슬렁어슬렁 걸어나올 수 있었다. 약은 전혀 쓰지 않고 말이다. 그리고 가장 중요한 것은 내가 "커튼 뒤에 숨은 사람," 즉 나의 무의식과 만났다는 사실이다.

캠퍼스를 떠나는 나의 머릿속은 '이제까지 숨어 있던 무의식이 갖는 무한한 힘에는 어떤 의미가 있는가'에 대한 생각으로 가득 차 있었다. 생각이 물리적인 분자보다도 더 효과적으로 행동을 추진한다는 양자역학의 가르침을 방금 새로 배운 것과 결합해보기로 했다. 나의 무의식은 나의 이름이 메리가 아니라는 사실을 "알았고" 내가 메리라고 주장하자 멈칫거렸다. 이것 말고 나의 무의식은 무엇을 "알고 있으며," 어떻게 그것을 알았을까?

　시술자에게서 겪은 일을 더 잘 이해하기 위해 나는 우선 비교신경세포학으로 눈을 돌렸다. 이에 따르면 진화의 나무에서 아래쪽에 있는 하등 생물일수록 신경계가 덜 발달했고 따라서 이미 프로그램된 행동에 더 많이 의존한다. 나방은 불을 향해 날아가고, 바다거북은 매번 같은 섬으로 돌아와 같은 시기에 해변에 알을 낳으며, 제비도 특정한 날에 있던 곳으로 돌아오지만 우리가 아는 한 이러한 생물들은 왜 스스로 이러한 행동을 하는지 밝혀지지 않았다. 이들의 행동은 프로그램되어 있다. 이렇게 생명체의 유전자에 아로새겨진 행동은 "본능"으로 분류된다.

　진화의 나무에서 높은 자리를 차지하고 있는 생물 종들은 좀 더 복잡한 방식으로 통합된 신경계를 가지고 있으며, 이 신경계의 맨 위에는 점점 더 커지는 뇌가 자리잡고 있어서 경험 학습을 통하여 복잡한 행동 패턴을 신경계가 익힐 수 있도록 해준다. 환경 학습 메커니즘이 가장 복잡한 것은 인간으로, 인간은 이 나무의 꼭대기 아니면 적어도 꼭대기 근처에 자리 잡고 있다. 인류학자인 에밀리 슐츠와 로버트 래빈더는 다음과 같이 썼다. "인간은 그 생존에 있어 다른 종보다 학습에 더 많이 의지한다. 예를 들어 인간은 자동적으로 스스로를 보호하거나 먹거리 및 보금자리를 찾는 본능이 없다"(Schultz and Lavenda 1987).

　물론 인간도 본능적인 행동을 한다. 아기가 본능적으로 젖을 빨거나 뜨거운 것에서 재빨리 손을 떼거나 물속에 넣으면 저절로 헤엄치는 것을 생각해보라. 본능은 모든 인간의 생존에 기본적인 행동이며 이는 어떤 인간이 어느 문화권에 속해 있는가, 아니면 어느 시대를 살았거나 살고 있는가와는 관련이 없다. 인간은 헤엄칠 수 있는 능력을 가지고 태어났다. 아기들은 태어난 지 얼마 되지도 않아 돌고래처럼 우아하게 헤엄친다. 그러나 어린이는 부모로부터 물에 대한 공포를 일찍 학습한다. 아기가 혼자 수영장이나 연못가로 아장아장 걸어갈 때 부모가 보이는 반응을 생각해보라. 어린이들은 부모로부터 물이 위험하다고 배운다. 그리고 나서 나중에 부모는 어린이에게 힘들여 수영을 가르쳐야 한다. 수영을 가르칠 때 첫 번째 난관은 어릴 때 머릿속에 아로새겨진 물에 대한 공포를 극복하는 일이다.

그러나 진화의 과정에서 "학습된" 인식은 더욱 강력해졌다. 왜냐하면 이러한 인식이 유전적으로 프로그램된 본능을 압도할 수 있기 때문이다. 인체의 생리학적 메커니즘(예를 들어 심장박동수, 혈압, 혈류, 체온 등)은 본질적으로 프로그램된 본능이다. 그러나 요기들(요가 수행자—옮긴이)이나 바이오피드백(biofeedback)을 활성화하는 일반인들은 이렇게 "아로새겨진" 기능을 의식적으로 조절하는 방법을 "배울 수 있다."

과학자들은 인간이 이렇게 복잡한 행동을 학습할 수 있는 이유는 뇌가 크기 때문이라고 생각해왔다. 그러나 뇌가 크면 무조건 좋다는 이론을 맹목적으로 따르기 전에 고래나 돌고래는 인간의 뇌보다 표면적이 훨씬 큰 뇌를 갖고 있다는 사실을 먼저 생각해보자.

1980년에 "뇌는 정말로 필요한가?"라는 제목으로 「사이언스」에 게재된 영국의 신경학자 존 로버의 연구 성과도 뇌의 크기가 인간이 기능하는 데 가장 중요한 요소라는 생각에 의문을 제기한다(Lewin

1980). 로버는 수두증(머리에 물이 차는 증상) 환자 여러 명을 관찰한 뒤 대뇌피질 대부분이 손실되어도 환자들은 정상적인 생활을 할 수 있다는 결론에 도달했다. 「사이언스」의 기고가인 로저 레윈은 로버의 기사를 다음과 같이 인용하고 있다.

"셰필드 대학에는 아이큐가 126으로 수학에서 최고 점수를 받고 사회적으로도 완벽히 정상인 학생이 있다. 그런데 이 학생은 사실상 뇌를 갖고 있지 않다.…… 일반적으로 뇌실과 피질 표면 사이는 4.5 센티미터 두께의 뇌조직으로 차 있어야 하는데, 이 학생의 뇌를 스캔해보니 그저 1밀리미터 정도의 얇은 층이 있을 뿐이었다. 그리고 그의 두개골은 거의 뇌척수액으로 차 있었다."

이 놀라운 연구 성과는 뇌가 어떻게 작동할까, 그리고 인간 지능의 신체적 기반은 무엇인가에 대해 인간이 오랫동안 믿어온 사실들을 재고해야 한다는 것을 시사한다. 이 책의 에필로그에서 나는 양자물리학에 친숙한 심리학자들이 "초의식적 마음"이라고 부르는 것이나 영혼("에너지")을 고려에 넣어야만 인간의 지능을 제대로 이해할 수 있다는 점을 다루려 한다. 그러나 이 장에서는 심리학자들과 정신의학자들이 오랫동안 씨름해온 개념인 의식 차원과 무의식 차원의 마음에 대해서만 이야기할까 한다. 여기서 이것을 다루는 이유는 생각 있는 부모 노릇과 에너지에 바탕을 둔 심리적 치유 방법에 대한 생물학적 기반을 마련하기 위함이다.

인간의 프로그래밍: 좋은 메커니즘이 나빠지는 경우

인간은 모든 것을 매우 빨리 학습해야 살아남을 수 있고 사회공동체의 일원이 된다. 그러면 이러한 인간이 직면한 진화상의 난관을 다시한번 생각해보자. 신속한 학습이 필요하다는 이유 때문에 진화 과정에서 인간의 뇌는 상상을 초월하는 수의 행동과 생각을 기민하게 다운로드 받아 기억에 저장하는 능력을 획득했다. 현재 진행 중인 연구를 들여다보면 이렇게 신속한 정보 다운로드의 열쇠는 뇌 속에서 진행되는 전기적 활동이며, 이러한 활동은 뇌전도(EEG)를 통해 측정할 수 있다. 뇌전도란 문자 그대로 "머릿속의 전기그림"이다. 점점 정교해져가는 이 기술을 이용하면 인간 두뇌의 활동을 수준별로 살펴볼 수 있다. 성인과 어린이 모두 뇌전도는 저주파인 델타파로부터 고주파인 베타파에 걸쳐 있다. 그런데 학자들은 어린이들의 뇌전도 활동을 보면 각 발달 단계에서 특정한 주파수가 우세하다는 사실을 발견했다.

리마 레이보우 박사는 『수량적 뇌전도와 신경 피드백』이라는 책에서 발달 단계에 따른 변화 추이를 설명하고 있다(Laibow 1999, 2002). 출생 직후부터 2살까지 인간의 뇌에서는 주파수가 낮은 파동, 즉 0.5~4헤르츠 사이의 델타파가 우세하다. 이 델타파가 우세하기는 하지만 아기들은 가끔씩 짧은 기간 동안 더 높은 주파수의 뇌전도 활동을 보이기도 한다. 2살부터 6살 사이의 어린이의 경우 세타파(4~8헤르츠)의 활동이 우세하다. 최면술 치료사들은 시술 시에 환자의 뇌파를 델타파와 세타파 쪽으로 떨어뜨린다. 왜냐하면 이렇게 낮은 주파수의 뇌파 상태에 있을 때 시술자의 지시가 더 잘 먹혀들기 때문이다.

이러한 사실로 미루어볼 때 출생 직후부터 6살에 이르기까지 낮은 쪽의 주파수가 뇌를 지배하는 어린이들이 어떻게 해서 믿을 수 없을 정도로 많은 양의 정보를 다운로드 받아 환경에 적응하는지를 짐작할 수 있다. 이렇게 방대한 양의 정보를 처리하는 능력은 신경학적 적응의 산물로, 이를 바탕으로 하여 정보집약적 과정인 문화 적응이 더 쉽게 이루어진다. 인간의 활동과 사회적 풍습은 워낙 급속히 변화하기 때문에 문화적 활동을 유전적으로 프로그램된 본능을 통해 전달한다면 이로울 것이 없다. 어린이들은 환경을 주의 깊게 관찰하다가 부모가 준 삶의 지혜를 무의식 차원의 메모리에 직접 다운로드한다. 그 결과 부모의 행동과 믿음은 어린이의 행동과 믿음이 된다.

교토 대학 영장류연구소의 학자들은 어린 침팬지도 어미의 행동을 관찰하는 것만으로 학습한다는 사실을 발견했다. 일련의 실험에서 학자들은 어미에게 몇 개의 색에 각각 상응하는 몇 개의 일본어 글자를 알아보도록 가르쳤다. 특정한 색에 해당하는 일본어 글자가 컴퓨터 화면에 뜨면 침팬지는 이 글자에 해당하는 스위치를 누르도록 훈련 받았다. 색깔을 맞추면 상으로 동전을 받았고, 어미는 이 동전으로 자동판매기의 과일을 꺼내 먹을 수 있었다. 훈련 과정에서 어미는 새끼를 안고 있었다. 그런데 어느 날 어미가 자동판매기에서 과일을 꺼내오는 것을 보던 새끼가 컴퓨터를 켰다. 글자가 화면에 나타나자 새끼는 여기에 해당하는 색을 맞추었고, 동전이 나오자 엄마를 따라 자동판매기 앞으로 갔다. 연구팀은 경탄했고, 새끼들은 부모로부터 직접 배우지 않고 그저 관찰하는 것만으로 복잡한 기술을 배울 수 있다는 결론에 도달했다(Science 2001).

　인간에게서도 부모의 기본적인 행동, 신념, 태도 등을 관찰한 결과는 어린이의 무의식적 마음 속에 시냅스 경로라는 형태로 "아로새겨"진다. 일단 무의식적 차원에 프로그램되어 버리고 나면 이러한 신념이나 태도는 죽을 때까지 인간을 지배한다.…… 프로그램을 바꿀 방법을 찾아낼 수 없다면 말이다. 이러한 다운로드 시스템이 얼마나 정교한가에 대해 의심을 품는 사람은 자신의 아이가 부모에게서 배운 욕을 처음 내뱉은 때가 언제인지를 생각해보면 된다. 정교함, 정확한 발음, 뉘앙스를 담은 스타일, 문맥 등이 부모의 것과 똑같이 닮아 있음을 눈치 챘을 것이다.

　인간이 이렇게 탁월한 행동 기록 시스템을 갖고 있는 상황에서 부모가 아이들에게 "멍청한 녀석"이라거나 "아무짝에도 못 쓸 녀석," 또는 "아무것도 못 될 놈," "태어나지 말았어야 할 놈," "비실거리는 녀석"이라고 했을 때 어떤 결과가 나올지 생각해보라. 아무 생각 없이 아이들에게 이런 말을 하는 부모는 마치 정보가 컴퓨터 하드 드라이브에 비트와 바이트의 형태로 다운로드되는 것만큼이나 틀림없이 이런 이야기도 아이의 무의식적 기억에 절대적 "사실"로 자리 잡으리라는 것을 전혀 모른다는 얘기다. 발달 초기에 어린이의 의식은 아직 충분히 성장하지 않았기 때문에 부모의 이런 말이 단순히 가시 돋친 말일 뿐이며, 진정한 "자아"에 대한 설명이 아니라는 사실을 비판적으로 평가할 능력이 없다. 그러나 일단 무의식적 차원의 마음에 프로그램되어 버리면 이러한 부정적인 말들은 "진실"로 입력되며, 삶의 전 과정을 통해 어린이의 행동과 잠재력을 무의식적으로 형성해간다.

나이를 먹을수록 인간은 더 높은 주파수인 알파파(8~12헤르츠)의 지배를 받으면서 외부로부터의 프로그래밍에 덜 민감해진다. 알파파의 활동은 고요한 의식의 상태에 해당한다. 눈, 귀, 코 같은 대부분의 감각기관이 외부세계를 관찰하는 반면 의식은 내 몸을 이루는 세포 공동체의 내면을 비추는 거울의 역할을 한다. 즉 "자아"를 인식하는 것이다.

12살쯤이 되면 어린이의 뇌파 스펙트럼은 더 주파수가 높은 베타파(12~35헤르츠)에서 지속적으로 안정되는 모습을 보인다. 베타파 상태는 "능동적 혹은 집중된 의식"의 상태로 정의되는데, 예를 들면 이 책을 읽고 있을 때의 뇌 활동이 이 상태에 해당한다. 최근에 더 높은 주파수를 가지는 다섯 번째 뇌파 활동이 발견되었다. 감마파(35헤르츠 이상)로 명명된 이 뇌파의 주파수 대역은 조종사가 비행기를 착륙시키거나 프로 테니스 선수가 자기 코트로 넘어온 공을 민첩하게 받아칠 때처럼 "최고의 두뇌 활동" 상황에서 발견된다.

청소년기에 도달하면 사람의 무의식은 온갖 정보로 넘쳐난다. 어떻게 걷는가의 지식으로부터 시작해서 나는 아무짝에도 쓸모 없다는 "지식," 아니면 자애로운 부모의 교육 덕분에 나는 원하는 건 뭐든지 할 수 있다는 "지식"에 이르기까지 다양한 정보가 입력되어 있다는 뜻이다. 유전자를 통해 프로그램된 본능과 부모로부터 학습한 신념들이 어우러져 무의식을 형성하며, 이 무의식은 앞서 이야기한 에피소드에서 팔을 들고 버티지 못하게 하기도 하고 이런저런 약이나 이런저런 먹거리와 결별하겠다는 새해의 결심을 물거품으로 만들어버리기도 한다.

이제 우리 스스로에 대해 많은 것을 가르쳐줄 수 있는 세포로 돌아가자. 하나하나의 세포는 "똑똑하다"라고 앞서 여러 번 말한 바 있다. 그런데 세포가 모여 다세포 공동체를 만들면 이들은 공동체의 "집단의 목소리"를 따른다. 그 목소리가 자기파괴적 행동을 지시한다 하더라도 말이다. 인간의 생리 및 행동 패턴은 건설적이든 파괴적이든 이 지휘부에서 울려 나오는 "진실의 소리"에 맞춰지도록 되어 있다.

무의식의 힘에 대해 설명했는데, 한 가지 여기서 강조하고 싶은 것은 무의식을 뭔가 두렵고 초강력하며 프로이트적인 "파괴의 지식"으로 생각할 필요는 전혀 없다는 뜻이다. 사실 무의식은 감정이 없는 데이터베이스로, 그 기능은 환경으로부터 들어오는 신호를 읽고 이에 따라 탑재된 행동 프로그램을 가동하는 데 한정되어 있다. 이 과정에서 무의식은 어떤 의문도 제기하지 않으며 어떤 판단도 하지 않는다. 그러니까 무의식 차원의 마음이란 프로그램이 가능한 "하드 드라이브"로서 사람이 살아가는 과정에서 겪은 경험이 여기 다운로드된다. 그리고 이 프로그램이란 본질적으로 자극-반응 행동처럼 아로새겨진 것들이다. 행동을 촉발하는 자극은 신경계가 바깥세상으로부터 포착하는 신호일 수도 있고 감정, 기쁨, 고통처럼 인체의 내부에서 나오는 신호일 수도 있다. 어떤 자극이 감지되면 무의식은 그 감정을 처음 접했을 때 학습한 행동을 자동으로 반복한다. 사실 이런 식의 반응이 자동화된 것임을 아는 사람들은 보통 자신의 "버튼이 눌러졌다"는 식으로 표현하기도 한다.

의식적 마음이 진화하기 전까지 동물의 뇌는 오늘날 우리가 무의식적 마음이 하는 일이라고 생각하는 것들만 수행할 수 있었다. 이렇게 원시적인 정신은 단순한 자극-반응 메커니즘으로, 유전적으로 프로그램된 행동(본능)이나 학습된 단순 행동을 통해 환경 자극에 자동적으로 반응할 뿐이다. 이러한 동물들은 "의식적으로" 이러한 행동을 시작하지도 않을 뿐 아니라 사실 이에 대해 알지도 못할 것이다. 이들의 행동은 바람이 불면 눈을 깜빡이거나 무릎을 치면 발이 튀어 오르는 식의 프로그램된 반사작용이다.

의식: 마음속의 창조자

침팬지, 고래, 인간 같은 고등 포유류가 등장함에 따라 "자아 인식" 또는 그저 "의식"이라 불리는 인식이 탄생했다. 의식의 등장은 진화에서 중요한 진보이다. 그 이전의 무의식이 "자동 유도장치"였다면 의식은 수동 제어장치이다. 예를 들어 공이 눈앞으로 날아올 경우 속도가 느린 의식은 이 위협을 알아차릴 시간 여유가 없다. 의식은 1초에 40개의 환경 자극을 해석할 수 있을 뿐이다. 반면에 1초에 20,000,000개의 환경 자극을 처리할 수 있는 무의식은 눈에게 깜박거리라고 지시한다(Norretranders 1998). 이제까지 알려진 정보처리 장치 중 가장 강력한 것으로 알려진 무의식은 외부 환경과 인체 내부에서 일어난 인식을 모두 관찰하고, 환경으로부터의 자극도 읽어 들인 뒤 즉시 과거에 획득한(학습된) 행동으로 들어간다. 이 과정에서 무

그림 7-1 | 의식과 무의식의 정보처리 능력을 시각적으로 비교해보자. 위의 마추픽추 사진은 20,000,000개의 화소로 되어 있으며, 각각의 화소는 하나의 정보 단위인 비트를 구성하고, 이 2천만 비트를 신경계가 1초에 인식한다는 뜻이다. 그러면 의식으로 들어오는 것은 이 중 얼마나 될까? 아래 〈그림 7-2〉의 하얀 점이 의식에 의해 처리되는 정보의 총량을 보여준다. (사실 이것도 10배 확대한 것이다. 원래 크기대로라면 거의 보이지 않을 테니까.) 반면에 막강한 무의식은 흰 점을 제외한 검은 부분 전체를 1초 안에 처리한다.

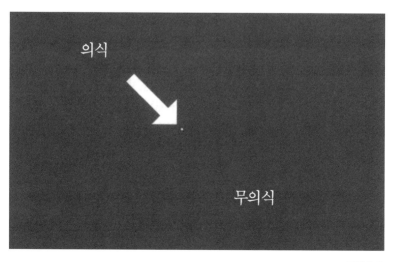

그림 7-2

의식은 의식의 도움, 감독 등을 전혀 받지 않으며 의식은 심지어 이런 과정을 인식하지도 못한다.

의식과 무의식은 역동적인 쌍을 이룬다. 의식은 어떤 특정한 사실, 예를 들어 금요일 밤에 참석할 파티에 관한 생각에 몰두할 수도 있다. 동시에 무의식은 발가락을 자르거나 고양이를 깔아버리지 않고도 잔디 깎는 기계를 밀고 당기게 해준다. 이때 사람은 자신이 잔디를 깎고 있다는 사실에 의식적으로는 전혀 주의를 기울이지 않는데도 말이다.

의식과 무의식은 상호 협력하여 매우 복잡한 행동을 학습할 수 있고, 이를 나중에 활용한다. 기대에 차서 처음으로 운전석에 앉아 운전을 배우기 시작한 날을 기억하는가? 이때 의식이 처리해야 할 일은 엄청나게 많다. 도로에 시선을 고정한 상태에서 거울을 통해 뒤와 옆을 살펴야 한다. 속도계를 비롯한 계기도 가끔 보아야 한다. 수동변속 차량이라면 두 발로 세 개의 페달을 적절히 밟아야 한다. 그리고 다른 사람들이 지켜보는 가운데 침착하고 의젓하게 차를 전진시켜야 한다. 이는 이 모든 행동이 사람의 마음에 "프로그램" 되기 전의 일이다.

익숙해지면 사람은 차에 올라타고 시동을 건 후 의식 차원에서는 쇼핑 리스트를 생각한다. 그동안 무의식은 이 사람이 시내 운전을 탈 없이 해낼 수 있도록 복잡한 기술을 작동시킨다. 이 과정에서 운전에 필요한 여러 가지 동작을 생각할 필요조차 없다. 이런 경험을 한 사람이 나뿐이 아님은 분명하다. 이때쯤이면 운전을 하면서 옆 자리에 앉은 사람과 즐거운 대화를 나눌 수도 있다. 사실 의식은 대화에 너무 깊이 빠져 있어서 운전을 시작하고 나서 5분쯤 지나고 나서야 내가 운전에 전혀 신경조차 쓰지 않았다는 사실을 깨닫기도 한다. 이때 사람은 중앙분리대를 넘어가지도 않고 올바른 방향으로 교통의 흐름을 매끄럽게 따라가고 있다는 사실을 깨닫는다. 거울로 뒤를 보면 내 차가 깔아뭉갠 신호등이나 우편함 같은 것도 없다. 이때까지 의식적으로 운전을 해온 것이 아니라면 이 차는 누가 여기까지 끌고 왔을까? 바로 무의식이다! 그리고 사람이 스스로의 행동을 관찰하지 않았음에도 무의식은 운전자의 팔다리가 배운 대로 잘 움직이도록 이끌어주었다.

의식은 무의식에 들어 있는 습관적 프로그램이 쉽게 작동하도록 도와줄 뿐만 아니라 환경 자극에 자발적으로 대응하는 창의적 능력도 갖추고 있다. 스스로를 돌아볼 능력이 있기 때문에 의식은 자신의 행동이 진행되는 과정을 지켜볼 수 있다. 즉 프로그램된 무의식적 행동이 펼쳐지는 과정에서 이를 지켜보던 의식이 개입하여 이 행동을 중단하고 새로운 반응을 끌어낼 수 있다는 뜻이다. 이렇게 해서 의식은 인간에게 자유의지를 주며, 자유의지가 있다는 사실은 인간이 단순히 프로그램의 희생물이 아니라는 의미이다. 그러나 이를 실현하려면 무의식적 프로그램이 주도권을 잡지 않도록 항상 의식이 깨어 있어야 하는데, 자신의 의지력을 시험해본 사람이면 누구나 알 듯이 이는 어려운 과제이다. 의식이 잠시라도 주의를 기울이지 않으면 그 자리를 즉시 무의식이 채워버린다.

무의식이 항상 현재 시점에서 작동하는 반면 의식은 과거 또는 미래를 생각할 수 있다. 의식이 백일몽 속에서 미래의 계획을 세우거나 아니면 지나간 일을 반추하고 있는 동안 무의식은 항상 근무 중이어서 의식의 감독 없이도 효과적으로 매 순간 필요한 행동을 관리한다.

무의식과 의식은 놀라운 메커니즘이지만 손발이 맞지 않기도 한다. 의식은 인간 사고의 목소리인 "자아"이다. 의식은 사랑, 건강, 행복, 번영으로 채워진 미래에 대해 원대한 계획을 세우기도 한다. 인간의 의식이 행복한 생각에 빠져 있을 때 인간의 행동을 관리하는 것은 무엇인가? 무의식이다. 무의식은 어떻게 이 일을 수행하는가? 정확히 프로그램된 대로 수행한다. 사람이 주의를 기울이고 있지 않을 때 무의식이 하는 행동은 그 사람 스스로 만들어낸 것이 아닌 경우도 있다. 왜냐하면 대부분의 기본적 행동은 다른 사람들을 관찰한 결과를 아무 의문 없이 다운로드한 결과이기 때문이다. 일반적으로 무의식이 만들어내는 행동을 의식이 일일이 관찰하지 않기 때문에 사람들은 자신의 행동이 "엄마" 또는 "아빠"와 "똑같다"는 말을 들으면 놀란다. 그런데 부모야말로 이 사람의 무의식을 프로그램한 사람들이다.

부모, 친구, 스승 같은 다른 사람들로부터 얻은 행동이나 신념은 그 사람의 의식이 지향하는 바와 일치하지 않을 수도 있다. 인간의 의식이 꿈꾸는 바를 실현하는 데 가장 큰 걸림돌은 무의식에 프로그램된 것들이다. 무의식에 설정된 한계는 인간의 행동에 영향을 끼칠 뿐만 아니라 그 사람의 생리적 과정 및 건강을 결정짓는 데도 주된 역할을 한다. 앞서도 본 것처럼 마음은 생명을 유지하는 인체의 여러 시스템을 조절하는 데 강력한 영향을 미친다.

마음이 이렇게 이원적으로 되어 있다는 사실이 인간의 아킬레스건으로 작용하는 것은 자연이 의도한 바가 아니었다. 사실 이 이원성은 인간의 삶에 큰 이익이 된다. 이렇게 한번 생각해보자. 부모와 교사가 항상 좋은 모델이 되어주고 공동체의 모든 사람들과 상생하는 관계를 유지하도록 이끌어준다면 어떨까. 인간의 무의식이 이렇게 건전한 행동으로 프로그램되어 있다면 누구든 스스로 의식도 하지 못한 채로 삶에서 성공을 거둘 것이다.

무의식: 외쳐 불러도 답이 없어

의식의 본질이 "사고하는 자아"라는 점에서 보면 의식이 "기계 속의 유령"이라는 생각이 들지만 무의식의 경우에는 이런 식의 자아인식이 없다. 무의식은 주크박스와 같아서 특정한 환경 자극에 상응하는 버튼을 누르기만 하면 노래가 흘러나오듯 행동이 나온다. 주크박스 안에 들어 있는 어떤 노래가 싫다고 해서 여기에 대해서 소리를 지른다고 주크박스 안의 노래 리스트가 달라질까? 대학 시절의 나는 만취한 채로 주크박스가 말을 듣지 않는다면서 욕을 하고 걷어차는 학생들을 많이 보았다. 마찬가지로 우리는 의식이 무의식에 대고 아무리 소리를 지르고 달래보아도 무의식에 프로그램된 "테이프"는 바꿀 수 없다는 사실을 알아야 한다. 이 방법이 아무 소용이 없음을 깨닫고 나면 무의식과의 쓸데없는 싸움을 멈추고 좀 더 의학적 방법으로 프로그램을 바꿔야 할 것이다. 무의식과 싸우는 것은 주크박스를 걷어차서 원하는 노래가 나오게 하려는 것만큼이나 무의미한 짓이다.

그런데 이런 싸움이 쓸데없는 짓이라는 사실로 사람들을 설득하기는 어렵다. 왜냐하면 우리가 어릴 때 다운받은 프로그램 중 하나가 바로 "의지는 놀라운 힘을 갖고 있다"이니까. 그래서 사람은 무의식의 프로그램을 압도하려고 끊임없이 시도한다. 이런 행동은 보통 약하든 강하든 저항에 부딪히는데, 이는 세포가 무의식의 프로그램에 따를 수밖에 없기 때문이다.

의식적인 의지와 무의식적 프로그램 사이의 갈등은 심각한 신경학적 질환으로 이어질 수 있다. 내가 볼 때 사람이 무의식에 도전하지 말아야 하는 이유를 생생한 영상을 통해 보여준 사례는 영화 〈샤인〉이다. 실화에 바탕을 둔 이 영화에서 호주의 피아니스트인 데이비드 헬프갓은 아버지의 뜻을 거슬러 음악을 공부하러 런던으로 간다. 유태인 대학살에서 살아남은 헬프갓의 아버지는 "세상은 위험한 곳"이며 튀면 "목숨까지 위험할 수 있다"는 생각을 아들의 의식 속에 새겨넣는다. 아버지는 가족과 가까이 있어야만 안전하다고 고집한다. 아버지의 혹독한 세뇌에도 불구하고 헬프갓은 자신이 세계 정상급의 피아니스트이며 아버지의 품에서 벗어나야 한다는 것을 알고 있었다.

런던에서 헬프갓은 콩쿠르에 나가 어렵기로 악명 높은 라흐마니노프의 〈피아노 협주곡 3번〉을 연주한다. 영화는 성공을 원하는 그의 의식과 튀면, 그러니까 "세계적으로 유명해지면" 목숨이 위험해질 것을 두려워하는 무의식 사이의 갈등을 그려내고 있다. 눈썹에서 땀방울을 떨어뜨리며 연주를 이어가는 동안 헬프갓의 의식은 훌륭한 연주를 하려고 애를 쓰는 반면 무의식은 우승이 두려워 동작을 방해하려 한다. 헬프갓은 의식의 힘으로 스스로를 통제하면서 마지막 음표까지 연주를 잘 해낸다. 그리고 무의식에 새겨진 프로그램과의 싸움 끝에 기진맥진해서 기절해버린다. 하지만 무의식에 대해 거둔 이 "승리"에 대해 헬프갓은 비싼 대가를 지불한다. 의식이 돌아온 뒤 헬프갓은 광인이 되어 있었다.

대부분의 사람은 헬프갓의 경우처럼 드라마틱하지는 않지만 어렸을 때부터 주입된 프로그램을 거부하는 과정에서 무의식과 싸움을 한다. 이를테면 싫어하는 일을 하기도 하고 새로운 일을 잡을 때마다 계속 실패를 맛보기도 한다. 이는 "멋진 삶을 살 자격이 없다"는 식으로 세뇌되었기 때문이다.

파괴적인 행동을 통제하기 위해 이제까지는 약이나 대화 요법에 의지해왔다. 새로운 접근 방법은 무의식이라는 녹음기를 "설득"하려 해봐야 소용없다는 인식을 바탕으로 프로그램을 바꿔야 한다고 주장한다. 이 새로운 방식은 에너지와 생각을 연결하는 양자물리학의 발견에 바탕을 두고 있다. 이처럼 과거에 학습한 행동을 다시 프로그래밍하는 여러 가지 방식을 통틀어 에너지 심리학이라고 부를 수 있는데, 이는 신생물학에 기반을 두고 뻗어나가는 분야이다.

그러나 삶의 시작 단계로부터 유전적 잠재력과 창의력을 최대한 발휘할 수 있도록 양육된다면 모든 것은 훨씬 쉬워질 것이다. 그리고 의식 있는 부모가 되어 아이들을 그렇게 키우고 그들의 아이들이 다시 좋은 부모가 되어 프로그램을 다시 짠다는 사실 자체를 불필요하게 만들면 세상은 더욱 행복하고 더욱 평화로운 곳이 될 것이다.

부모의 눈 속에서 반짝이는 빛: 생각 있는 수정과 생각 있는 임신

흔히 쓰이는 표현 중에 이런 것이 있다. "네가 너희 부모의 눈 속에서 반짝이는 빛에 불과했을 때(When you were only a twinkle in your parents' eyes)." 이는 서로 사랑하면서 진심으로 아이를 갖기를 원하는 부부의 행복한 의사 교환 모습을 그려내는 표현이다. 최근의 유전학적 연구에 따르면 부모들은 아이를 갖기 몇 달 전부터 이러한 "반짝임"을 "계발"해야 하는데, 이 표현은 이러한 마음가짐이 얼마나 중요한가도 잘 드러내준다. 무엇이 성장을 촉진하는가에 대한 인식과 이를 향한 의지가 있으면 더 총명하고 건강하고 행복한 아기를 낳을 수 있다.

연구에 따르면 부모는 아이가 잉태되기 몇 달 전부터 이미 유전공학자의 역할을 시작한다. 난자와 정자 성숙의 마지막 단계에서 "게놈 각인"이라는 과정이 특정한 집단의 유전자 활동을 조절하는데, 이 유전자 집단들은 나중에 잉태될 아기의 형질을 결정한다(Surani 2001; Reik and Walter 2001). 연구 결과에 의하면 이 게놈 각인의 시기에 부모가 어떤 삶을 살았는가는 앞으로 태어날 아기의 몸과 마음에 깊은 영향을 미친다. 대부분의 부모가 아이를 가질 준비가 되어 있지 않다는 사실을 생각하면 이는 참 무서운 얘기다. 『출산 전 부모 노릇: 수정의 순간부터 아이 키우기』라는 책에서 버니는 이렇게 쓰고 있다. "어떤 사람이 사랑, 성급함, 증오 및 그 밖의 어떤 감정의 지배를 받을 때 잉태되었는가는 큰 영향을 미치며, 어떤 엄마가 원하는 임신을 했는가 그렇지 않은가도 마찬가지다.…… 부모는 차분하고 안정된 환경에서 술, 담배, 마약 등에 중독되지 않고 가족 친지들에 둘러싸여 살 때 가장 좋은 결과를 얻는다"(Verny and Weintraub 2002). 한 가지 흥미로운 사실은 각 지역 원주민의 문화가 수천 년 전부터 임신에 대한 환경의 영향을 인식하고 있었다는 사실이다. 임신 전에 부부는 몸과 마음을 정화하는 의식을 치른다.

일단 임신이 되면 부모의 태도가 태아의 발달에 얼마나 중요한가에 대한 연구는 산더미처럼 많다. 여기에 대해서도 버니는 이렇게 쓰고 있다. "사실 지난 수십 년간 축적된 과학의 저울추는 아직 태어나지 않은 아기의 정신적 및 감정적 능력을 재평가해야 한다는 쪽으로 크게 기운다. 연구에 따르면 깨어 있든 잠들어 있든 태아는 엄마의 행동, 생각, 느낌 하나하나에 지속적으로 반응한다. 수정의 순간으로부터 자궁 내에서 겪는 일들은 아기의 뇌를 형성하며, 인격, 감정적 성향, 차원 높은 사고력 등의 바탕을 형성한다."

정신분열증으로부터 자폐증에 이르기까지 의학이 해결하지 못한 여러 가지 질병을 어머니의 탓으로 돌리는 시대가 있었는데, 이쯤에서 신생물학이 그 시대로 돌아가려 하는 것이 아님을 강조해야겠다. 물론 임신 기간 중 아기를 자궁 속에 넣고 다니는 사람은 엄마지만 수정과 임신 과정 전체에 걸쳐 부모는 함께 역할을 수행한다. 아빠의 행동은 엄마에게 깊은 영향을 미치며, 이는 결국 태아에게 영향을 미친다. 아빠가 집을 나가버려서 엄마가 나 혼자 살아갈 수 있을까를 생각하기 시작하면 아빠의 가출은 엄마와 태아의 상호작용을 깊이 변화시킨다. 마찬가지로 사회적 요인, 이를테면 직장이 없다든가, 집, 의료보장 등이 없거나 끊임없이 전쟁이 계속되어 아빠들이 징집되는 상황은 부모 모두에게 영향을 미치며, 따라서 자라나는 태아에게도 영향을 미친다.

생각 있는 부모 노릇의 핵심은 건강하고 총명하며 창의적이고 기쁨에 넘치는 아이를 길러내는 데 엄마와 아빠가 둘 다 중요한 책임을 진다는 것이다. 인간은 자기 자신이나 자녀의 삶이 실패로 돌아갔다고 해서 자신의 부모 또는 자기 자신에게 책임을 돌릴 수는 없다. 과학 때문에 우리는 유전적 결정론에 시선을 못박고 있었고, 이로 인해 신념이 우리의 삶에 영향을 미친다는 사실, 나아가 우리의 행동과 태도가 우리 자녀의 삶을 결정짓는다는 사실에 대해 무지했다.

대부분의 산부인과 의사들은 아직도 부모의 태도가 발달 중인 태아에게 얼마나 중요한지를 모르고 있다. 이들이 의대에서 배운 유전적 결정론에 의하면 태아의 발달은 유전자에 의해 기계적으로 조절되며 엄마의 역할은 거의 없다. 그 결과 산부인과 의사들은 임신 중인 여성에 대해 몇 가지만 신경을 쓴다. 잘 먹고 있는가? 비타민을 잘 섭취하고 있는가? 운동을 규칙적으로 하는가? 이러한 의문은 엄마의 주된 역할이 이미 유전적으로 프로그램된 아기가 사용할 영양분의 공급이라는 의사들의 믿음을 반영한다.

그러나 자라나는 태아는 엄마의 혈액으로부터 영양소 이외에도 많은 것들을 받는다. 영양분과 함께 태아는 엄마가 당뇨일 경우 지나치게 많은 포도당을, 그리고 엄마가 지속적으로 스트레스에 시달릴 경우 코티솔을 비롯한 스트레스 관련 호르몬을 지나치게 흡수한다. 이러한 시스템이 어떻게 작동하는가에 대한 연구 결과가 속속 나오고 있다. 스트레스를 받은 엄마는 HPA 축을 작동시키고, 이 축은 위협이 존재하는 환경에서 싸우느냐 도망치느냐의 반응을 일으킨다.

스트레스 호르몬은 인체를 보호반응 쪽으로 이끌고 간다. 엄마의 몸에서 분비된 스트레스 호르몬이 태아의 혈류 속으로 들어가면 이들 호르몬은 엄마와 똑같은 태아의 조직과 장기에 영향을 미친다. 스트레스를 받는 환경에서 태아의 혈액은 주로 근육과 후뇌 쪽으로 집중되어 팔, 다리 및 뇌에서 목숨을 지키는 반사행동을 관장하는 영역에 영양을 공급한다. 이렇게 자체방어와 관련된 시스템의 기능을 활성화시키는 과정에서 내장기관으로 가는 혈류량은 적어질 수밖에 없으며 스트레스 호르몬은 또한 전뇌의 기능을 억압한다. 태아의 조직 및 기관의 발달은 이 조직과 기관에 공급되는 혈액의 양과 이들이 수행하는 기능에 비례한다. 태반을 통과하면서 만성 스트레스에 시달리는 어머니의 호르몬은 태아의 혈류 분포를 심각하게 변화시키며 성장하는 태아의 생리적 특성을 바꿔놓는다(Lisage, et al, 2004; Christensen 2000; Arnsten 1998; Leutwyler 1998; Sapolsky 1997; Sandman, et al, 1994).

인간과 생리적으로 상당히 비슷한 양의 임신에 대해 연구한 결과 멜버른 대학의 마릴린 윈투어는 양의 태아가 출산 전에 코티솔에 노출되면 결국 태어난 뒤 혈압이 높아진다는 사실을 발견했다(Dodic, et al, 2002). 태아 혈액 속의 코티솔 농도는 신장의 기본 여과 단위인 네프론의 발달을 조절하는 데 매우 중요한 역할을 한다. 네프론의 세포는 인체의 염분 균형을 조절하는 데 긴밀히 관여하고 있고, 따라서 혈압 조절에 중요하다. 스트레스 상태의 엄마가 코티솔을 너무 많이 분비하면 태아의 네프론 형성 과정이 변화된다. 코티솔이 너무 많으면 일어나는 또 한 가지 현상은 엄마와 태아의 시스템을 동시에 성장모드에서 보호모드로 바꿔놓는다는 사실이다. 그 결과 지나치게 많은 양의 코티솔이 자궁으로 흘러들어간 결과 성장이 저해되고, 더 작은 아기가 태어난다.

바람직하지 못한 자궁 내 환경에서 성장한 태아는 저체중이 되고, 이는 여러 가지 성인병과 연관이 있다고 나다니엘즈는 자신의 책 『자궁 속의 삶』(Nathanielsz 1999)에서 밝히고 있다. 이러한 질병으로는 당뇨, 심장 질환, 비만 등이 있다. 예를 들어 영국 사우샘프턴 대학의 데이비드 바커 박사는 같은 책에서 태어날 때 체중이 2.5킬로그램 이하인 남자아기들은 그보다 무겁게 태어난 아기들보다 심장 질환으로 사망할 위험이 50퍼센트 높다고 밝히고 있다. 하버드 대학 연구팀은 2.5킬로그램 이하로 태어난 여자의 경우 더 무겁게 태어난 여성들보다 심혈관계 질환에 걸릴 위험이 23퍼센트 높다는 사실을 발견했다. 런던 열대의학대학원의 데이비드 리온도 같은 책에서 작고 마른 상태로 태어난 남성이 60살에 도달했을 때 당뇨병에 걸릴 확률은 3배에 이른다고 밝히고 있다.

출산 전 환경을 중시하는 학자들은 아이큐도 연구하기 시작했는데, 유전적 결정론자들과 인종차별주의자들은 과거에 이를 순전히 유전자에 달렸다고 했다. 그러나 1997년에 피츠버그 의대의 정신의학 교수인 버니 데블린은 쌍둥이, 형제, 부모와 자식의 아이큐를 비교한 212개의 연구 결과를 주의 깊게 분석해보았다. 데블린은 아이큐를 결정하는 데 유전자는 48퍼센트의 역할밖에 하지 않는다고 결론지었다. 그리고 부모의 유전자가 조합되는 데 따른 시너지 효과까지 감안하면 실제로 유전자가 아이큐 결정에서 수행하는 역할의 비율은 34퍼센트까지 폭락한다(Devlin, et al, 1997; McGue 1997).

데블린은 오히려 출산 전 발달 시기의 조건이 아이큐에 크게 영향을 미친다는 사실을 발견했다. 그는 어린이 지능의 51퍼센트까지가 환경적 요인의 지배를 받는다고 밝히고 있다. 임신 중 음주나 흡연은 납 성분의 섭취와 마찬가지로 태아의 아이큐를 떨어뜨릴 수 있다는 연구 결과는 그 전에도 이미 있었다. 여기서 부모가 되려는 사람이 얻는 교훈은 그저 임신에 대한 자세가 어떠한가만으로 아기의 아이큐에 심각한 영향을 미칠 수 있다는 것이다. 그렇게 아이큐가 달라지는 것은 우연이 아니다. 이러한 변화는 스트레스로 인한 혈류 변화와 직접 연관되어 있다.

생각 있는 부모 노릇에 대한 강의를 할 때면 나는 연구 결과를 인용하기도 하지만 이탈리아의 '국립 출산전교육협회'가 제작한 비디오도 보여준다. 이 비디오는 부모와 자궁 속의 아기 사이의 상호의존적 관계를 생생하게 보여준다. 이 비디오에서는 엄마를 초음파 장치에 연결하고 나서 아빠와 말다툼을 하도록 한다. 말다툼이 시작되면 아기는 놀라 펄쩍 뛴다. 논쟁이 절정에 달해 유리잔이 깨지는 데까지 가면 놀란 아기는 몸을 활처럼 구부리고는 마치 트램펄린에서처럼 튀어 오른다. 태어나지 않은 아기는 충분히 발달하지 못했기 때문에 영양 보급 이외의 자극에 반응할 능력이 없다는 허황한 생각이 있는데, 초음파 장치라는 형태의 현대 과학은 이러한 생각을 완전히 잠재워 버렸다.

일찍 시작할수록 유리하다

독자 여러분은 아마 왜 진화의 힘이 태아 발달 시스템을 이렇게 위험에 가득 차고 부모의 환경에 의존하는 쪽으로 이끌었는지 궁금할 것이다. 사실 이는 아기의 생존에 도움이 되는 독창적인 시스템이다. 궁극적으로 아기는 부모와 같은 환경에 놓일 수밖에 없다. 부모가 환경을 인식하는 과정에서 얻은 정보는 태반을 거쳐 아기의 생리적 특성을 결정하고, 그 결과 아기는 태어나 마주칠 환경에 좀 더 효과적으로 대처할 준비를 한다. 자연은 그저 아기가 그 환경에서 최대한 잘 살아남을 준비를 시키는 것뿐이다. 그러나 이제 과학적 연구 성과를 알고 있는 부모는 선택을 할 수 있다. 이들은 아이를 세상으로 내보내기 전에 삶에 관해 자신이 갖고 있는 부정적 관념을 신중하게 재입력해야 한다.

부모의 프로그래밍이 중요하다는 사실은 긍정적이든 부정적이든 우리의 형질이 유전자에 의해 결정된다는 생각을 무너뜨린다. 앞에서도 본 것처럼 환경으로부터의 학습이 유전자를 형성하고, 이끌고, 환경에 적합하도록 변화시킨다. 사람들은 예술이나 스포츠의 재능 또는 탁월한 지적 능력이 그저 유전된다고 믿어왔다. 그러나 어떤 사람의 유전자가 아무리 "좋다"고 하더라도 성장하는 과정에서 학대받거나 방치되거나 했을 경우 유전자가 가진 잠재력이 제대로 발휘될 수 없다. 리자 미넬리는 대스타였던 어머니 주디 갈란드와 영화 제작자였던 아버지 빈센트 미넬리의 유전자를 이어받았다. 리자가 스타덤에 오른 것도 개인 생활에서 불행을 겪은 것도 모두 그녀의 부모가 그녀의 무의식에 다운로드한 정보로부터 비롯된 것이었다. 리자 미넬리가 같은 유전자로 태어나 이를테면 펜실베이니아 주의 네덜란드 출신 농가에서 양육되었다면 이러한 환경 속에서는 후성유전학적 원인 때문에 다른 유전자가 나타났을 것이다. 이곳 농업 공동체에는 다른 문화적 특성이 있으므로 리자 미넬리를 연예계에서 성공으로 이끈 유전자는 아마 가려졌거나 억압되었을 것이다.

생각 있는 부모 노릇이 얼마나 효과적인가를 보여주는 좋은 예는 슈퍼스타 골프 선수인 타이거 우즈일 것이다. 우즈의 아버지는 뛰어난 골프 선수는 아니었지만 탁월한 골프 선수로서의 마음가짐, 기술, 태도, 집중력 등을 개발하고 강화하는 데 적합한 환경을 아들에게 만들어주기 위해 모든 노력을 기울였다. 의심할 여지 없이 타이거 우즈의 성공은 어머니의 독실한 불교 신앙과도 깊이 연관되어 있다. 물론 유전자는 중요하다. 그러나 이 유전자가 빛을 보려면 생각 있는 부모 노릇과 환경이 제공하는 풍요로운 기회가 어우러져야 한다.

생각 있는 엄마 노릇, 생각 있는 아빠 노릇

보통 나는 대중 강연을 할 때 우리의 삶에서 일어나는 모든 것은 다 우리 개개인의 책임이라는 지적과 함께 강연을 끝낸다. 그런데 이런 식의 맺음말이 달갑지 않은 사람들도 많다. 모든 것을 스스로 책임져야 한다는 사실이 너무 버거운 것이다. 어느 날은 강연을 끝내고 나니 나이 든 여성 하나가 이 맺음말에 심하게 절망한 나머지 남편과 함께 무대 뒤로 와서는 눈물을 흘리며 내 결론을 비난하는 것이었다. 그녀는 자신이 겪은 몇 가지 불행에 대해서는 조금도 책임을 질 수가 없다고 말했다. 이 여성 때문에 나는 결론을 고쳐야겠다는 생각이 들었다. 그러니까 누구에게든 책임을 뒤집어씌우는 결론은 안 된다는 것이었다. 사람들은 문제가 생기면 보통 자책감에 빠져들거나 아니면 남의 탓을 한다. 그러나 삶 전체를 조망하는 시각이 생기면 우리의 삶에 더 잘 책임을 질 수 있다.

한동안 대화를 나눈 끝에 이 여성은 다음과 같은 해결책을 얻어 기쁜 마음으로 돌아갔다. 삶에서 일어나는 모든 일을 당사자가 책임져야 하는 것은 옳지만, 그런 책임을 져야 한다는 사실을 "알고 난 뒤부터" 책임을 져야 한다는 것이다. 그러니까 위에서 이야기한 바를 이미 알고 있는데도 이를 등한시하지 않은 이상 이 사람을 "유죄"라고 볼 수 없다는 뜻이다. 일단 이러한 사실을 알고 나면 이를 이용하여 자신의 행동 프로그램을 다시 입력할 수 있다.

부모 노릇과 관련하여 또 한 가지 사람들이 오해하고 있는 측면이 있다. 내가 모든 자식들을 똑같이 대한다는 생각은 절대적으로 틀린 것이다. 둘째 아이는 첫째 아이의 복제인간이 아니다. 둘째 아이가 태어날 시점에 부모가 처한 상황은 첫째 아이 때와는 다르다. 한때 나는 나의 큰딸과 작은딸이 성격이 판이하기는 하지만 둘을 똑같이 대했다고 생각했다. 그런데 내가 한 부모 노릇을 찬찬히 돌아보고 그렇지 않다는 사실을 깨달았다. 큰 애가 태어났을 때 나는 대학원 과정을 시작하는 참이었고, 내 입장에서 이는 할 일은 많고 생활도 불안정한 과도기였다. 그러나 둘째가 태어날 때쯤에 나는 좀 더 자신감도 생겼

242

고 경력도 쌓여서 본격적으로 학자의 길을 걸을 준비가 되어 있던 참이었다. 그래서 나는 둘째 아이에게 부모 노릇을 함과 동시에 아장아장 걷기 시작한 첫째 아이에게는 더 좋은 부모 노릇을 할 수 있는 시간적·정신적 여유가 있었다.

아이의 지능을 높여준다고 광고하는 학습도구, 이를테면 숫자 맞추기 카드 같은 것을 이용하여 아이에게 지적 자극을 줘야 한다는 생각이 있는데 나는 이 오해도 불식하려 노력한다. 마이클 멘디자와 조셉 칠턴 피어스의 명저 『마술 같은 부모, 마술 같은 아이』는 유아와 아동의 학습과 수행 능력을 최적화하는 것은 프로그래밍이 아니라 "놀이"라는 점을 분명히 하고 있다(Mendizza and Rearce 2001). 어린이에게는 함께 놀아주면서 호기심과 창의력을 촉발하고 삶의 경이를 일깨워줄 수 있는 부모가 필요하다.

분명히 인간에게 필요한 것은 사랑의 형태를 갖춘 양육이며, 어른들이 일상을 영위하는 모습을 관찰할 기회를 얻는 것이다. 예를 들어 고아원에서 아기들을 요람에 눕힌 채로 먹이기만 할 뿐 아무도 웃어주거나 안아주지 않으면 이들에게는 발달상의 문제가 생기며 이 문제는 아주 오래간다. 하버드 의대의 신경생물학자인 메리 칼슨은 루마니아의 고아들을 관찰한 뒤 다음과 같은 결론을 내렸다. 아이들을 안아주지도 주의를 기울이지도 않는 고아원이나 열악한 놀이방에서는 아이들의 성장이 저해되며 행동에도 악영향을 미친다. 나이가 몇 개월부터 세 살에 이르는 60명의 루마니아 아이들을 연구한 칼슨은 아이들의 타액 샘플을 분석하여 코티솔 농도를 측정했다. 스트레스를 더 많이 겪을수록(혈중 코티솔 농도가 정상보다 높으면 스트레스를 받는 것으로 정의했다) 발달상의 문제를 겪을 위험이 커졌다(Holden 1996).

칼슨을 비롯한 몇몇 학자들은 또한 원숭이와 쥐에 대한 연구를 바탕으로 신체적 접촉, 스트레스 호르몬인 코티솔의 분비, 사회적 발달 등 세 가지 사이의 중요한 연관을 보여주었다. 미 국립보건원의 인간 건강 및 아동 발달 부서의 전 책임자였던 제임스 프레스콧의 연구 결과도 갓 태어난 원숭이를 엄마로부터 떼어놓아 신체적 접촉을 못 하게 하거나 다른 원숭이와의 사회적 접촉을 차단하면 비정상적으로 스트레스가 높아지면서 과격한 반(反)사회적 행동을 한다는 사실을 보여준다(Prescott 1996, 1990).

프레스콧은 이러한 연구를 진행하면서 사람들이 어떻게 아이를 키우는가를 바탕으로 인간의 문화에 대한 평가를 병행했다. 그 결과 어떤 사회가 어린이를 안아주고 사랑해주며 성(性)을 억압하지 않으면 그 사회는 평화롭다는 사실을 발견했다. 평화로운 사회의 부모는 하루 종일 아이를 안거나 업고 다니는 등 아이와의 광범위한 신체적 접촉을 유지하고 있었다. 반면에 유아, 아동, 청소년들이 광범위한 신체적 접촉을 하지 못하도록 하는 사회는 본질적으로 폭력적이다. 이런 두 집단 간의 차이 중 하나는 후자의 경우 신체적 접촉에 노출되지 못한 아이들이 체성감각장애에 걸리는 경우가 많다는 사실이다. 이 체성감각장애의 특징은 스트레스 호르몬 수준의 급상승을 생리적으로 막지 못하는 것인데, 이는 폭력적 행동의 서곡이 된다. 이러한 연구 결과는 미국에 만연한 폭력에 대해 많은 것을 시사한다. 미국의 의학과 심리학은 일반적으로 신체적 접촉을 장려하기보다는 억누르고 있다. 예를 들어 탄생의 순간부터 의사가 부자연스럽게 끼어드는 것으로부터 해서 갓 태어난 아기는 부모로부터 격리되어 신생아실에서 오랜 시간을 보낸다. 그리고 전문가들은 부모에게 아기가 운다고 일일이 대응하면 아이를 버린다고 조언한다. "과학"에 기반을 두고 있다는 이러한 관행은 의심할 여지 없이 미국 사회의 폭력에 기여하고 있다. 신체적 접촉과 폭력에 관한 광범위한 연구 성과를 다음 웹사이트에서 찾아볼 수 있다. www.violence.de

그런데 앞서 말한 루마니아 고아원 어린이들 중 열악한 환경 속에서도 연구원들이 "기적"이라고 부를 만큼 원만한 삶을 사는 아이들이 있었다. 그러면 이러한 배경에도 불구하고 어떻게 이런 결과가 나왔을까? 더 "나은" 유전자 때문일까? 이제 독자 여러분은 내가 이런 이야기를 믿지 않는다는 것을 알고 있을 것이다. 좀 더 가능성이 높은 것은 이들이 고아가 되기 전에, 친부모가 탄생 전과 탄생 직후에 좀 더 따뜻한 환경을 조성하고 성장의 중요한 시기에 잘 먹인 것이 중요한 원인일 것이다.

그렇다면 여기서 아이를 입양한 부모가 배울 만한 것이 있다. 즉 자신이 지금 키우고 있는 아이의 삶이 입양한 시점부터 시작되었다고 착각하지 않는 것이다. 이 어린이들은 이미 친부모가 '너는 내가 원한 아이도 아니고 사랑스럽지도 않다'는 생각을 입력해놓았을 수 있다. 이보다 좀 다행스러운 경우라면 성장의 중요한 시기에 좀 더 긍정적인 정보가 입력되었을 수 있다. 양부모가 이렇게 임신 중과 탄생 전후의 프로그래밍에 대해 알지 못하면 이들은 입양 후 생기는 문제들에 현실적으로 대처해나가지 못할 것이다. 신생아가 "백지 상태"에서 세상에 나오는 것이 아니고 입양아도 백지 상태에서 입양되는 것이 아님에도 양부모는 이를 모를 수도 있다. 그래서 이미 프로그램되어 있다는 사실을 인식해야 하며 필요하다면 이 프로그램을 바꾸려는 노력을 해야 한다.

양부모든 자신이 낳은 자식을 키우고 있는 부모든 이들이 알아야 할 사실은 분명하다. 아이의 유전자는 잠재력을 보여주는 것뿐이지 운명을 결정하지 않는다. 이 잠재력을 최대한 꽃피우는 것은 부모가 어떤 환경을 조성해주는가에 달려 있다.

그렇다고 해서 부모 노릇하기에 대해 써놓은 책을 여러 권 읽으라는 뜻은 아니다. 내가 이 책에서 제시한 생각에 지적으로 공감하는 사람을 많이 만났다. 그러나 지적 관심만으로는 불충분하다. 나도 해보았다. 나도 머리로는 이 책에 있는 것을 모두 알고 있었지만 스스로 달라지려는 노력을 기울이기 전까지 지식은 나의 삶에 아무런 영향을 끼치지 못했다. 이 책을 그저 읽기만 하면 독자 여러분과 아이의 삶이 달라지리라 생각한다면 이는 마치 최근에 개발된 약을 먹기만 하면 모든 병을 "고칠" 수 있다고 생각하는 것과 같다. 스스로 변화를 일으키려는 노력을 하지 않으면 누구도 "낫지" 않는다.

나는 독자 여러분에게 이런 과제를 제시한다. 근거 없는 두려움을 버리고 아이들의 무의식 속에 불필요한 공포나 부정적 관념은 심어주지 않도록 주의하라. 무엇보다도 유전적 결정론이 제시하는 운명론을 믿지 말라. 여러분은 아이들이 잠재력을 최대한 발휘하도록 도와줄 수 있고 스스로의 삶도 개선할 수 있다. 사람은 스스로의 유전자 속에 "갇혀" 있는 존재가 아니다.

세포가 가르쳐준 성장모드와 보호모드를 마음에 새기고 가능한 한 삶을 성장모드에 두어야 한다. 그리고 인간에게 가장 강력한 성장 촉진제는 최고의 학교도 가장 비싼 장난감도 월급을 가장 많이 주는 직장도 아님을 명심해야 한다. 세포생물학이 등장하기 훨씬 전, 고아원에 있는 아이들에 대한 연구가 이루어지기 훨씬 전에 루미처럼 생각 있는 부모들과 선각자들은 어린이건 성인이건 인간에게 최고의 성장 촉진제는 사랑이라는 사실을 알고 있었다.

사랑 없는 인생은 아무 소용이 없네.
사랑은 마음과 영혼으로 흠뻑 마시는 샘.

에필로그

영혼과 과학

> "인간이 느낄 수 있는 가장 아름답고 심오한 감정은
> 신비에 대한 느낌이다.
> 이는 모든 진정한 과학의 힘이다."
>
> **알베르트 아인슈타인**

1장에서 겁에 질린 의대생들과 마주한 뒤 신생물학의 여정을 시작하고 나서 먼 길을 걸어왔다. 그러나 이 책 전체에 걸쳐 나는 1장에서 소개한 것, 그러니까 똑똑한 세포들이 우리에게 어떻게 살지를 가르쳐준다는 주제로부터 크게 벗어난 적은 없는 것 같다. 이 책이 거의 끝난 지금 세포에 대한 연구로 인해 내가 어떻게 영신적 인간으로 변했는지를 이야기하려 한다. 매일 신문을 읽다 보면 낙관주의를 계속 유지하기가 가끔 힘들다는 사실을 알지만 지구의 미래에 대해 왜 내가 낙관적인가에 대해서도 이야기하겠다.

영혼과 과학에 대해 다루려는 이번 장에 에필로그라는 이름을 붙여 나는 이 장을 이 책 앞선 장들과 분리하려 한다. 에필로그는 보통 책 끝에 붙어 있는 짤막한 부분으로, 주인공의 운명을 소상히 그려낸다. 여기서 주인공은 저자인 '나'다. 20년 전 이 책을 쓰는 계기가 된 깨달음을 얻은 순간 나는 그 속에서 뭔가 심오한 것을 보았고 이는 즉시 내 삶을 바꾸어놓았다. "아하!" 하는 큰 깨달음의 순간 내 머릿속에서

는 새로 떠오른 세포막의 구조가 아름답게 춤을 추고 있었다. 몇 초 후 내 온 마음을 적신 기쁨이 워낙 넓고 깊어 가슴이 아플 지경이었고 눈물이 흘러나왔다. 새로운 과학의 모습은 인간의 영신적 본질과 불멸성을 드러내고 있었다. 결론이 너무도 분명했기 때문에 나는 그 순간 비영신적인 인간에서 영신적인 인간으로 탈바꿈했다.

어떤 사람들은 내가 이번 장에서 내놓을 결론이 지나치게 추측에 의존한 것이 아닌가 하는 생각도 할 것이다. 앞선 여러 개의 장에서 제시한 많은 결론은 4반세기에 걸친 복제세포 연구 성과에 바탕을 두고 있으며 또한 생명의 신비에 대한 우리의 지식을 통째로 바꾸어놓는 경이로운 연구 성과에 근거하고 있다. 이 에필로그에서 내가 제시한 결론도 거의 과학적 훈련에 바탕을 두고 있다. 그러니까 종교적 신앙에서 느닷없이 튀어나온 것이 아니라는 뜻이다. 기존의 과학에 의존하는 학자들은 이번 장에서의 결론에 영혼이 들어 있기 때문에 피하리라는 것도 나는 알고 있다. 그러나 나는 다음 두 가지 이유 때문에 확신을 가지고 이를 제시한다.

첫 번째 이유는 오캄의 면도날이라는 철학적이고 과학적인 법칙 때문이다. 이 법칙에 따르면, 어떤 현상에 대해 여러 개의 가설이 존재할 때 이 현상과 관련하여 가장 많은 수의 관찰 결과를 설명하는 가장 단순한 가설이 옳을 가능성이 가장 높으며 따라서 제일 먼저 검토되어야 한다. 양자물리학의 법칙과 연결된 마술사 세포막의 새로운 과학 중 대증요법뿐만 아니라 대체의학의 기본 개념 및 시술, 그리고 영신적 치유의 배경이 되는 과학에 대해 가장 단순한 설명을 제시한다. 또한 이 책에서 제시한 결론을 몇 회에 걸쳐 나 스스로에게 적용해본 결과를 근거로 나는 이 새로운 과학이 삶을 바꿀 힘을 갖추고 있음을 증언할 수 있다.

그러나 이렇게 즐거운 깨달음으로 나를 이끈 것이 과학이기는 하지만 깨달음의 순간은 신비주의자들이 말하는 "한 순간의 개심"과 좀 더 가까웠음도 인정한다. 구약성서에서 벼락에 맞아 말에서 떨어진 사울 왕의 이야기를 기억하는가? 내 경우 청명한 카리브 해의 하늘에서 벼락이 떨어진 적은 없었다. 그러나 내가 미치광이 같은 모습을 하고 도서관에 뛰어든 이유는 이른 새벽에 나의 인식 속으로 "다운로드"된 세포막의 본질을 깨달은 순간 인간은 영신적인 불멸의 존재로 육체와는 따로 떨어져 존재한다는 확신이 들었기 때문이다. 유전자가 유기체의 운명을 결정한다는 잘못된 전제뿐만 아니라 육체가 죽으면 우리도 끝이라는 잘못된 전제를 따르는 삶을 살고 있음을 일깨워주는 내면의 목소리가 분명히 들렸다. 그때까지 나는 인간의 육체 속에 존재하는 분자조절 메커니즘의 연구에 몇 년을 바쳤고, 그 경이로운 순간 생명을 지배하는 단백질 "스위치"가 주로 환경, 그러니까 우주로부터 들어오는 신호에 따라 꺼졌다 켜졌다 한다는 사실을 깨달았다.

과학이 나를 이러한 영신적 깨달음의 순간으로 이끌고 갔다는 사실에 대해 독자 여러분은 놀랄 것이다. 과학계에서 "영혼"이라는 단어는 원리주의자들 사이에서 "진화"라는 단어만큼이나 따뜻하게 받아들여지기 때문이다.

잘 알려진 바와 마찬가지로 영신론자와 과학자는 매우 다른 시각으로 삶을 바라본다. 삶이 힘들어지면 영신론자는 신이나 보이지 않는 힘에 호소한다. 그러나 같은 상황에서 과학자는 약 상자로 달려가 화학물질을 집어 든다. 이들이 구원을 얻는 길은 롤레이드 같은 약뿐이다.

　과학이 나를 영신적 세계로 이끌고 간 것은 이상한 일이 아니다. 왜냐하면 물리학과 세포생물학의 최근 연구 성과는 과학의 세계와 영혼의 세계에 새로운 연결을 만들어주기 때문이다. 이 두 세계는 몇 세기 전 데카르트의 시대에 서로 갈라졌다. 그러나 나는 영혼과 과학이 재결합해야만 더 나은 세상을 만들 수 있는 방법이 발견될 것이라고 확신한다.

선택의 시간

최근 과학적 연구 성과를 보면 원시문명이 갖고 있던 세계관과 별반 다를 것이 없는 세계관 쪽으로 이끌려가게 된다. 이러한 세계관은 자연 속의 모든 물질적 대상이 영혼을 갖고 있다고 보는 세계관이다. 지금까지도 남아 있는 일부 원주민(여기서 원주민이란 오늘날도 원시적 생활을 하고 있는 일부 부족을 말함—옮긴이)들은 아직도 우주가 하나라고 믿고 있다. 이러한 원주민들은 바위, 공기, 인간 등을 통상 우리가 하는 식으로 구분하지 않는다. 그러니까 모든 것에 영혼, 즉 눈에 보이지 않는 에너지가 스며 있다고 믿는다는 뜻이다. 귀에 익은 얘기 아닌가? 물질과 에너지가 완전히 얽혀 있는 양자물리학의 세계이다. 그리고 이는 1장에서 언급한 가이아의 세계이기도 하다. 가이아 이론에서는 지구 전체가 살아 숨쉬는 하나의 유기체이며, 이 유기체는 인간의

254

탐욕, 무지, 잘못된 개발계획 등으로부터 보호받아야 한다.

인류는 이러한 세계관으로부터 나오는 지혜를 어느 때보다도 절실히 필요로 하고 있다. 영혼으로부터 멀어져 가면서 과학의 임무는 완전히 달라졌다. 인간이 자연의 질서와 조화를 이루면서 살 수 있도록 이러한 자연의 질서를 이해하려 노력하지 않고 현대 과학은 자연을 통제하고 지배하려는 목표를 향해 나아가고 있다. 이러한 철학을 추구하는 과정에서 탄생한 기술은 자연의 그물망을 뒤흔들어 인류 문명을 저절로 소진되는 위험 쪽으로 몰아가고 있다. 지구 생명의 진화 과정에서 공룡을 멸망시킨 대멸종(mass extinction)을 비롯하여 다섯 번의 대멸종이 있었다. 그리고 매번 멸종이 있을 때마다 지구상의 생명체가 거의 다 사라졌다. 1장에서 지적한 것처럼 어떤 과학자들은 지구가 현재 여섯 번째 대멸종의 과정 속으로 "깊이" 들어와 있다고 믿는다. 이제까지의 멸종이 혜성 충돌 같은 천체의 힘에서 비롯된 반면 지금 진행 중인 멸종은 지구 자체에서, 즉 인간에 의해 시작된 것이다. 베란다에 앉아 지는 해를 바라보노라면 하늘이 아름다운 색으로 물들어 있음을 알 수 있다. 그런데 이 아름다운 색은 대기중의 오염 물질의 존재를 알려주는 것이다. 대기오염이 더욱 심해짐에 따라 지구는 더욱 멋진 빛의 향연을 보여줄 것이다.

또한 인간은 윤리적 배경이 없는 삶을 살고 있다. 현대 세계는 영신적 추구로부터 물질의 축적을 위한 전쟁 쪽으로 옮겨가고 있다. 장난감을 가장 많이 가진 쪽이 승자다. 영혼이 없는 세상으로 우리를 끌고 온 과학자의 이미지를 나는 디즈니 영화인 〈판타지아〉에서 즐겨 갖고 오곤 한다. 뛰어난 마법사 밑에 있는 운 나쁜 제자였던 미키 마우스를 기억하는가? 마법사는 미키에게 나갔다 올 테니 실험실의 허드렛일을 해놓으라고 지시한다. 해야 할 일 중 하나는 가까운 우물에서 물을 길어다 거대한 물통을 채우는 일이었다. 마법사가 마법을 부리는 것을 눈여겨보던 미키는 빗자루에 마법을 걸어 물동이를 나르는 하인으로 변신시켜 이 일을 시키려고 한다.

미키 마우스가 잠든 사이에 로봇으로 변한 빗자루는 끝도 없이 물을 퍼다 부어 실험실을 물바다로 만들어버린다. 잠에서 깨어난 미키는 작업을 멈추려고 한다. 그러나 실력이 모자라서 빗자루를 멈추지 못하고 상황은 더욱 나빠져간다. 물은 점점 차오르고 결국 빗자루를 멈출 능력을 가진 마법사가 나타나 상황을 해결한다. 영화에서는 이 이야기를 다음과 같이 해설한다. "이번 이야기는 제자를 둔 어떤 마법사에 관한 전설이다. 제자는 젊고 총명했으며 마법을 배우고 싶어 안달이었다. 사실 제자는 너무 똑똑했다. 왜냐하면 마법을 통제하는 방법을 배우기도 전에 스승의 마법을 써먹기 시작했기 때문이다." 오늘날의 총명한 과학자들은 지구상의 모든 것이 얼마나 서로에게 긴밀하게 연결되었는가에 대해서는 모르는 채로 유전자와 환경을 놓고 "미키 마우스 노릇을 하며" 돌아다닌다. 이런 행동은 비극적 결말을 낳을 수밖에 없다.

어쩌다가 인류는 이 지경까지 왔는가? 과학자들이 영혼, 적어도 교회에 의한 영혼의 부패와 결별해야만 했던 시기가 있었다. 막강한 조직이었던 교회는 과학적 발견이 교회의 도그마와 일치하지 않을 경우 이를 억압했다. 정치 감각이 뛰어난 데다 재능 있는 천문학자였던 니콜라우스 코페르니쿠스는 심오한 저술인 『천체의 회전에 관하여』

를 발표하면서 영혼과 과학을 분리하는 작업에 착수했다. 1543년에 완성한 초고에서 코페르니쿠스는 과감하게도 지구가 아닌 태양이 "천체"의 중심이라고 주장했다. 이는 오늘날 분명한 사실이지만 코페르니쿠스의 시대에는 명백한 이단이었다. 왜냐하면 이 이론은 "오류 없는" 교회, 즉 신이 창조한 하늘의 중심은 지구라는 교회의 주장과 상충했기 때문이다. 코페르니쿠스는 종교재판소가 자신도 사형에 처하고 자신의 이론도 파괴할 것이라고 생각했기 때문에 신중히 기다리다가 죽음을 맞이할 때쯤 자신의 저술을 세상에 내놓았다. 안전에 대한 코페르니쿠스의 우려는 근거가 있었음이 생생하게 증명되었다. 57년 후 도밍고회의 수사인 조르다노 브루노는 코페르니쿠스의 이론을 옹호하는 만용을 부렸다가 산 채로 기둥에 묶여 화형을 당했다. 코페르니쿠스는 지혜로 교회를 이겼다. 무덤에 들어간 사람을 끄집어내서 고문할 수는 없는 노릇이니 말이다. 사람을 처단할 방법이 없던 교회는 결국 그의 학설을 억압할 수밖에 없었다.

그로부터 1세기가 지난 후 프랑스의 수학자이자 철학자인 르네 데카르트는 당시까지 "진실"로 인식되어온 모든 개념을 과학적 방법론을 통해 검증해야 한다고 주장했다. 영신적 세계의 눈에 보이지 않는 힘은 분명히 이러한 분석에는 적합하지 않았다. 종교개혁 직후의 시대에 과학자들은 가시적 세계의 연구에 몰두했고 영신적 "진실"은 종교와 형이상학의 영역으로 밀려났다. 영혼 및 기타 형이상학적 개념은 과학의 분석적 방법으로 평가할 수가 없었기 때문에, "비과학적"인 것들로 매도되었다. 생명과 우주를 구성하는 중요한 "물질"이 합리적 과학자들의 연구 대상이 된 것이다.

1859년에 선보인 다윈의 진화론은 즉각 큰 반향을 불러일으켰으며 영혼과 과학을 분리하는 과정을 더욱 촉진했다. 다윈의 이론은 오늘날 인터넷상의 소문처럼 전세계로 퍼져나갔다. 진화론의 몇 가지 원칙은 사람들이 애완동물, 가축, 식물 등을 키우며 경험한 바와 딱 들어맞았기 때문에 금방 받아들여졌다. 진화론은 우연한 유전적 변이의 결과 인류가 탄생했다고 보기 때문에 인간의 삶이나 과학에 신을 개입시켜야 할 필요가 없다. 오늘날의 과학자들도 옛날의 성직자 겸 과학자들만큼이나 우주에 대해 경탄하지만 다윈의 이론이 등장한 이래 이들은 복잡한 자연질서의 위대한 설계자로서 신의 손을 생각할 필요를 느끼지 않는다. 탁월한 진화생물학자인 에른스트 마이어는 이렇게 썼다. "이 완벽한 생물계가 어떻게 만들어졌는가를 생각해보면 그저 생물계는 임의적이고, 무계획적이고, 무작위적이며 우연적이라는 생각이 들 뿐이다……"(Mayr 1976).

다윈의 이론은 생명체가 투쟁하는 목적이 생존이라고 지적하지만 이러한 목적을 달성하기 위해 필요한 수단에 대해서는 언급하고 있지 않다. 사실 삶의 목적이 "수단 방법을 가리지 않는" 생존이기 때문에 이 수단은 "무엇이든 상관없는" 것으로 보인다. 마이어의 신다윈주의는 인간의 삶이 윤리적 법칙에 의해 형성되기보다는 정글의 법칙을 따른다고 본다. 기본적으로 신다윈주의는 더 많이 가진 자들은 그럴 만해서 그렇다는 결론을 내리고 있다. 서양 사람들은 "가진 자"와 "못 가진 자"로 구분되는 문명을 불가피한 것으로 받아들인다. 그리고 세상의 모든 것은 저 나름의 가치를 갖고 있다는 사실을 직시하려 하지 않는다. 불행히도 이런 사고방식의 희생물로는 병든 지구, 노숙자, 디자이너 진(저명한 패션 디자이너가 독자적으로 상품화를 꾀한 청바지—옮긴이)을 재봉하는 미성년 노동자 등이 모두 들어 있다. 이들은 이 투쟁에서의 패자이다.

인간은 우주의 모습에 따라 창조되었다

미치광이의 모습으로 도서관에 뛰어들어간 날 아침 나는 다윈의 세계에서는 이른바 "승자"도 결국 패자임을 깨달았다. 왜냐하면 우리는 더 큰 우주/신과 하나이기 때문이다. 세포는 자신의 뇌인 세포막이 환경 신호에 반응함에 따라 행동을 개시한다. 사실 인체 속의 기능적 단백질 하나하나는 환경 신호에 대응하는 "이미지"로 만들어졌다. 어떤 단백질에게 그와 짝을 이루는 환경 신호가 없다면 이 단백질은 기능을 발휘하지 못할 것이다. 무슨 뜻이냐 하면, 내가 앞서 "아하!"의 순간에 결론을 내린 것처럼 인체 내의 단백질은 환경 속에 있는 무엇인가와 물리적 및 전자기적으로 서로 짝을 이루는 관계에 있다는 뜻이다. 인체는 단백질을 만드는 기계이므로 인간은 환경의 이미지에 따라 만들어졌다고 정의할 수 있으며, 이 환경은 우주이다. 많은 사람들에게 이는 또한 신이다.

　승자와 패자 이야기로 돌아가자. 인간은 주변 환경과 짝을 이루도록 진화해왔기 때문에 환경을 심하게 바꾸면 인간은 환경과 더 이상 짝을 이룰 수 없다. 서로 "들어맞지 않기" 때문이다. 현재 인간은 지구를 워낙 심하게 바꿔놓고 있기 때문에 우리 자신뿐만 아니라 급속하게 사라져가는 다른 생물 종의 생존까지 위협하고 있다. 이러한 위협에는 덩치 큰 SUV 운전자로부터 돈 많은 패스트푸드 재벌, 즉 "승자"들로부터 가난에 찌든 노동자 같은 "패자" 등 생존 경쟁에 말려들어가 있는 많은 사람들이 들어 있다. 이 딜레마에서 빠져나오는 방법은 두 가지가 있다. 죽거나 돌연변이를 일으키는 것이다. 빅맥(맥도널드사에서 나오는 햄버거 제품 — 옮긴이)을 만드는 것이 열대 우림을 황폐화시키고, 수많은 SUV들이 대기를 오염시키고, 석유화학공장이 지구를 갉아먹고 수질을 오염시키는 지금 이 점을 깊이 생각해야 한다. 자연은 인간을 환경에 들어맞도록 설계했지만 우리가 지금 만들어내는 환경에 맞도록 설계한 것은 아니다.

나는 우리가 전체의 부분이며 이를 잊어버리면 우리 자신이 위험해진다는 것을 세포로부터 배웠다. 그러나 동시에 인간 하나하나는 독특한 생물학적 개성도 갖고 있음을 깨달았다. 왜 그럴까? 왜 세포의 공동체로 만들어진 각 개인이 저마다 독특할까? 세포의 표면에는 각 개체의 특성을 이루는 일군의 수용기가 있어서 이들이 어떤 사람을 다른 사람과 구별시켜준다.

이러한 수용기 중 조직 적합성 항원(HLA)이라고 불리는 "자아수용기"는 면역계의 기능과 관련이 있다. 어떤 사람의 자아수용기를 제거한다면 그 사람의 세포는 더 이상 그의 개성을 드러내지 못한다. 자아수용기가 제거된 세포도 물론 인간의 세포지만 개인의 특성을 갖추지 못했기 때문에 그저 일반적인 인간의 세포일 뿐이다. 이 자아수용기를 세포로 돌려보내면 그 사람은 다시 개성을 회복한다. 장기 이식의 경우 공여자의 자아수용기가 수혜자의 자아수용기와 가까우면 가까울수록 수혜자의 면역계가 일으키는 거부반응이 약해진다. 예를 들어 각 세포 표면에 있는 100개의 서로 다른 자아수용기가 어떤 사람의 개성을 형성한다고 치자. 그리고 이 사람이 지금 장기 이식을 받아야 살 수 있다고 하자. 그런데 어떤 다른 사람이 갖고 있는 100개의 자아수용기 중 위급한 상황에 처한 사람의 자아수용기와 일치하는 것이 10퍼센트에 불과하다면 이 사람은 장기기증자로 별로 적합한 사람이 아니다. 이 자아수용기가 서로 다르다는 사실이 사람의 개성이 저마다 다르다는 사실을 드러낸다. 세포막에 존재하는 수용기가 크게 다르기 때문에 환자의 면역계는 있는 힘을 다해 이식된 세포, 그러니까 나 자신이 아닌 세포를 제거하려 할 것이다. 그러니까 이 사람은 본인 세포의 자아수용기와 최대한 가까운 사람을 찾아야 살 확률이 높아진다.

그러나 아무리 찾아도 100퍼센트 일치하는 사람을 찾을 수는 없다. 지금까지 어떤 과학자도 생물학적으로 완벽히 똑같은 두 명의 사람을 찾아내지는 못했다. 그러나 세포의 자아수용기가 제거된 범용(汎用) 기증자 조직을 만드는 것이 이론적으로는 가능하다. 물론 이런 실험을 해본 과학자는 아직 없지만 말이다. 이런 실험이 시작된다면 세포는 개성을 잃는다. 이렇게 자아수용기가 빠진 세포는 거부반응을 일으키지 않는다. 과학자들은 이러한 면역 관련 수용기의 본질을 연구하고 있지만, 여기서 중요한 것은 수용기 자체가 아니라 어떤 사람의 개성을 형성하는 수용기를 활성화시키는 그 어떤 것이다. 각 세포의 자아수용기는 세포막의 바깥쪽에 분포되어 여기서 "안테나" 역할을 하면서 저마다 자신과 짝을 이루는 환경 신호를 다운로드 받는다.

이 자아수용기들은 "자아" 신호를 읽는데, 이 신호는 세포 내부에 있는 것이 아니라 외부 환경으로부터 들어온다.

인체를 텔레비전 수상기라고 하자. 여러분의 모습이 화면에 떠 있다. 그러나 이 모습은 텔레비전 안에서 나온 것이 아니다. 여러분의 개성은 안테나를 통해 들어온 환경으로부터의 방송이다. 어느 날 텔레비전을 켜니 나오지 않는다. 여러분의 첫 번째 반응은 이럴 것이다. "이런! 텔레비전이 고장 났네." 그러나 영상마저도 텔레비전과 함께 고장 났을까? 이 의문을 풀기 위해 다른 텔레비전을 가져다가 전원을 연결하고 켠 뒤 아까 보던 방송의 채널을 맞춰본다. 이렇게 하면 첫 번째 텔레비전이 "망가졌어도" 방송국이 보내고 있는 영상은 계속 들어오고 있음을 알 수 있다. 그러니까 텔레비전 하나가 고장 났다고 해서 환경으로부터 들어오는 방송의 개성마저 사라진 것은 결코 아니라는 뜻이다. 이 비유에서 현실의 텔레비전은 세포에 해당한다. 방송을 다운로드 받는 텔레비전의 안테나는 사람의 자아수용기 전체에 해당하며 방송은 환경 신호에 해당한다. 우리는 워낙 뉴턴적 유물론에 빠져 있는지라 일단 세포의 자아수용기 자체가 "자아"라고 생각해버린다. 이는 마치 텔레비전의 안테나에서 방송이 나온다고 생각하는 것과도 같다. 세포의 수용기는 개성을 만들어내는 원천이 아니라 그저 환경으로부터 "자아"가 다운로드되는 그릇에 불과하다.

이러한 관계를 완전히 이해하고 나자 나는 나의 개성, 나의 "자아"가 내 육체의 존재 여부와 관계없이 환경에 존재한다는 사실을 깨달았다. 앞에서 말한 텔레비전의 비유에서처럼 내 몸이 죽어도 앞으로 어떤 사람(생물학적 "텔레비전 수상기")이 나와 똑같은 자아수용기를

262

갖고 태어나면 그 사람은 "나"의 신호를 다운로드받을 것이다. 그러면 나는 다시 한번 세상에 존재하게 된다. 내 육체가 죽어도 방송은 여전히 계속된다. 나의 개성은 전체적으로 환경을 구성하는 방대한 정보 속에 들어 있는 복잡한 신호의 무리인 것이다.

어떤 사람의 방송이 그 사람이 죽은 뒤에도 여전히 존재한다는 내 생각을 뒷받침해주는 증거가 있다. 장기 이식을 받은 환자 중에는 이식과 더불어 행동과 신체에 변화가 일어났다고 주장하는 사람들이 있다. 클레어 실비아라는 여성은 뉴잉글랜드 출신으로 건강에 관심을 가진 보수적 여성인데 심장과 폐를 이식 받은 이후 맥주와 치킨 너겟, 오토바이에 관심이 가는 것을 보고 스스로 놀랐다고 한다. 기증자의 가족에게 알아본 결과 그녀는 치킨 너겟과 맥주를 좋아하던 18세 된 오토바이광의 심장을 이식 받은 것이었다. [『바뀐 심장』이라는 자신의 책에서 실비아는 삶을 바꿔놓은 자신의 경험, 그리고 자신과 같은 이식 지지 그룹에 속해 있던 다른 환자들의 유사한 경험을 소개하고 있다(Sylvia and Novak 1997)]. 폴 피어솔은 자신의 책 『심장의 코드: 심장 에너지의 지혜와 힘 활용하기』에서 이런 이야기 몇 가지를 소개하고 있다. 장기가 이식되면서 기억도 정확히 따라간다는 사실은 우연으로 볼 수 없다. 어떤 소녀는 심장 이식을 받은 후 악몽에 시달리기 시작했다. 꿈이 너무 생생해서 그대로 조사해본 결과 기증자를 죽인 살인범을 체포할 수 있었다.

어떻게 기증자의 행동이 장기와 함께 수혜자에게로 이식되는가에 대한 이론 중 하나는 "세포 기억"이라는 이론으로, 어떤 식으로든 기억이 세포에 저장되어 있다는 시각이다. 이제 여러분은 내가 각 세포

하나하나의 지능을 매우 존중하고 있다는 사실을 안다. 그러나 여기서 선을 하나 그어야겠다. 물론 세포는 기억세포든 간세포든 "기억"을 할 수 있지만 이들의 지능에는 한계가 있다. 그러니까 각각의 세포가 치킨 너겟의 맛을 구별해내고 이를 기억할 정도의 인식 메커니즘을 갖고 있다고 생각하지는 않는다는 뜻이다.

이식된 기관이 여전히 기증자의 자아수용기를 갖고 있고, 따라서 환경 신호 일부를 계속해서 다운로드 받고 있다는 사실을 이해한다면 이런 식으로 행동 및 신체와 관련된 기억이 옮겨가는 것은 이상한 일이 아니다. 그러니까 기증자의 몸은 죽었어도 방송은 여전히 켜져 있다는 뜻이다. 세포막의 기능에 대해 깊이 생각하다가 내가 깨달은 바처럼 이들은 불멸이며 나는 우리 모두가 불멸이라고 생각한다.

세포와 조직 이식은 불멸성뿐만 아니라 환생에 대한 모델도 만들어준다. 미래에 내가 갖고 있는 것과 똑같은 자아수용기를 갖고 어떤 태아가 태어날 가능성을 상상해보자. 이 태아는 나의 "자아"와 같은 방송 채널에 맞춰져 있다. 그러니까 나의 개성은 돌아왔지만 다른 몸을 통해 발현된다는 뜻이다. 여러분의 자아수용기가 백인, 흑인, 아시아인, 남성 또는 여성의 몸을 통해 구현될 수 있음을 생각하면 인종차별주의나 성차별주의는 우스꽝스럽고 부도덕한 것이 된다. 환경은 "존재하는 모든 것(신)"을 포용하고 있으며, 우리의 자아수용기 안테나는 전체 주파수에서 극히 일부분만을 다운로드 받고 있으므로 우리 인간 하나하나는 모두 전체의 작은 부분이다. 즉 신의 작은 부분이라는 뜻이다.

지구착륙선

텔레비전의 비유가 쓸모 있기는 하지만 텔레비전은 그저 재생장비이므로 이 비유가 완벽한 것은 아니다. 살아가면서 사람이 하는 행동은 환경을 변화시킨다. 사실 인간은 존재하는 것만으로도 환경을 변화시킨다. 그러므로 영혼과 우리 자신의 관계를 좀 더 완벽하게 이해하는 방법은 인간을 화성착륙선인 "스피릿"이나 "오퍼튜니티," 기타 달과 화성에 보낸 착륙선과 비교하는 것이다. 아직 사람이 직접 화성에 간 적은 없지만 우리는 화성에 도착하면 어떻게 될까가 무척 궁금하다. 그래서 인간 대신 기계를 보낸다. 화성착륙선은 외관은 인간과 전혀 다르지만 인간의 기능을 갖추고 있다. 예를 들어 착륙선에는 인간의 "눈"에 해당하는 카메라가 달려 있어서 화성 표면을 볼 수 있다. 이들에게 장착된 진동탐지장치는 화성의 소리를 듣는 "귀"에 해당한다. 화학센서는 화성의 "맛"을 본다. 그렇기 때문에 착륙선은 인간과 비슷한 방법으로 화성을 경험할 수 있는 여러 가지 센서를 장착하고 있다.

　그런데 화성착륙선의 작업 방법을 좀 더 자세히 들여다보자. 착륙선은 미항공우주국(NASA) 담당자라는 인간이 송신하는 정보를 수신하는 안테나("수용기")를 갖추고 있다. 지구에 있는 담당자는 신호를 송신하여 화성 표면에 있는 탐사선을 가동한다. 그러나 이 정보는 일방통행이 아니다. NASA 담당자도 착륙선이 화성에서 수집하여 지구를 향해 송신하는 정보를 받는다. NASA 담당자는 착륙선의 경험을 해석해서 새로운 지식을 얻고, 이 지식을 바탕으로 착륙선을 더 잘 조종하게 된다.

여러분과 나도 NASA의 담당자에 해당하는 환경 담당자, 즉 영혼으로부터 정보를 받는 "지구착륙선"과 같다. 살아가면서 우리가 겪는 일은 우리의 담당자인 영혼에게로 송신된다. 그러므로 어떻게 삶을 살아가는가가 우리 "자아"의 성질에 영향을 미친다. 이러한 상호작용은 "업(業)"에 해당한다. 이것을 안다면 우리는 지구에서의 삶에 좀 더 조심스러워져야 한다. 왜냐하면 우리 행동의 결과는 육체가 죽은 뒤까지 남아 있기 때문이다. 살아가면서 우리가 한 행동은 살아 있는 동안 또는 환생한 후에 우리를 괴롭힐 수 있다.

결국 세포로부터 얻은 이러한 깨달음은 수천 년에 걸친 영신적 지도자들의 가르침을 다시 한번 깨우쳐준다. 인간 하나하나는 물질적 형태를 갖춘 영혼이다. 이러한 영신적 진실을 드러내는 생생한 이미지가 바로 프리즘을 통과하는 빛이다.

백색광이 프리즘을 통과하면 프리즘의 결정구조가 빛을 굴절시켜 무지개색 스펙트럼이 나타난다. 백색광의 한 구성요소인 각각의 색은 저마다의 독특한 주파수 때문에 독립하여 나타난다. 반대로 무지개색 스펙트럼을 프리즘을 향해 쏘면 고유의 주파수를 가진 각각의 색은 다시 합쳐져 한 줄기 백색광이 된다. 각 사람의 개성이 스펙트럼을 구성하는 하나하나의 색에 상응한다고 생각해보라. 그런데 어떤 주파수, 그러니까 어떤 색이 "마음에 들지 않는다"고 해서 이를 없애버린 뒤 남은 색들을 모아 프리즘을 통과시키면 반대편을 빠져 나오는 빛은 더 이상 백색광이 아니다. 백색광은 "모든" 주파수의 합이다.

영신적 삶을 사는 사람들은 백색광이 지구로 돌아오기를 기다린

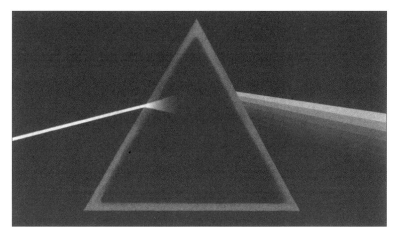

그림 8-1

다. 이들은 그 백색광이 특정한 개인, 이를테면 부처, 예수, 마호메트의 모습이리라고 상상한다. 그러나 내가 최근에 얻은 영성에 비추어 보면, 백색광은 지구상의 모든 사람 하나하나가 다른 사람 하나하나를 백색광의 주파수로 인식해야만 돌아오리라고 생각한다. 우리 마음에 들지 않는다고 해서 다른 사람을 없애버리거나 깎아 내리는 행동을 계속한다면, 그러니까 스펙트럼의 구성요소를 파괴하는 짓을 끝내지 않는다면 우리는 백색광을 볼 수 없을 것이다. 우리가 할 일은 백색광이 돌아오도록 각각의 주파수를 보호하고 성장시키는 일이다.

프랙털 진화: 올바른 이론

나는 내가 왜 이제 영신적인 과학자가 되었는지 설명했다. 이제 내가 왜 낙관적인가 설명하고자 한다. 내가 보기에 진화의 과정은 패턴이 반복되는 과정이다. 지금 우리는 위기를 맞고 있지만, 지구의 위기는 과거에도 있었다. 진화의 과정에서 기존의 생물종이 거의 멸종하는 대격변도 있었는데, 이렇게 희생된 생물 종 중 가장 유명한 것은 공룡이다. 이러한 격변은 오늘날의 위기와 마찬가지로 환경재앙과 직결되어 있었다. 인구가 늘어남에 따라 인간은 우리와 공존하는 다른 생명체들과 공간을 두고 경쟁하고 있다. 그러나 한 가지 다행스러운 것은 과거의 대격변으로 인해 새로운 삶의 방식이 생겨났고 이번에도 그럴 것이라는 점이다. 이제 우리는 진화의 주기 하나를 끝마치고 다음 주기로 넘어가려 하고 있다. 지금의 주기가 끝나감에 따라 사람들이 운명을 지탱하는 구조가 무너져가는 것을 알고 이를 우려하는 것은 이해할 만하다. 하지만 오늘날 자연을 황폐화시키는 "공룡"들은 멸종하리라 생각한다. 생각 없는 삶의 방식은 지구와 우리 자신을 파괴한다는 점을 인식하는 사람들이 생존자가 될 것이다.

나는 어떻게 이를 확신하는가? 나의 확신은 프랙털 기하학에 바탕을 두고 있다. 다음과 같은 기하학의 정의를 이해하면 생물계의 구조를 연구하는 것이 왜 중요한가를 알 수 있다. 기하학은 "어떤 대상을 이루는 여러 개의 부분이 상호간의 관계에 따라 배열되는 방식"을 연구하는 수학의 한 분야다. 1975년까지 기하학이라고는 유클리드 기하학뿐이었다. 유클리드 기하학은 기원전 300년경 고대 그리스 어로

268

서술된 13권짜리 전집인 『유클리드 기하학 원론』에 담겨 있다. 공간 지각이 뛰어난 학생이라면 유클리드 기하학을 쉽게 이해할 수 있다. 왜냐하면 유클리드 기하학은 입체나 구, 원뿔 등 모눈종이에 그릴 수 있는 구조를 다루고 있기 때문이다.

그러나 유클리드 기하학은 자연에 적용할 수 없다. 예를 들어 유클리드 기하학의 수학적 방법론을 이용하여 나무, 구름, 산을 모눈종이에 그릴 수는 없는 노릇이다. 자연에서는 대부분의 유기물 및 무기물이 좀 더 불규칙하고 카오스적인 패턴을 보인다. 이러한 자연의 모습은 최근에 발견된 수학적 방법인 프랙털 기하학으로만 재현할 수 있다. 프랑스의 기하학자인 브누아 망델브로(1924~2010)는 1975년에 프랙털 수학과 기하학이라는 분야를 열었다. 양자물리학처럼 프랙털 기하학도 3차원 이상의 구불구불한 형상과 물체로 이루어진 세상인 불규칙한 패턴의 세계를 생각할 수밖에 없도록 만든다.

프랙털의 수학은 놀랄 정도로 단순하다. 그저 방정식 하나만 있으면 되고, 이 안에서 단순한 곱셈과 덧셈만 하면 되기 때문이다. 그리고 같은 방정식이 무한히 반복된다. 예를 들어 망델브로 세트는 매우 단순하다. 임의의 수를 선정하여 그 수를 제곱하고, 여기에 그 수를 더한다. 이렇게 해서 나온 값을 그 다음 방정식에 대입한다. 그리고 같은 방법으로 제곱과 더하기를 하여 그 다음 방정식에 대입하는 식으로 반복한다. 여기서 문제는 각각의 식이 똑같은 방식을 따르기는 하지만 실제로 프랙털 패턴이 시각적으로 드러나려면 이를 수백만 번 반복해야 한다. 이 무지막지한 양의 계산을 수행하는 데 들어가는 시간과 노력 때문에 초기의 수학자들은 프랙털 기하학의 가치를 알아보지 못했다. 그러나 막강한 컴퓨터들이 등장하면서 망델브로는 이 새로운 분야를 열 수 있었던 것이다.

프랙털 기하학의 본질은 "서로 비슷한" 패턴이 상호간의 내부에서 끝없이 반복된다는 사실이다. 세계인으로부터 많은 사랑을 받는 러시아 인형을 생각하면 대략 이해할 수 있다. 바깥쪽의 제일 큰 인형 안에 들어 있는 좀 작은 인형은 큰 인형의 축소판이고, 그 다음 인형은 더 작은 축소판이기는 하지만 그렇다고 해서 더 큰 인형의 정확한 복제는 아니다. 프랙털 기하학은 전체 구조 속의 패턴과 구조의 한 부분에서 볼 수 있는 패턴 사이의 관계를 중시한다. 예를 들어 나뭇가지 끝의 잔가지는 나무 둥치에서 나온 굵은 가지와 모양이 비슷하다. 큰 강의 패턴은 작은 지류의 패턴과 유사하다. 인간의 폐에서는 기관지에서 갈라져나가는 세(細)기관지에서 찾아볼 수 있다. 동맥과 정맥, 그리고 말초신경계도 비슷하게 반복적인 패턴을 보인다.

자연에서 관찰할 수 있는 반복적 이미지가 그저 우연일까? 거기에 대한 대답은 분명히 "아니다"라고 믿는다. 내가 왜 프랙털 기하학이 삶의 구조를 보여준다고 믿는가를 설명하기 위해 두 가지 점을 돌이켜보자.

첫째, 이 책에서 여러 번 강조한 바 있지만 진화의 과정은 더 높은 인식을 향한 움직임이다. 둘째, 세포막에 대해 다룰 때 수용기-효과기 단백질의 결합체가 인식과 지성의 기본단위라고 정의한 바 있다. 따라서 어떤 유기체가 수용기-효과기 단백질(샌드위치에서 올리브에 해당하는)을 많이 가지고 있을수록 그 유기체는 더 높은 인식능력을 지니며 따라서 진화의 계단에서 더 높은 위치를 차지한다.

그러나 세포막의 수용기-효과기 단백질을 늘리는 데는 한계가 있다. 세포막의 두께는 7~8나노미터로, 두 겹의 인지질 층 두께와 같다. 그런데 수용기-효과기 단백질, 즉 인식 단백질의 평균 지름도 대략 이와 비슷하다. 그렇다면 세포막에 이들 단백질을 두 겹으로 포개 넣는 일은 불가능하며 결국 한 겹으로밖에는 쌓을 수 없다는 뜻이다. 따라서 인식 단백질의 수를 증가시키는 단 한 가지 방법은 세포막의 표면적을 증가시키는 것이다.

이제 앞서 말한 세포막 "샌드위치" 모델로 돌아가자. 올리브가 많을수록 인식 능력은 높아진다. 그러니까 샌드위치 안에 올리브를 많이 박아 넣을수록 샌드위치는 똑똑해진다는 뜻이다. 조그만 칵테일용 호밀빵 한 조각과 큼직한 구운 빵 한 덩이 중 어느 쪽의 인식 용량이 크겠는가? 답은 간단하다. 빵의 표면이 클수록 샌드위치에 집어넣을 수 있는 올리브의 수가 많아진다. 이 비유를 생물학적 인식에 적용해보면 세포막의 표면이 넓을수록 더 많은 단백질 "올리브"를 수용할 수 있다는 얘기가 된다. 진화가 인식의 확장이라면 진화는 세포막 표면적의 증가로 정의할 수 있을 것이다. 수학적 연구 결과에 따르면 프랙털 기하학이야말로 3차원 공간(세포)에서 최대한의 표면적(세포막)을 확보하는 가장 좋은 방법이다. 그래서 진화가 프랙털에 바탕을 둔 것이다. 자연 속의 반복되는 패턴은 우연이 아니라 필연적인 "프랙털" 진화다.

수학적으로 깊이 들어가자고 이 이야기를 하는 것은 아니다. 내 이야기의 핵심은 자연과 진화 양쪽 모두에 반복적인 프랙털 패턴이 존재한다는 사실이다. 컴퓨터가 그려낸 프랙털 패턴을 보면 매우 아름답다. 이 패턴을 보고 있노라면 세상이 아무리 두려움과 혼란으로 넘쳐난다 해도 자연에는 질서가 있고, 하늘 아래 새로운 것이 없다는 사실을 새삼 깨닫게 된다. 진화의 반복적인 프랙털 패턴을 관찰하면 인간이 어떻게 의식의 영역을 확장하여 진화의 사다리를 한 단계 더 올라갈 것인지 예측할 수 있다. 경이롭고 신비스러운 프랙털 기하학의 세계가 보여주는 수학 모델은 "임의성, 무계획성, 무작위성, 우연성"이라는 마이어의 정의가 낡은 개념이라고 말하는 것 같다. 사실 나는 이런 생각이 인간에게 도움이 되지 않으며 가능한 한 빨리 코페르니쿠스 이전의 천동설이 갔던 길과 같은 길을 가야 한다고 생각한다.

일단 자연과 진화에는 반복적이고 규칙적인 패턴이 존재한다는 사실을 알고 나면 이 책의 저술 동기가 되고 내 삶도 바꿔놓은 세포의 삶에서 배울 것이 많다는 사실도 깨닫게 될 것이다. 수십 억 년 동안 세포의 모임은 스스로의 생존 가능성을 높임과 동시에 생물계에 사는 다른 유기체의 생존 가능성도 높여주는, 매우 효과적인 평화의 메커니즘을 가동해왔다. 몇 조나 되는 개체가 한 지붕 아래 모여 영원히 행복하게 사는 모습을 상상해보라. 그러한 공동체는 존재하며, 건강한 인체라고 불린다. 분명히 세포 공동체는 인간 공동체보다 더 잘 돌아간다. 세포 공동체에는 "왕따" 세포도, "노숙자" 세포도 없다. 물론 세포 공동체가 심각한 불협화음에 빠져 일부 세포가 공동체와 협력할 수 없게 되는 경우를 제외하면 말이다. 암은 본질적으로 집도 없고 직업도 없어서 공동체의 다른 세포들에 빌붙어 사는 세포들의 모임이다.

인간이 건강한 세포 공동체의 생활방식을 따른다면 인간 사회와 지구 전체는 좀 더 활기찬 곳이 될 것이다. 그런데 사람마다 세계를 다른 식으로 인식하므로 이렇게 평화로운 공동체를 만들어내기는 어렵다. 그러므로 근본적으로 지상에는 60억 개의 세계관이 있고, 진실을 받아들이는 60억 가지의 방법이 있다. 인구가 늘어감에 따라 이러한 세계관은 서로 부딪칠 수밖에 없다.

1장에서 설명한 바와 같이 세포들도 진화의 초기에 비슷한 난관에 봉착했음을 다시 한번 이야기하려 한다. 지구가 형성되고 나서 얼마 후 단세포 생물이 급속도로 진화했다. 그로부터 35억 년에 걸쳐 수천 가지의 박테리아, 조류, 효모, 원생동물 등 다양한 인식의 수준을 갖춘 단세포 생물이 등장했다. 그리고 우리처럼 이들도 걷잡을 수 없이 불어나 개체수가 너무 많아졌을 수도 있다. 그러자 서로 부딪치기 시작한 이들은 "내가 먹고 살 만한 게 충분히 있을까"라는 의문이 들었고 따라서 걱정스러웠을 것이다. 이렇게 한정된 공간에 많은 개체가 빼곡히 들어찬 데다 이 때문에 환경이 변하기 시작하자 이들은 이러한 환경적 압력에 대응할 효과적 방법을 찾기 시작했다. 이러한 압력으로 인해 새롭고 영광스러운 진화의 시대가 시작되었는데, 바로 이때 단세포 생물들은 한데 모여 이타적 다세포 공동체를 형성했다. 그 최종 결과물이 인간으로, 인간은 진화의 사다리의 꼭대기 아니면 꼭대기 근처에 자리잡고 있다.

마찬가지로 인간도 인구가 증가함에 따라 발생하는 압력에 밀려 진화의 사다리를 한 칸 더 올라가리라고 나는 생각한다. 인간은 결국 "세계" 공동체로 합쳐질 것이다. 이렇게 새로운 깨달음 속에 형성된 공동체의 구성원들은 우리가 환경, 즉 신의 모습을 따라 만들어졌다는 것,

그리고 적자생존의 투쟁이 아니라 지구의 모든 사람과 모든 사물이 서로를 북돋우는 방식으로 살아야 한다는 사실을 깨달을 것이다.

애자생존(愛者生存)

사랑의 힘에 관한 루미의 이야기에 여러분은 동의하겠지만, 적자생존이 가장 올바른 삶의 방식으로 생각되는 이 어려운 시기에 그의 이야기가 어울린다고 생각하지 않을 것이다. 폭력이 생명의 핵심이라는 점에서 다윈은 옳은 것 아닌가? 자연계는 폭력으로 유지되는 것이 아닌가? 어떤 동물이 다른 동물에게 몰래 다가가거나 함정을 이용해서 죽이는 모습을 담은 수많은 다큐멘터리는 어떤가? 인간도 폭력지향성을 타고난 것이 아닌가? 그러니까 논리적으로 이렇게 된다. 동물은 폭력적이다. 인간은 동물이다. 따라서 인간은 폭력적이다.

아니다! 인간은 병을 일으키거나 폭력적으로 만드는 유전자의 노예가 아닌 것처럼 악의에 찬 경쟁심에 얽매여 있는 것이 아니다. 유전적으로 인간과 가장 가까운 침팬지는 폭력이 생명의 필수요소가 아니라는 증거를 보여준다. 침팬지 종 중의 하나인 보노보는 암수가 공동으로 지배하는 평화로운 공동체를 이루고 산다. 다른 침팬지와는 달리 보노보 공동체는 폭력에 기반을 둔 규범에 따라 움직이지 않고 "싸우지 말고 섹스하자"는 규범에 따라 움직인다. 보노보 사회의 개체들은 흥분하면 피나게 싸우는 것이 아니라 이러한 에너지를 성관계를 갖는 것으로 발산시킨다(1933년 이래 보노보는 독립된 하나의 종으로 분류되고 있다 — 옮긴이).

　스탠퍼드 대학의 생물학자인 로버트 사폴스키와 리사 셰어는 지구에서 가장 공격적인 종 중 하나로 알려진 야생 개코원숭이조차 유전적으로 그렇게 폭력적인 것은 아님을 알아냈다(Sapolsky and Share 2004). 개코원숭이 집단에 관한 연구 과정에서 공격적인 수컷들이 근처의 쓰레기통에서 오염된 고기를 먹고 죽었다. 그 결과 개코원숭이 집단의 사회적 구조가 바뀌었다. 연구팀은 살아남은 덜 공격적인 수컷들이 암컷들의 도움을 받아 좀 더 협동적인 행동을 시작했으며, 그 결과 독특하고 평화로운 공동체가 탄생했음을 발견했다. 스탠퍼드 팀의 연구 결과가 발표된 「공중과학도서관-생물학」지의 사설에서 저명한 침팬지 연구가인 에모리 대학의 프란스 드 발은 이렇게 썼다. "가장 폭력적인 영장류라도 영원히 이렇게 살 필요는 없다"(de Waal 2004)(프란스 드 발은 침팬지뿐만 아니라 보노보 연구가로도 널리 알려져 있다 — 옮긴이).

　게다가 여러분이 〈내셔널 지오그래픽〉 비디오를 얼마나 많이 봤는지는 몰라도 인간에게는 동족을 잡아먹어야 할 필요가 없다. 인간은 먹이사슬의 맨 꼭대기에 있다. 인간의 생존은 사다리 아래쪽에 있는 개체를 먹는 데 달려 있으며, 인간은 자기보다 사다리 위쪽에 있는 개체에 의해 잡아 먹히는 존재가 아니다. 이렇게 천적이 없기 때문에 인간은 어떤 종의 "사냥감"도 되지 않으며, 따라서 사냥과 관련된 모든 폭력과 관계가 없다.

　그렇다고 해서 인간이 자연의 법칙에서 예외라는 뜻은 아니다. 물론 결국에는 누군가가 우리 몸을 먹는다. 인간은 반드시 죽으며, 그러고 나면 시신은 분해되어 환경으로 돌아간다. 스스로의 꼬리를 무는 뱀처럼 먹이사슬의 정점에 있는 인간은 결국 먹이사슬의 밑바닥에 있는 박테리아에게 먹힌다는 뜻이다.

그러나 먹이사슬의 꼭대기에 있음에도 인간은 스스로에게 최악의 적이다. 이 사실이 달라지지 않으면 폭력 없는 삶을 누릴 수 없을 것이다. 다른 어떤 생물보다도 인간은 동족과 많이 싸운다. 물론 하위의 동물들도 가끔 자기들끼리 싸우지만 같은 종의 개체 사이에서 보이는 가장 공격적인 행동이라고 해봐야 위협적인 자세를 취하거나 으르렁거리거나 냄새를 풍길 뿐이지 죽음은 아니다. 그리고 인간 이외에 군집생활을 하는 동물 중 같은 종에 속하는 개체끼리의 싸움은 주로 공기, 물, 먹이 등 생존에 필요한 자원을 얻기 위한 것이거나 아니면 번식을 위한 배우자를 고르기 위한 것뿐이다.

반면에 인간 사이의 폭력의 경우 먹거리나 이성을 둘러싼 폭력적인 싸움은 드물다. 인간들 사이의 폭력은 주로 생존에 필요한 것 이상의 물질을 얻거나, 우리 스스로 만들어낸 악몽 같은 세상을 피하기 위한 마약 거래, 대물림하는 아동 및 배우자 폭력 등이 주를 이룬다. 아마 인간들 사이에 가장 널리 퍼져 있는 형태의 폭력은 사상적 통제일 것이다. 역사 전체에 걸쳐 종교와 정부는 반대자와 비신자들을 처단하기 위해 구성원들을 끊임없이 공격 행위로 몰고 갔다.

인간의 폭력은 대부분 필요하지도 않고 유전적인, 즉 "동물적인" 생존기술도 아니다. 나는 인간이 폭력을 멈출 수 있으며 이는 진화의 명령이라고 생각한다. 폭력을 멈추는 최선의 방법은 이 책의 마지막 장에서도 강조했듯이 인간이 먹이를 필요로 하는 것만큼이나 사랑을 필요로 하는 영신적 존재라는 것을 깨닫는 것이다. 그러나 우리와 우리 아이들의 삶을 그저 책을 읽는 것으로만 바꿀 수 없듯이 여기에 대해 생각만 해서는 진화의 다음 단계로 올라갈 수 없다. 애자생존(愛者生存)이야말로 건강한 개인생활뿐만 아니라 더욱 건강한 지구를 만드는 유일한 윤리관임을 사람들이 깨닫도록 하여 인류 문명을 진보시키는 일에 종사하는 사람들의 여러 가지 활동을 한데 묶어야 한다.

이 책에서 내가 보여주는 과학은 "신념"이 인간의 행동과 유전자의 활동, 그리고 결국에 가서는 삶의 방향에 어떻게 영향을 미치는가를 밝혀준다. '생각 있는 부모 노릇'은 사람들 대부분이 어떻게 해서 어릴 때 본의 아니게 스스로에게 족쇄를 채우거나 스스로를 파괴하는 "신념"을 무의식 속에 다운로드 당하는가를 다루고 있다.

그 장에서 언급한 것처럼 여러 가지 "에너지" 심리학 기법이 존재하며, 이들은 신체와 몸의 상호관계에 대한 최근 연구 성과를 바탕으로 이렇게 무의식에 다운로드된 프로그램을 신속하게 수정하는 방법을 제시한다. 이 책을 끝내기 전에 사이키-케이(PSYCH-K)라고 불리는 에너지 심리학 기법을 소개할까 한다. 이를 소개하는 이유는 내가 이 기법을 직접 겪어보았고 또 그것이 올바르고 단순하며 효과적이라는 확신이 있기 때문이다. 나는 1990년에 어떤 회의에서 롭 윌리엄스를 만났다. 윌리엄스는 사이키-케이의 창시자로, 당시 우리는 둘 다 그 회의의 발표자들이었다. 평소와 마찬가지로 발표가 끝날 무렵

나는 청중에게 "믿음"을 바꾸면 삶을 바꿀 수 있다고 말했다. 이렇게 말하면 흔히 다음과 같은 반응이 나온다. "그래요? 그거 좋네요. 그런데 어떻게 해야 되죠?"

　당시 나는 "무의식"이 이러한 변화 과정에서 핵심적인 역할을 수행한다는 사실을 제대로 알지 못했다. 오히려 나는 긍정적 사고와 의지력을 이용해서 부정적인 사고를 극복하려고만 했다. 이것이 성과가 있기는 했지만 나의 삶을 크게 바꿔주지는 못했다. 그리고 긍정적 사고와 의지를 이용하라는 해결책을 제시하면 회의장 안의 에너지 수준이 뚝 떨어지는 것이 몸으로 느껴졌다. 수준 높은 청중들은 이미 나처럼 의지력과 긍정적 사고를 활용해보았지만 크게 성공을 거두지 못했던 것 같다.

　내 자리로 돌아와 올려다보니 다음 발표자가 심리치료사 롭 윌리엄스였다. 롭이 이야기를 시작하자 모든 사람들이 몸을 앞으로 기울이고 듣기 시작했다. 서두에서 롭은 사이키-케이가 오랫동안 사람들을 괴롭혀온 부정적 사고를 몇 분 안에 바꿔놓을 수 있다고 말했다. 이어서 롭은 청중에게 골치 아픈 문제를 해결하고 싶은 사람 없느냐고 물었다. 그때 어떤 여성이 롭과 나의 주의를 동시에 끌었다. 어떤 여성이 손을 주춤주춤 올리더니 금방 내리고는 다시 드는 것이었다. 수줍어하는 모습이 역력했다. 문제가 뭐냐고 롭이 묻자 그녀는 얼굴이 새빨개져서 뭐라고 대답을 했는데 들리지를 않았다. 그래서 롭은 연단을 내려서 그녀 앞으로 가 일대일 대화를 해야 했다. 그리고 롭은 그녀를 대신하여 청중에게 "대중 앞에서 말하기"가 그녀의 문제라고 알려주었다. 롭은 무대로 돌아왔고 그 여성은 멈칫거리며 롭을 따라갔다.

롭은 그녀에게 1백 명 가까이 되는 청중 앞에서 자신의 두려움에 대해 이야기해보라고 했다. 이번에도 그녀는 거의 말을 하지 못했다.

롭은 사이키-케이의 기법 중 하나를 이용하여 이 여성과 10분 정도 함께 작업을 했다. 그리고 나서 다시 한번 그녀에게 대중 앞에서 말하기에 대해 어떤 느낌인지를 말해보라고 했다. 그러자 놀라운 일이 일어났다. 그녀는 눈에 띄게 느긋해졌을 뿐만 아니라 활기차고 자신 있는 목소리로 청중을 향해 말을 시작했다. 그로부터 5분간 그녀의 존재가 무대를 꽉 채우는 것을 보고 회의 참석자들의 눈은 접시만 해졌고 입은 딱 벌어졌다. 그녀가 워낙 신바람이 났기 때문에 롭은 이제 이야기를 중단하고 자리로 돌아가야 자신의 발표를 계속할 수 있다고 말해줘야 할 지경이었다.

이 여성이 어떤 연례회의에 규칙적으로 참석하는 사람이었고 내가 여기서 자주 발표를 했기 때문에 그로부터 수년간 그녀의 놀라운 변화를 직접 눈으로 볼 수 있었다. 그녀는 대중 앞에서 말하기의 두려움을 떨쳐버렸을 뿐만 아니라 자신이 사는 지역에서 파티 사회자가 되었다. 결국 그녀는 대중연설로 상을 받기까지 했다! 이 여성의 삶은 불과 몇 분 만에 완전히 바뀌어버린 것이다. 이 여성이 잠깐만에 달라지는 모습을 직접 본 뒤로부터 15년간 나는 사이키-케이를 이용하여 많은 사람들이 급속히 자신감을 회복함과 동시에 다른 사람들과의 관계, 경제 상태, 건강을 개선하는 모습을 직접 보았다.

사이키-케이는 간단하고 직접적이며 검증이 가능한 방법이다. 사이키-케이는 근육 시험으로 드러나는 마음과 몸의 상호관계를 이용하는데, 이는 내가 카리브 해 의대에서 강의할 당시 카이로프랙틱 시술자인 한 학생의 방에서 처음 발견한 것이기도 하다. 이 방법은 스스로를 옭아매는 무의식 속의 "파일"에 접속하는 방법이다. 이는 또한 좌뇌와 우뇌의 통합 기법을 활용하여 신속하고도 오래 지속되는 변화를 일으킨다. 또한 사이키-케이는 마치 내가 과학의 이해와 영혼을 통합한 것처럼 변화 과정과 영혼을 통합한다. 근육 시험을 이용하여 사이키-케이는 롭이 "초의식"이라고 부르는 마음의 부분에 접속하여 이 사람의 목표가 안전하고 적절한지를 검증한다. 이렇게 안전장치가 마련되어 있기 때문에 개인을 변화시키는 이 시스템은 공포를 벗어나 사랑으로 들어가 자신의 삶을 스스로 지배하고 싶은 사람들 누구에게나 가르칠 수 있다.

나도 사이키-케이를 생활에서 활용한다. 사이키-케이는 책을 끝까지 저술하지 못하는 것을 비롯해서 나 자신을 옭아매는 믿음을 깨는 데 도움을 주었다. 그러니까 여러분이 이 책을 읽고 있다는 사실은 사이키-케이의 힘을 증명해주기도 한다. 나는 또한 롭과 함께 정기적으로 강연도 하고 있다. 강연 끝에 가서 긍정적 사고와 의지력 이야기를 하는 대신 나는 롭에게 마이크를 기꺼이 넘긴다. 이 책은 신생물학에 대한 책이지만 나는 사이키-케이가 21세기와 그 이후까지의 신심리학을 향한 중요한 진보가 되리라고 믿는다. 사이키-케이에 대해 더 알고 싶으면 롭의 웹사이트인 www.psych-k.com을 방문하면 된다.

과학적인 측면의 업데이트와 상세한 정보가 필요하면
www.brucelipton.com을 방문하면 된다.

· 각종 기사와 참고문헌 무료 다운로드
· 책, 비디오 테이프, DVD
· 세미나와 워크숍 일정
· 유용한 사이트 링크

비디오를 통해 립턴 박사의 명료한 과학적 설명과 활기 넘치는 프레젠테이션을 직접 만날 수 있다. 상을 받은 연사의 탁월한 연설을 직접 들으면 관련 과학을 쉽게 이해할 수 있고 인간의 진화에 좀 더 희망을 갖게 된다.

이 책이 3개의 놀라운 프레젠테이션 속에 녹아 들어간 비디오를 보면 개념을 분명히 이해할 수 있다. 이제까지 본 적이 없는 방법으로 과학과 영혼을 결합하는 일련의 비디오는 소장할 가치가 있다.

www.brucelipton.com을 방문하거나 800-550-5571(무료통화)로 전화하면 된다.

| 감사의 말 |

깨달음을 얻고 나서 이 책이 나오기까지 많은 일이 일어났다. 개인적으로 엄청난 변화의 시기였던 이 기간 동안 나는 예술가에게 영감을 불어넣는 정령들인 영혼의 뮤즈들과 현실의 뮤즈들의 도움을 받는 축복을 누렸다. 이 책이 나오기까지 나는 다음의 뮤즈들에게 많은 신세를 졌다.

과학의 뮤즈: 나는 앞선 과학자들에게 신세를 졌다. 그리고 내 밖에 있는 어떤 힘이 이 책을 세상에 내놓도록 이끌었다는 사실도 알고 있다. 그중에서도 특히 세상을 바꾸는 데 영신적이고 과학적인 기여를 한 장-바티스트 드 모네 드 라마르크와 알베르트 아인슈타인에게 각별한 감사를 표한다.

문학의 뮤즈: 신생물학에 관한 책을 써야겠다는 생각은 1985년부터 하고 있었지만 2003년에 패트리셔 킹이 나의 삶 속으로 들어오고 나서야 나는 이를 실천에 옮길 수 있었다. 패트리셔는 「뉴스위크」 기자로 근무했고 10년 동안 「뉴스위크」의 샌프란시스코 지점장을 역임한

뒤 지금은 샌프란시스코에서 프리랜서 저술가로 활약하고 있다. 나는 패트리셔와의 첫 만남을 잊을 수 없다. 나는 그때 긴 신과학 교재, 발표하지 못한 논문의 초고, 내가 쓴 수많은 기사를 담고 있는 간행물의 페이지들, 강연 비디오로 넘쳐나는 상자들, 과학 자료 뭉치를 한 트럭쯤 그녀에게 안겨주었다.

그녀가 차를 몰고 떠나는 모습을 보고 나서야 나는 내가 얼마나 엄청난 부탁을 패트리셔에게 했는지를 실감했다. 세포생물학과 물리학의 정규 교육을 받지 않았음에도 패트리셔는 기적처럼 신과학을 흡수하고 이해했다. 아주 짧은 시간 만에 패트리셔는 신생물학을 배웠을 뿐만 아니라 신생물학이 다루는 주제의 지평을 넓혀주기까지 했다. 이 책의 설명이 분명한 것은 정보를 통합하고, 편집하고, 종합하는 패트리셔의 놀라운 능력 덕분이다.

패트리셔는 건강, 특히 마음과 몸의 상관관계에 대한 의학 및 스트레스가 질병에 끼치는 영향 등을 중점적으로 다루는 책이나 신문 잡지기사를 대상으로 일한다. 그녀의 작업 결과는 「로스앤젤레스 타임스」, 사우스웨스트 에어라인의 「스피릿」지, 「커먼 그라운드」지 등의 출판물에 게재되었다. 보스턴에서 태어난 패트리셔는 남편 해럴드와 딸 애너와 함께 머린에 살고 있다. 나는 패트리셔의 노고에 깊은 감사를 표하며 앞으로 그녀와 함께 또 한 권의 책을 쓸 기회를 기대하고 있다.

예술의 뮤즈: 1980년에 나는 대학을 떠나 "길거리로 나서서" 〈레이저 심포니〉라는 레이저 쇼 순회공연을 나섰다. 이 환상적인 레이저 프로덕션은 선구자적인 예술가로 컴퓨터 그래픽의 천재이기도 한 로

버트 뮬러의 작품이다. 어린 10대 같지 않게 로버트는 내가 연구하는 신과학을 빨아들여 우선 내 학생이 되었고 나중에는 나의 "영신적 아들"이 되었다. 몇 년 전에 로버트는 내 책이 언제 나오든 책의 표지를 맡겠다고 했고 나는 그 제안을 받아들였다.

로버트는 워싱턴 주의 벨뷰에 있는 라이트스피드디자인의 공동창업자이자 대표이기도 하다. 로버트의 회사는 세계 각국의 과학 박물관과 플라네타리움에서 볼 수 있는 3차원 빛과 소리의 쇼를 제작하여 상을 받기도 했다. 위협받고 있는 해양 생태계에 대한 이들의 에듀테인먼트 쇼는 1998년에 포르투갈의 리스본에서 개최된 월드 엑스포에서 매일 16,000건의 페이지뷰를 기록했다. 로버트의 프로덕션은 www.lightspeeddesign.com에서 만나볼 수 있다.

과학과 빛으로부터 영감을 받은 로버트의 작품은 아름답고 심오하다. 나는 그의 예술이 이 책의 표지와 함께한 것을 영광으로 생각한다. 표지의 이미지는 독자들을 새로운 인식의 세계로 안내할 것이다.

음악의 뮤즈: 신과학의 개념 정립으로부터 이 책의 출판에 이르기까지 나는 예스(Yes)의 음악, 특히 보컬리스트인 존 앤더슨의 가사로부터 끊임없이 용기와 힘을 얻었다. 이들의 멜로디와 가사는 신과학에 대한 내면적인 깨달음을 드러내고 있다. 예스의 음악은 우리가 모두 큰 빛과 연결되어 있음을 대변한다. 예스의 노래는 우리가 겪는 일, 우리의 믿음, 꿈이 어떻게 우리 자신의 삶과 우리 아이들의 삶에 영향을 주는가를 보여준다. 내가 설명하려면 몇 페이지나 필요한 것을 예스는 그저 가슴에 사무치는 가사 몇 줄로 표현한다. 대단한 친구들이다!

이 책의 출판과 관련하여 나의 제안을 거절한 뉴욕의 여러 출판사에 감사를 표한다. 이들의 도움 없이 나는 "나의" 책, 내가 원하는 방식으로 만들어진 책을 낼 수 있었다. 이 책의 출판에 시간과 노력을 쏟아 부어준 마운틴 오브 러브 프로덕션스사에도 고마움을 표한다. 이와 관련하여 도슨 처치 출판조합에도 감사를 드린다. 도슨 덕분에 나는 두 가지 세계에서 최선만을 취할 수 있었다. 두 가지 세계란 자비 출판과 관련된 개인 차원의 관리와 대형 출판업체의 마케팅 사업이다. 내 작업을 도와주고 이를 도슨 처치에 소개해준 제랄린 젠드로에게도 고마움을 표한다. 소중한 친구이자 홍보 전문가인 셸리 켈러는 편집 전문 역량을 나를 위해 기꺼이 발휘해주었다.

또한 몇 년간 내 강의를 듣거나 세미나에 참석하면서 끊임없이 "책은 어디 있어요?"라고 물어봐준 모든 사람들에게 감사를 드린다. 그래요, 그래요, 여기 있어요! 이들의 끊임없는 지원을 나는 잊지 못할 것이다.

과학자의 길을 걷는 데 길잡이가 되어준 스승들도 잊을 수 없다. 누구보다도 먼저 아버지에게 고마움을 표한다. 나의 아버지 엘리는 목적의식을 심어주셨고 "상식의 틀을 벗어나 생각하는" 용기를 북돋아주셨다.

세포의 세계로 나를 이끌어주고 과학에 관한 흥미를 촉발시켜주신 초등학교의 데이비드 뱅글스도프 선생님에게도 고마움을 표한다. 나를 제자로 받아주시고 박사논문을 도와주신 대학자 어윈 코닉스버그에게도 감사를 드린다. 코닉스버그 교수와 함께했던 깨달음의 순간과 과학에 대한 열정을 나는 영원히 기억할 것이다.

나의 이단적인 생각을 이해해준 최초의 "진짜" 과학자들인 시오도어 홀리스 교수(펜실베이니아 주립대)와 스탠퍼드 대학 병리학과장인 클라우스 벤쉬 박사에게도 신세를 졌다. 이 저명한 학자들은 모두 이 책에 나와 있는 생각을 연구할 수 있도록 실험실 공간을 빌려주어 나의 작업을 지원하고 용기를 북돋워주었다.

1995년에 라이프 칼리지 오프 카이로프랙틱-웨스트의 제라드 클럼 학장은 신과학의 강좌로 〈프랙털 생물학〉을 강의해줄 것을 나에게 요청했다. 생명을 북돋우는 카이로프래틱과 대체의학의 세계로 나를 이끌어준 제리의 지원에 감사한다.

1985년에 신생물학의 개념을 처음으로 대중에게 선보일 때 나는 브리티시 컬럼비아 대학의 심리학과 명예교수인 리 풀로스를 만났다. 그로부터 리는 이 책에 나오는 신생물학의 든든한 지원자가 되었다. 나의 파트너이자 동료이며 사이키-케이(PSYCH-K)의 개발자인 롭 윌리엄스는 세포생물학과 인간심리의 메커니즘을 연결하여 나의 작업을 도왔다.

과학과 문명 속에서의 과학의 역할에 대해 절친한 친구이자 철학의 대가인 커트 렉스로스와 대화를 나누는 과정에서 나는 많은 것을 깨달았고, 시오도어 홀과의 공동작업을 통해서는 세포 진화와 인간 문명의 역사 사이의 상호관계에 대해 심오한 깨달음을 얻을 수 있었다.

나에게 과학적인 깨달음을 주고 출판에 대해 조언을 주고 이 책의 흥미로운 부제목을 달아준 그레그 브래든에게도 깊은 감사를 보낸다.

아래 열거한 친구들도 이 책을 읽고 의견을 보내주었다. 이들은 이 책의 출판에 결정적으로 기여한 사람들이다. 그래서 이들 한 사람 한 사람에게 각별한 고마움을 표하려 한다. 테리 버그노, 데이비드 체임벌레인, 바바라 핀데이슨, 셸리 켈러, 메리 코백스, 앨런 맨디, 낸시마리, 마이클 멘디자, 테드 모리슨, 로버트 뮬러, 수잔 뮬러, 리 풀로스, 커트 렉스로스, 크리스틴 로저스, 윌 스미스, 다이애너 서터, 토마스 버니, 롭 윌리엄스, 라니타 윌리엄스, 도나 원더.

나의 형제들인 마샤와 데이비드의 도움과 사랑에도 감사를 보낸다. 특히 데이비드는 "폭력의 악순환 끊기"라는 생각을 해냈고, 자신의 아들 알렉스에게 훌륭한 아버지가 되어준 것에 대해 특히 자랑스럽다.

이 책을 내는 데 많은 도움을 준 스피릿 2000의 더그 파크스 대표에게도 감사 드린다. 신생물학에 대한 이야기를 듣자마자 더그는 이 개념을 세계에 알리는 데 뛰어들었다. 더그는 신생물학을 대중에게 널리 알린 비디오 강연과 워크숍을 제작했다.

마거릿 호턴에게 특별한 감사를 보내는 것으로 이 감사의 말을 마치려 한다. 막후에서 가장 큰 힘이 되어준 마거릿 덕분에 이 책이 빛을 볼 수 있었다. 내가 이 책에 쓴 모든 것은 마거릿에 대한 사랑으로 쓴 것이다!

| 참고문헌 |

□ 서문

Lipton, B. H. (1977a). "A fine structural analysis of normal and modulated cells in myogenic culture." *Developmental Biology* 60: 26-47.

_____ (1977b). "Collagen synthesis by normal and bromodeoxyuridine-treated cells in myogenic culture." *Developmental Biology* 61: 153-165.

Lipton, B. H., K. G. Bensch, et al. (1991). "Microvessel Endothelial Cell Transdifferentiation: Phenotypic Characterization." *Differentiation* 46: 117-133.

_____ (1992) "Histamine-Modulated Transdifferentiation of Dermal Microvascular Endothelial Cells." *Experimental Cell Research* 199: 279-291.

□ 1장

Adams, C. L., M. K. L. Macleod, et al. (2003). "Complete analysis of the B-cell response to a protein antigen, from in vivo germinal centre formation to 3OD modelling of affinity maturation." *Immunology* 108: 274-287.

Balter, M. (2000). "Was Lamarck Just a Little Bit Right?" *Science* 288: 38.

Blanden, R. V. and E. H. Steele (1998). "A unifying hypothesis for the molecular mechanism of somatic mutation and gene conversion in rearranged immunoglobulin variable genes." *Immunology and Cell Biology* 76(3): 288.

Boucher, Y., C. J. Douady, et al. (2003). "Lateral Gene Transfer and the Origins of Prokaryotic Groups." *Annual Review of Genetics* 37: 283-328.

Darwin, Charles (1859). (Originally published by Charles Murray in 1859, London) *The Origin of Species by Means of Natural Selection; or The Preservation of Favoured Races in the Struggle for Life* (Reprinted by Penguin Book, London, 1985).

Desplanque, B., N. Hautekeete, et al. (2002) "Transgenic weed beets: possible, probable, avoidable?" *Journal of Applied Ecology* 39(4): 561-571.

Diaz, M. and P. Casali (2002). "Somatic immunoglobulin hypermutation." Current Opinion in *Immunology* 14: 235-240.

Dutta, C. and A. Pan (2002). "Horizontal gene transfer and bacterial diversity." *Journal of Biosciences* (Bangalore) 27(1 Supplement 1) 27-33.

Geathart, P. J. (2002). "The roots of antibody diversity." *Nature* 419: 29-31.

Gogarten, J. P. (2003). "Gene Transfer: Gene Swapping Craze Reaches Eukaroytes." *Current Biology* 13: R53-R54.

Haygood, R., A. R. Ives, et al. (2003). "Consequences of recurrent gene flow from crops to wild relatives." *Proceedings of the*

Royal Society of London, Series B: Biological Sciences 270(1527): 1879-1886.

Heritage, J. (2004). "The fate of transgenes in the human gut." *Nature Biotechnology* 22(2): 170+.

Jordanova, L. J. (1984). *Lamarck*. Oxford University Press.

Lamarck, J. -B. de M., Chevalier de (1809). *Philosophie zoologique, ou exposition des considerations relativesá l' histoire naturelle des animaux*. Paris, Libraire.

_____ (1914). *Zoological Philosophy: an exposition with regard to the natural history of animals*. London, Macmillan.

_____ (1963). *Zoological philosophy* (facsimile of 1914 edition). New York, Hafner Publishing Co.

Lenton, T. M. (1998). : "Gaia and natural selection." *Nature* 394: 439-447.

Li, Y., H. Li, et al. (2003). "X-ray snapshots of the maturation of an antibody response to a protein antigen." *Nature Structural Biololgy* 10(6).

Lovell, J. (2004). *Fresh Studies Support New Mass Extinction Theory*. Reuters. London.

Mayr, E. (1976). *Evolution and the Diversity of Life: selected essays*. Cambridge, Mass., The Belknap Press of Harvard University Press.

Milius, S. (2003). "When Genes Escape: Does it matter to crops and weeds?" *Science News* 164: 232+.

Netherwood, T., S. M. Martín-Orúe, et al. (2004). "Assessing the survival of transgenic plant DNA in the human gastrointestinal tract." *Nature Biotechnology* 22(2): 204+.

Nitz, N., C. Gomes, et al. (2004). "Heritable Integration of kDNA Minicircle Sequences from Trypanosoma cruzi into the Avian Genome: Insights into Human Chagas Disease." *Cell*

118: 175-186.

Pennisi, E. (2001). "Sequences Reveal Borrowed Genes." *Science* 294: 1634-1635.

_____ (2004). "Researchers Trade insights About Gene Swapping." *Science* 305: 334-335.

Ruby, E., B. Henderson, et al. (2004). "We Get By with a Little Help from Our (Little) Friends." *Science* 303: 1305-1307.

Ryan, F. (2002). Darwin's Blind Spot: *Evolution beyond natural selection.* Newyork, Houghton Mifflin.

Spencer, L. J. and A. A. Snow (2001). "Fecundity of transgenic wild-crop hybrids of Cucurbita pepo (Cucurbitaceae): implications for crop-to-wild gene flow." *Heredity* 86: 694 - 702.

Steele, E. J., R. A. Lindley, et al. (1998). *Lamarck's Signature: how retrogenes are changing Darwin's natural selection paradigm.* St Leonard NSW Australia, Allen & Unwin.

Steven, C. J., N. B. Dise, et al. (2004). "Impact of Nitrogen Deposition on the Species Richness of Grassland." *Science* 303: 1876-1879.

Thomas, J., M. G. Telfer, et al. (2004). "Comparative Losses of British Butterflies, Birds, and Plants and the Global Extinction Crisis." *Science* 303: 1879+.

Waddington, C. H. (1975). *The Evolution of an Evolultionist.* Cornell, Ithaca, New York.

Watrud, L. S., E. H. Lee, et al. (2004). "Evidence for landscape-level, pollenmediated gene flow from genetically modified creeping bentgrass with CP4EPSPS as a marker." Proc. *National Academy of Sciences* 101(40): 14533-14538.

Wu, X., J. Feng, et al. (2003). "Immunoglobulin Somatic Hypermutation: Double-Strand DNA Breaks, AIDs and

Error-Prone DNA Repair." *Journal of Clinical Immunology* 23(4).

▫ 2장

Avery, O. T., C. M. MacLeod, et al. (1944). "Studies on the chemical nature of the substance inducing transformation of pneumococcal types. Induction of transformation by a deoxyribonucleic acid fraction isolated from Pneumocoeccus Type Ⅲ." *Journal of Experimental Medicine* 79: 137-158.

Baltimore,. D. (2001). "Our genome unveiled." *Nature* 409: 814-816.

Baylin, S. B. (1997). "DNA METHYLATION: Tying It ALL Together: Epigentics, Genetics, Cell Cycle, and Cancer." *Science* 277(5334): 1948-1949.

Blaxter, M. (2003). "Two worms are better than one." *Nature* 426: 395-396.

Bray, D. (2003). "Molecular Prodigality." *Science* 299: 1189-1190.

Celniker, S. E., D. A. Wheeler, et al. (2002). "Finishing a whole-genome shotgun: Release 3 of the Drosophila melanogaster euchromatic genome sequence." *Genome Biololgy* 3(12): 0079.1-0079.14.

Chakravarti, A. and P. Little (2003). "Nature, nurture and human disease." *Nature* 421: 412-414.

Darwin, F., Ed. (1888). *Charles Darwin: Life and Letter.* London, Murray.

Dennis, C. (2003). "Altered states." *Nature* 421: 686-688.

Goodman, L. (2003). "Making a Genesweep: It's Official!" *Bio-IT World.*

Jablonka, E. And M. Lamb (1995). *Epigenetic Inheritance and*

Evolution: The Lamarckian Dimension. Oxford, Oxford University Press.

Jones, P. A. (2001). "Death and methylation." *Nature* 409: 141-144.

Kling, J. (2003). "Put the Blame on Methylation." *The Scientist* 27-28.

Lederberg, J. (1994). "Honoring Avery, MacLeod, And McCarty: The Tean That Transformed Genetics." *The Scientist* 8:11.

Lipton, B. H., K. G. Bensch, et al. (1991). "Microvessel Endothelial Cell Transdifferentiation: Phenotypic Characterization." *Differentiation* 46: 117-133.

Nijhout, H. F. (1990). "Metaphors and the Role of Genes in Development." *Bioessays* 12(9): 441-446.

Pearson, H. (2003). "Geneticists play the numbers game in vain." *Nature* 423: 576.

Pennisi, E. (2003a). "A Low Number Wins the GeneSweep Pool." *Science* 300: 1484.

_____ (2003b). "Gene Counters Struggle to Get the Right Answer." *Science* 301: 1040-1041.

Pray, L. A. (2004). "Epigenetics: Genome, Meet Your Environ - ment." *The Scientist* 14-20.

Reik, W. and J. Walter (2001). "Genomic Imprinting: Parental Influence on the Genome." *Nature Reviews Genetics* 2: 21+.

Schmucker, D., J, C. Clemens, et al. (2000). "Drosophila Dscam Is an Axon Guidance Receptor Exhibiting Extraordinary Molecular Diversity." *Cell* 101: 671-684.

Seppa, N. (2000). "Silencing the BRCA1 gene spells trouble." *Science News* 157: 247.

Silverman, P. H. (2004). "Rethinking Genetic Determinism: With

only 30,000 genes, what is it that makes humans human?"
The Scientist 32-33.

Surani, M. A. (2001). "Reprogramming of genome function
through epigenetic inheritance." *Nature* 414: 122+.

Tsong, T. Y. (1989). "Deciphering the language of cells." *Trends
in Biochemical Sciences* 14: 89-92.

Waterland, R. A. and R. L. Jirtle (2003). "Transposable Elements:
Targets for Early Nutritional Effects on Epigenetic Gene
Regulation." *Molecular and Cell Biology* 23(15): 5293-5300.

Watson, J. D., F. H. C. Crick (1953). "Molecular Structure of
Nucleic Acids: A Structure for Deoxyribose Nucleic Acid."
Nature 171: 737-738.

Willett, W. C. (2002). "Balancing Life-Style and Genomics
Research for Disease Prevention." *Science* 296: 695-698.

▫ 3장

Cornell, B. A., V. L. B. Braach-Maksvytis, et al. (1997). "A
biosensor that usesion-channel switches." *Nature* 387: 580-
583.

Tsong, T. Y. (1989). "Deciphering the language of cells." *Trends
in Biochemical Sciences* 14: 89-92.

▫ 4장

Anderson, G. L., H. L. Judd, et al. (2003). "Effects of Estrogen Plus
Progestinon Gynecololgic Cancers and Associatied
Diagnostic Procedures: The Women's Health Initiative
Randomized Trial." *Journal of the American Medical
Axxociation* 290(13): 1739-1748.

Blackman, C. F., S. G. Benane, et al.(1993). "Evidence for direct effect of magnetic fields on neurite outgrowth." *Federation of American Societies for Experimental Biology* 7: 801-806.

Blank, M. (1992). Na, K-ATPase function in alternating electric fields. 75th Annual Meeting of the Federation of American Societies for Experimental Biology, April 23, Atlanta, Georgia.

Cauley, J. A., J. Robbins, et al. (2003). "Effects of Estrogen Plus Progestinon Risk of Fracture and Bone Mineral Density: The Women's Health Initiative Randomized Trial." *Journal of the American Medical Association* 290(13): 1729-1738.

Chapman, M. S., C. R. Ekstrom, et al. (1995). "Optics and Interferometry with Na2 Molecules." *Physical Review Letters* 74(24): 4783-4786.

Chu, S. (2002). "Cold atoms and quantum control." *Nature* 416: 206-210.

Giot, L., J. S. Bader, et al. (2003). "A Protein Interaction Map of Drosophila melanogaster." *Science* 302: 1727+.

Goodman, R. and M. Blank (2002). "Insights Into Electromagnetic Interaction Mechanism." *Journal of Cellular Physiology* 192: 16-22.

Hackermüller, L., S. Uttenthaler, et al. (2003). "Wave Nature of Biomolecules and Fluorofullerenes." *Physical Review Letters* 91(9): 090408-1.

Hallett, M. (2000). "Transcranial magnetic stimulation and the human brain." *Nature* 406: 147-150.

Helmuth, L. (2001). "Boosting Brain Activity From The Outside In." *Science* 292: 1284-1286.

Jansen, R., H. Yu, et al. (2003). "A Bayesian Networks Approach for Predicting Protein-Protein Interactions from Genomic Data." *Science* 302: 449-453.

Jin, M., M. Blank, et al. (2000). "ERK1/2 Phosphorylation, Induced by Electromagnetic Fields, Diminishes During Neoplastic Transformation." *Journal of Cell Biology* 78: 371-379.

Kübler-Ross, Elizabeth (1997) *On Death and Dying*, New York, Scribner.

Li, S., C. M. Armstrong, et al. (2004). "A Map of the Interactome Network of the Metazoan C. elegans." *Science* 303: 540+.

Liboff, A. R. (2004). "Toward an Electromagnetic Paradigm for Biology and Medicine." *Journal of Alternative and Complementary Medicine* 10(1): 41-47.

Lipton, B. H., K. G. Bensch, et al. (1991). "Microvessel Endothelial Cell Transdifferentiation: Phenotypic Characterization." *Differentiation* 46: 117-133.

McClare, C. W. F. (1974). "Resonance in Bioenergetics." *Annals of the New York Academy of Sciences* 227: 74-97.

Null, G., Ph.D., C. Dean, M.D.N.D., et al. (2003). *Death By Medicine*. New York, Nutrition Institute of America.

Oschman, J. L. (2000). Chapter 9: Vibrational Medicine. Energy Medicine: *The Scientific Basis*. Edinburgh, Harcourt Publishers: 121-137.

Pagels, H. R. (1982). *The Cosmic Code: Quantum Physics As the Language of Nature*. New York, Simon and Schuster.

Pool, R. (1995) "Catching the Atom Wave." *Science* 268: 1129-1130.

Pophristic, V. and L. Goodman (2001). "Hyperconjugation not steric repulsion leads to the staggered structure of ethane." *Nature* 411: 565-568.

Rosen, A. D. (1992). "Magnetic field influence on acetylcholine release at the neuromuscular junction." *American Journal of Physiology-Cell Physiology* 262: C1418-C1422.

Rumbles, G. (2001). "A laser that turns down the heat." *Nature* 409: 572-573.

Shumaker, S. A., C. Legault, et al. (2003). "Estrogen Plus Progestin and the Incidence of Dementia and Mild Cognitive Impairment in Postmenopausal Women: The Women's Health Initiative Memory Study: A Randomized Controlled Trial." *Journal of the American Medical Association* 289(20): 2651-2662.

Sivitz, L. (2000). "Cells proliferate in magnetic field." *Science News* 158: 195.

Starfield, B. (2000). "Is US Health Really the Best in the World?" *Journal of the American Medical Association* 284(4): 483-485.

Szent-Györgyi, A. (1960). *Introduction to a Submolecular Biology.* New York. Academic Press.

Tsong, T. Y. (1989). "Deciphering the language of cell." *Trends in Biochemical Sciences* 14: 89-92.

Wassertheil-Smoller, S., S. L. Hendrix, et al. (2003). "Effect of Estrogen Plus Progestin on Stroke en Postmenopausal Women: The Women's Health Initiative: A Randomized Trial." *Journal of the American Medical Association* 289(20): 2673-2684.

Weinhold, F. (2001). "A new twist on molecular shape." *Nature* 411: 539-541.

Yen-Patton, G. P. A., W. F. Patton, et al. (1988). "Endothelial Cell Response to Pulsed Electromagnetic Fields: Stimulation of Growth Rate and Angiogenesis In Vitro." *Journal of Cellular Physiology* 134: 37-46.

Zukav, G. (1979). *The Dancing Wu Li Masters: An Overview of the New Physics.* New York, Bantam.

▫ 5장

Brown, W. A. (1998). "The Placebo Effect: Should doctors be prescribing sugar pills?" *Scientific American* 278(1): 90-95.

Dirita, V. J. (2000). "Genomics Happens." *Science* 289: 1488 -1489.

Discovery (2003). *Placebo: Mind Over Medicine?* Medical Mysteries. Silver Spring, MD, Discovery Health Channel.

Greenberg, G. (2003). "Is It Prozac? Or Placebo?" *Mother Jones*: 76-81.

Horgan, J. (1999). Chapter 4: *Prozac and Other Placebos. The Undiscovered Mind: How the Human Brain Defies Replication, Medication, and Explanation*, New York, The Free Press: 102-136.

Kirsch, I., T. J. Moore, et al. (2002). "The Emperor's New Drugs: An Analysis of Antidepressant Medication Data Submitted to the U.S. Food and Drug Administration." *Prevention & Treatment*(American Psychological Associ -ation) 5: Article 23.

Leuchter, A. F., I. A. Cook, et al. (2002). "Changes in Brain Function of Depressed Subjects During Treatment With Placebo." *American Journal of Psychiatry* 159(1): 122- 129.

Lipton, B. H., K. G. Bensch, et al. (1992). "Histamine-Modulated Transdifferentiation of Dermal Micro-vascular Endo -thelial Cells." *Experimental Cell Research* 199: 279-291.

Mason, A. A. (1952). "A Case of Congenital Ichthyosiform Erythrodermia of Brocq Treated by Hypnosis." *British Medical Journal* 30: 442-443.

Moseley, J. B., K. O'Malley, et al. (2002). "A Controlled Trial of Arthroscopic Sugery for Osteoarthritis of the Knee." *New England Journal of Medicine* 347(2): 81-88.

Pert, Candace (1997). *Molecules of Emotion: The Science Behind*

Mind-Body Medicine, New York, Scribner.

Ryle, G. (1949). *The Concept of Mind*. Chicago, University of Chicago Press.

▫ 6장

Arnsten, A. F. T. and P. S. Goldman-Rakic (1998). "Noise Stress Impairs Prefrontal Cortical Cognitive Function in Monkeys: Evidence for a Hyperdopaminergic Mechanism." *Archives of General Psychiatry* 55: 362-368.

Goldstein, L. E., A. M. Rasmusson, et al. (1996). "Role of the Amygdala in the Coordination of Behavioral, Neuroendocrine, and Prefrontal Cortical Monoamine Responses to Psychological Stress in the Rat." *Journal of Neuroscience* 16(15): 4787-4798.

Holden, C. (2003). "Future Brightening for Depression Treatments." *Science* 302: 810-813.

Kopp, M. S. and J. Réthelyi (2004). "Where psychology meets physiology: chronic stress and premature mortality-the Central-Eastern European health paradox." *Brain Research Bulletin* 62: 351-367.

Lipton, B. H., K. G. Bensch, et al. (1991). "Microvessel Endothelial Cell Transdifferentiation: Phenotypic Characterization." *Differentiation* 46: 117-133.

McEwen, B. S. and T. Seeman (1999). "Protective and Damaging Effects of Mediators of Stress: Elaborating and Testing the Concepts of Allostasis and Allostatic Load." *Annals of the New York Academy of Sciences* 896: 30-47.

McEwen, B. and with Elizabeth N. Lasley (2002). *The End of Stress As We Know it*. Washington, National Academies Press.

Segerstrom, S. C. and G. E. Miller (2004). "Psychological Stress and the Human Immune System: A Meta-Analytic Study of 30 Years of Inquiry." *Psychological Bulletin* 130(4): 601-630.

Takamatsu, H., A. Noda, et al. (2003). "A PET study following treatment with a pharmacological stressor, FG7142, in conscious rhesus monkeys." *Brain Research* 980: 275-280.

▫ 7장

Arnsten, A. F. T. (2000). "The Biology of Being Frazzled." *Science* 280: 1711-1712.

Bateson, P., D. Barker, et al. (2004). "Developmental plasticity and human health." *Nature* 430: 419-421.

Chamberlain D. (1998). *The Mind of Your Newborn Baby*. Berkeley, CA, North Atlantic Books.

Christensen, D. (2000). "Weight Matters, Even in the Womb: Status at birth can foreshadow illnesses decades later." *Science News* 158: 382-383.

Devlin, B., M. Daniels, et al. (1997). "The heritability of IQ." *Nature* 388: 468-471.

Dodic, M., V. Hantzis, et al. (2002). "Programming effects of short prenatal exposure to cortisol." *Federation of Ameri -can Societies for Experimental Biology* 16: 1017-1026.

Gluckman, P. D. and M. A. Hanson (2004). "Living with the Past: Evolution, Development, and Patterns of Disease." *Science* 305: 1733-1736.

Holden, C. (1996). "Child Development: Small Refugees Suffer he Effects of Early Neglect." *Science* 274(5290): 1076- 1077.

Laibow, R. (1999). *Clinical Applications: Medical applications of neurofeedback. Introduction to Quantitative EEG and Neurofeedback*. J. R. Evans and A. Abarbanel. Burlington, MA, Academic Press(Elsevier).

_____ (2002). Personal communication with B. H. Lipton. New Jersey.

Lesage, J., F. Del-Favero, et al. (2004). "Prenatal stress induces intrauterine growth restriction and programmes glucose intolerance and feeding behaviour disturbances in the aged rat." *Journal of Endocrinology* 181: 291-296.

Leutwyler, K. (1998). "Don't Stress: It is now known to cause developmental problems, weight gain and neurodegeneration." *Scientific American* 28-30.

Lewin, R. (1980). "Is Your Brain Really Necessary?" *Science* 210: 1232-1234.

McGue, M. (1997). "The democracy of the genes." *Nature* 388: 417-418.

Mendizza, M. and J. C. Pearce (2001). *Magical Parent, Magical Child*. Nevada City, CA, Touch the Future.

Nathanielsz, P. W. (1999). *Life In the Womb: The Origin of Health and Disease*. Ithaca, NY, Promethean Press.

Norretranders, T. (1998). *The User Illusion: Cutting Consciou - sness Down to Size*. New York, Penguin Books.

Prescott, J. W. (1990). *Affectional Bonding for the Prevention of Violent Behaviors: Neurobiological, Psychological and Religious/Spiritual Determinants*. Violent Behavior, Volume I: Assessment & Intervention. L. J. Hertzberg, G. F. Ostrum and J. R. Field. Great Neck, NY, PMA Publishing Corp. one: 95-125.

_____ (1996). "The Origins of Human Love and Violence." *Journal of Prenatal & Perinatal Psychology & Health* 10(3): 143-188.

Reik, W. and J. Walter (2001). "Genomic Imprinting: Parental Influence on the Genome." *Nature* Reviews Genetics 2: 21+.

Sandman, C. A., P. D. Wadhwa, et al. (1994). "Psychobiololgical Influences of Stress and HPA Regulation on the Human Fetus and Infant Birth Outcomes." *Annals of the New York Academy of Sciences* 739(Models of Neuropeptide Action): 198-210.

Sapolsky, R. M. (1997). "The Importance of a Well-Groomed Child." *Science* 277: 1620-1621.

Schultz, E. A. and R. H. Lavenda (1987). *Cultural Anthropology: A Perspective on the Human Condition*. St. Paul, MN, West Publishing. Science (2001). "Random Samples." Science 292(5515): 205+.

Siegel, D. J. (1999). *The Developing Mind: How Relationships and the Brain Interact to Shape Who We Are*. New York, Guilford.

Surani, M. A. (2001). "Reprogramming of genome function through epigenetic inheritance." *Nature* 414: 122+.

Verny, T. and with John Kelly (1981). *The Secret Life of the Unborn Child*. New York, Bantam Doubleday Dell.

Verny, T. R. and Pamela Weintraub (2002). New York, Simon & Schuster.

▫ 에필로그

deWaal, F. B. M. (2004). "Peace Lessons from an Unlikely Source." *Public Library of Science-Biology* 2(4): 0434 -0436.

Mayr, E. (1976). *Evolution and the Diversity of Life: Selected Essays*. Cambridge, Harvard University Press.

Pearsall, P. (1998). *The Heart's Code: Tapping the Wisdom and Power of Our Heart Energy*. New York, Random House.

Sapolsky, R. M. and L. J. Share (2004). "A Pacific Culture among Wild Baboons: Its Emergence and Transmission." *Public Library of Science-Biology* 2(4): 0534-0541.

Sylvia, C. and W. Novak (1997). *A Change of Heart: A Memoir*. Boston, Little, Brown and Company.

이 책을 옮기는 과정에서 옮긴이의 머리 한 구석에 항상 머물던 것 중
한 가지는 불가(佛家)에서 쓰는 일체유심조(一切唯心造)라는 말이었
다. "모든 것이 오직 마음으로부터 나온다"는 뜻의 이 표현은 이 책
의 원제(The Biology of Belief)와도 잘 통한다. 믿음(belief)은 마음, 그
것도 굳건해진 마음의 상태니 말이다.

저자가 의학자니 당연하기도 하지만 립턴 박사는 '모든 것' 중 인
간의 건강을 비중 있게 다루고 있다. 사실 마음이 건강을 좌우한다는
것은 어제오늘의 얘기도, 특정 국가 또는 민족에 국한된 얘기도 아니
다. 동서고금을 관통하는 인류 공통의 인식이다. 그런데도 주류의학
은 아직 "웃으면 복이 와요"를 "증명"하지 못했다고 한다(이 말을 들
은 지 몇 년 됐으니 그 사이에 누군가가 증명했는데 의학이 전공이 아닌 역자
가 미처 소식을 듣지 못한 것인지도 모른다). 그러니까 웃음과 건강 사이
의 "연관"은 찾아볼 수 있었지만 "인과관계"는 아직 찾지 못했다는
뜻이다. 그렇다고 해서 현대의학이 웃음의 치료효과를 부정한다는

이야기는 아니지만 뉴턴의 기계론적 우주관에 입각하여 "입증"되지 않은 것들, 예를 들어 대체의학의 방법론 등에 대해 주류의학이 여전히 회의적이거나 심지어 적대적이기도 한 것이 현실이다.

의학은 과학이므로 엄정한 방법론을 따라야 하며, 인과관계를 찾으려는 노력은 소중하다. 의학뿐만 아니라 모든 과학 분야에서 인과관계를 찾아내는 것은 법칙을 발견한다는 뜻이고, 일단 법칙이 발견되면 세계 어느 곳에서든, 누구든 같은 결과를 재현해낼 수 있어 온 인류가 갑자기 그 법칙의 수혜자가 되기 때문이다. 그러나 인과관계를 당장 찾을 수 없다고 해서 "내 눈에 보이지 않으니 존재하지 않는다"고 주장한다면 그것은 거시적 세계를 지배하는 법칙을 설명하는 뉴턴의 우주관만이 진리이며 원자 이하의 세계를 다루는 양자역학적 우주관은 틀렸다는, 매우 비과학적인 발상과 다를 것이 없어진다. 저자는 책 후반부에 가서 영신적(靈神的) 측면에 많은 지면을 할애하고 있는데, 이를 부정하는 것은 방금 말한 것처럼 보이지 않으면 없는 것이라는 억지와도 같다. 물론 영신적 측면에 대한 과학적 근거를 찾는 노력은 계속되어야 할 것이고, 이 과정에서 양자역학이 중요한 역할을 하리라는 것이 옮긴이의 추측이다. 또한 그런 발견이 이루어지면 온 인류의 삶의 질이 한 차원 높아질 것이다.

『동의보감』에서 허준 선생은 "천둥 번개가 칠 때 부부관계를 갖지 말라"고 일렀다고 한다. 관계를 갖는 것은 수태를 전제로 하며, 수태란 정자와 난자가 모여 수정란이 되고, 얼마 후 탄생할 새 생명이 가질 여러 특징의 청사진이 생겨나는 현상이다. 수정이 이루어질 때 미시적 차원에서 다양하고 복잡한 과정이 발생하며, 제대로 밝혀지지는 않았지만 여기서 아원자 차원의 힘이 작용할 수도 있다. 그런데 이 순간에 번개가 만들어내는 강력한 전자기장의 폭풍이 몰려오면 어떤 일이 벌어질까? 알 수 없지만 아마 쓰나미처럼 파괴적인 역할을 하면 했지 도움이 되지는 않을 것이다. 그러기에 허준 선생도 이를 경계했을 것이다.

그렇다. 번개와 수정의 순간 사이에는 분명히 뭔가가 있다. 아직 인간의 지혜가 이를 규명하는 데까지 미치지 못했을 뿐이다. 이 갭을 메우려는 연구도 과학적 방법론으로 무장한 현대의학의 몫이리라. 이 책에서 저자가 예로 든 사람, 그러니까 콜레라균이 가득 든 물 한 컵을 마시고도 발병하지 않은 사람의 경우도 같다. 그냥 예외로 치부해버릴 것이 아니라, 그의 이러한 마음 자세와 콜레라균에 대한 저항력을 설명하는 "미싱 링크(missing link)"를 찾아야 한다. 이 사람은 코흐의 세균론이 틀렸다는 확신에 차 있었는데, 이 사람이 멀쩡한 것이야말로 일체유심조의 사례임과 동시에 플라시보의 잠재력을 보여준 것이기도 하다. 플라시보는 임상실험을 할 때 대조군과 더불어 실험 요건을 충족하기 위해 활용하는 개념 그 이상의 것이어야 한다. 인간의 마음은 양자역학적 차원에서 뭔가를 할 수 있는 것으로 보이기 때문이다. 자유낙하하는 물체가 중력가속도의 법칙을 벗어나는 사건이 발생했다고 하자(절대로 일어나지 않을 일이지만). 그러면 전 세계의 물리학계가 열 일 제치고 이 현상을 재현해서 관찰하고 원인을 규명하는 일에 매달릴 것이다. 물론 의학계가 예외의 규명에 전력투구해야 한다는 뜻은 아니다. 다만 이를 포용하고 이 분야에도 연구 역량을 많이 배정하는 것이 인류를 질병으로부터 해방하는 지름길이 될 것이라는 얘기다.

이 책과 인연을 이어주신 두레출판사의 많은 분들, 그리고 이 책이 나오기까지 도움을 아끼지 않으신 분들께 깊은 감사를 드린다.

2011년 6월 15일

옮긴이 이창희

| 찾아보기 |

ㄱ

가시광 스펙트럼 144
가이아 254
간디, 마하트마 191
감마파 224
감정 173
『감정의 분자』 173, 174
개코원숭이 275
경두개자기자극술(TMS) 155
고리 AMP(cAMP) 170
고전물리학 142
교토 대학 영장류연구소 222
굿맨, L. 143
극성 분자 102, 105
극저주파 144
기외르기, 알베르트 센트 143
꼬마선충 81

ㄴ

나다니엘즈, 피터 213, 214, 238
나트륨-칼륨 ATP 가수분해효소
108, 109
낭포성섬유증 63
노시보 효과 → 해약효과
뇌전도(EEG) 221
뇌하수체 199
뉴턴, 아이작 128, 129
뉴턴의 법칙 142, 143
뉴턴적 우주관 136
니주트, H. F. 65

ㄷ

다윈, 찰스 20, 24, 25, 48, 49, 51,
54, 74, 214, 258, 259
『다윈의 맹점』 52
다윈적 적자생존 이론 58
단백질 66~77, 79, 84~87, 90, 104,
106, 108, 111, 135, 136, 144,
169, 259
대뇌 변연계 173
대량 멸종 55, 255
대체의학 147, 252
데블린, 버니 238

데카르트, 르네 163, 254, 257
델타파 221
동양의학 140
동종요법 154
드렐, 다니엘 53

ㄹ

라디오파 144
라마르크, 장-바티스트 드 49~52,
　91, 214
라이언, 프랭크 52
라일, 길버트 163
래빈더, 로버트 218
램, 마리온 91
러블록, 제임스 55
레이보우, 리마 221
렌턴, 티모시 55
루즈벨트, 프랭클린 207

ㅁ

『마술 같은 부모, 마술 같은 아이』
　243
『마음의 개념』 163
마이어, 에른스트 49, 258
마이크로웨이브 144

막단백질 104, 105, 107, 110, 112,
　116, 120, 125, 169, 171
막전위 109
망델브로, 브누아 269, 270
맥클레어, C. W. 144
맨디자, 마이클 243
메이슨, 앨버트 161, 162, 187
면역계 200, 201
모슬리, 브루스 183
무의식 167, 225~233
무핵세포 97
미토콘드리아 97, 113

ㅂ

바그너, 모리츠 62
『바뀐 심장』 263
바이러스 165
바이스만, 아우구스트 50, 51
바커, 데이비드 238
박테리아 52~54, 97, 165
발, 프란스 드 275
방사감지 154, 155
버니, 토머스 212, 234, 235
베타파 221
벤시, 클라우스 26
보강간섭 151, 153, 156

보노보 274
보호반응 196~198
볼티모어, 데이비드 80
부신피질 자극호르몬(ACTH) 200
분자 톱니바퀴 72
분자유전학 49
브라운, 월터 184
브루노, 조르다노 257
비극성 분자 102
「비유, 유전자의 역할, 발달」 65

ㅅ

사이키-케이 181, 278~281
사이토킨 128, 133
사폴스키, 로버트 275
샤프론 70
선택적 세로토닌 재흡수 억제제
   (SSRI) 204
성장반응 196~198
세균론 165
세타파 221
세포 기억 263
세포골격단백질 109
세포막 31, 41, 95~97, 101~118, 120,
   169, 171, 198, 252, 259, 270, 271
세포생물학 40, 96

센트럴 도그마 79
셰어, 리사 275
소멸간섭 152, 156
『수량적 뇌전도와 신경 피드백』 221
수송단백질 108
수용기 단백질 105~108, 111, 116,
   198, 270, 271
슈퍼잡초 54
슐츠, 에밀리 218
스칼라 에너지 144
스트레스 호르몬 200, 201, 203,
   204, 236, 237, 244
시겔, 다니엘 215
시스템 생물학 52
신념효과 181
신다윈주의 49, 258
신생물학 233
『신생아의 마음』 213
신호전달 107
실비아, 클레어 263
실험용 쥐 81
『심장의 코드: 심장 에너지의 지혜
   와 힘 활용하기』 263

ㅇ

아구티 유전자 89~91

아구티 자매쥐 91
아드레날린 179, 180, 200, 201, 203
아미노산 67~71, 104
『아(亞)분자 생물학 입문』 143
아이큐 238
아인슈타인, 알베르트 128, 132, 251
알파파 224
양자물리학 31, 123~135, 142, 143,
   153, 154, 164, 233, 252, 254
양자혁명 142, 157
양전자방출 단층촬영장치(PET) 148
에스트로겐 139, 151
에스트로겐 수용기 106, 139
역전사효소 86
염색체 74, 78
영국 자연환경연구위원회 55
영신적 삶 266
영신적 치유 252
오캄의 면도날 252
와인홀드, F. 143
왓슨, 제임스 20, 62, 75
왜딩턴, C. H. 51
『우주의 암호: 양자물리학과 자연
   의 언어』 127
원자폭탄 141
원형질 112
위약효과 181~187

윈투어, 마릴린 237
윌리엄스, 롭 181, 278~281
유방암 148
유비퀴틴 단백질 43
유전공학 54
유전자 교환 54
유전자 근시안 213
유전자 변형 농산물 54
유전자 변형 식품 54
유전자 전이 53
유전적 결정론 62, 79, 118, 236, 246
유전적 패배주의 58
유전체학 53
유클리드 기하학 268, 269
『유클리드 기하학 원론』 269
의식 167, 226~232
이온 70
인간 게놈 프로젝트 77, 79, 80, 84
인슐린 수용기 106
인식효과 181
인지 스위치 169
인지질 102, 103, 115
인체생물학 40

ㅈ

『자궁 속의 삶: 건강과 질병의 기원』

213, 238

자기공명영상장치(MRI) 148

자블롱카, 에바 91

자아수용기 260~262, 264

자유의지 229

전전두엽 201

『정신의 발달』 215

조건 반사 175

조다노바, L. J. 50

조직 적합성 항원(HLA) 260

『종의 기원』 20, 48, 62, 74

주카브, 개리 129

줄기세포 클로닝 61

지중해빈혈 63

진동주파수 151

진핵세포 43

진화 195

진화론 25, 49, 62, 258

『진화론자의 진화』 51

『진화와 생명의 다양성』 49

진화유전학자 54

ㅊ

『천체의 회전에 관하여』 256

체세포 과변이 44, 45

체임벌레인, 데이비드 213

초파리 81

최면술 161, 162, 221

『출산 전 부모 노릇: 수정의 순간부
     터 아이 키우기』 234

『춤추는 물리』 129

ㅋ

카이로프랙틱 154, 155, 216, 217, 280

칼슨, 메리 243, 244

커슈, 어빙 185, 186

컴퓨터 단층촬영장치(CT) 148

코넬, B. A. 117

코닉스버그, 어브 61, 92

코티솔 237, 244

코티코트로핀 방출 인자(CRF) 200

코페르니쿠스, 니콜라우스 78, 118,
     256, 257

코흐, 로베르트 165

콜레라 165, 189

퀴블러-로스, 엘리자베스 125

크릭, 프랜시스 20, 62, 75

ㅌ

『태아는 알고 있다』 212

테니슨, 앨프레드 48

테민, 하워드 86
토머스, 제레미 55
통로단백질 108, 109

ㅍ

파머, D. D. 154
파블로프의 개 174, 175
파스퇴르, 루이 165
퍼트, 캔더스 173
페이절스, 하인즈 127, 128
포드, 헨리 47, 48 189
포프리스틱, V. 143
프랙털 기하학 268~272
프랙털 진화 271
프랙털 패턴 271, 272
프레스콧, 제임스 244
프로이트, 지그문트 212
플렉스너 보고서 154
피어솔, 폴 263
피어스, 조셉 칠턴 243
피츠제럴드, 엘라 153

ㅎ

항생제 53
항히스타민제 135

해약효과 187, 188
헌팅턴병 63
호르몬 대체요법(HRT) 139
홍역 바이러스 44, 45
환경 신호 87, 169, 262
환경 자극 177, 196
효과기 단백질 105, 107, 109~111,
    116, 118, 270
효소 70
후성유전학 10, 26, 31, 84~91, 107,
    214
『후성유전학적 형질 전달과 진화:
    라마르크적 차원』 92
히로시마 141
히스타민 137, 138, 151, 178~180
히스타민 수용기 106, 138
히포크라테스 141

기타

9·11사태 206
DNA 31, 62, 66, 74~79, 84~88, 92,
    110, 144, 170
DNA의 이중나선 20, 76, 87, 96
HIV 바이러스 166
HPA 축 198, 199, 201~203, 205, 236
RNA 77, 86, 87, 136, 144

브루스 H. 립턴 Bruce H. Lipton

브루스 립턴 박사는 과학과 영혼을 연결하는 분야에서 세계적인 명성을 지닌 권위자이다. 박사는 텔레비전과 라디오의 단골 초청연사이며, 미국 전국 차원의 회의에서도 기조 강연자로 여러 번 나섰다.

립턴 박사는 세포생물학자로 과학자로서의 활동을 시작했다. 그는 버지니아 대학에서 박사학위를 받았고, 1973년에는 위스콘신 의대의 해부학과 교수가 되었다. 복제된 인간 줄기세포를 이용한 립턴 박사의 근위축증 연구는 세포행동을 조절하는 분자 차원의 메커니즘에 초점을 맞추고 있다. 립턴 박사와 그의 동료인 에드 슐츠 박사가 「사이언스」지에 발표한 조직 이식 기법은 나중에 새로운 인간 유전공학의 형태로 활용되었다.

1982년에 립턴 박사는 양자물리학의 법칙을 연구하기 시작했고, 이러한 법칙이 자신이 알아낸 세포의 정보처리 시스템과 어떻게 통합될까를 연구하기 시작했다. 그는 세포막에 대한 선구적인 연구 성과를 내놓았고, 이 연구 결과는 세포의 바깥 층이 컴퓨터 칩, 즉 세포의 뇌에 해당한다는 사실을 보여주고 있다. 1987년에서 1992년 사이에 스탠퍼드 의대에서 수행한 연구에서 세포막을 통해 작용하는 환경이 세포의 행동과 생리를 조절하여 유전자를 껐다 켰다 한다는 것을 보여주었다. 유전자가 생명을 지배한다는 기존 과학계의 관념을 뒤엎는 이러한 연구 성과는 오늘날 가장 중요한 연구 결과 중 하나인 후성유전학의 등장을 예고하는 것이기도 했다. 이 연구에 바탕을 둔 두 개의 중요한 과학 저술은 마음과 몸을 연결하는 분자 차원의 통로를 설명해준다. 그리고 그 후로 다른 연구자들의 많은 논문이 나와서 립턴 박사의 개념이 옳다는 것을 확인해주었다.

립턴 박사는 새로운 과학적 접근법을 통해 자신의 개인적 삶도 바꿔놓았다. 세포의 본질에 대한 깊은 통찰의 결과는 마음이 몸의 기능을 통제하는 메커니즘을 드러내줌과 동시에 불멸의 영혼이 존재함도 시사하고 있다. 여기서 얻은 지식을 그는 스스로에게 적용했고, 그 결과 자신의 건강이 개선되었고 일상생활의 질과 성격도 크게 향상되었음을 발견했다.

립턴 박사는 상을 받은 바 있는 자신의 의대 강의 내용을 대중을 향해 개방했고, 지금은 인기 있는 기조연사와 워크숍 발표자가 되었다. 그는 기존 의학과 대체 의학 전문가들뿐만 아니라 일반인들도 대상으로 첨단과학, 그리고 첨단과학이 몸과 마음을 연결하는 의학 및 영신적 원칙들과 어떻게 들어맞는지를 강의하고 있다. 그는 자신이 강연에서 이야기한 원칙을 적용하여 영신적, 신체적, 정신적으로 삶이 개선되었다는 청중들의 일화 수백 건을 듣고 있으며 이를 기뻐하고 있다. 박사는 또한 신생물학을 이끌어가는 인물 중 한 사람이기도 하다.

옮긴이 **이창희**

서울대 불문과를 졸업하고 프랑스의 소르본 대학 통역번역대학원에서 한-영-불 통역학으로 석사학위를 받았다. 과학기술 전문 번역가 및 통역사로 오래 일해 왔으며, 현재 이화여대 통역번역대학원 교수이다. 옮긴 책으로 『엔트로피』, 『과학이 풀지 못한 수수께끼』, 『교과서에서 배우지 못한 과학 이야기』, 『과학의 세계, 미지의 세계』, 『아인슈타인도 몰랐던 과학 이야기』, 『예수도 몰랐던 크리스마스의 과학』, 『지난 2천년 동안의 위대한 발명』, 『진화』, 『폭력 없는 미래』, 『말리와 나』, 『톰킨스 물리열차를 타다』, 『뉴머러티』 등이 있다.

당신의 주인은 DNA가 아니다
: 마음과 환경이 몸과 운명을 바꾼다

1판 1쇄 발행 2011년 9월 15일
2판 1쇄 발행 2014년 11월 20일
2판 9쇄 발행 2023년 3월 24일

지은이 | 브루스 H. 립턴
옮긴이 | 이창희
펴낸이 | 조추자
펴낸곳 | 도서출판 두레
등록 | 1978년 8월 17일 제1-101호
주소 | (04075) 서울시 마포구 독막로 100 세방글로벌시티 603호
전화 | 02)702-2119, 703-8781 팩스 02)715-9420
이메일 | dourei@chol.com 블로그 | blog.naver.com/dourei

ISBN 978-89-7443-101-3 03470

* 책값은 뒤표지에 적혀 있습니다. 잘못 만들어진 책은 바꾸어 드립니다.
* 이 도서의 국립중앙도서관 출판예정도서목록(CIP)은 서지정보유통지원시스템 홈페이지 (http://seoji.nl.go.kr)와 국가자료공동목록시스템(http://www.nl.go.kr/kolisnet)에서 이용하실 수 있습니다.(CIP제어번호: CIP2014031558)